全球咖啡玩家公認
學習烘豆必讀的第一本書

· 暢 銷 修 訂 版 ·

咖啡自家烘焙全書

HOME C☕FFEE ROASTING

ROMANCE AND REVIVAL

肯尼斯‧戴維茲 Kenneth Davids —— 著

謝博戎 —— 譯

積木文化

目錄

等不及了嗎？

若想要直接開始烘焙咖啡豆，

請翻到「在家烘焙咖啡豆器材選擇及操作程序快速導覽」！

Chapter 1

自己在家
烘焙咖啡豆的理由

可靠，經濟，點石成金

當筆者在 1996 年出了本書的第一版時，自己在家烘焙咖啡豆這件事是一件僅僅由孜孜不倦的咖啡癮君子們才會做的事。那時，烘焙咖啡豆是非常不易掌握的一件事，烘焙者必須汲汲營營於找出一個將咖啡豆烘到適度褐色的方法。

到了今天，個人在家烘焙咖啡豆仍然是一件不太容易掌控的事，不過至少已經有較充分的背景知識，可以輔助我們探索這個晦暗的領域。現在，想要自行在家進行咖啡烘焙的人，已不再需要自己敲敲打打，組裝自製的烘豆器具，也不需要費力地一直攪拌平底鍋中的咖啡豆；至少有十種以上的新式家用烘豆裝置已經悄悄步入市面，更還有些咖啡器材商正摩拳擦掌準備踏進這個市場；今天，在家自己烘焙咖啡豆的人也不再需要單打獨鬥，孤單地與咖啡豆對話（雖然我們之中仍有少數為了健康因素繼續堅持這麼做），也已經有許多專門為這個族群而設立的網站、聊天室，讓我們對於在家烘焙咖啡豆的熱情能夠引起更多的共鳴。

不過，在家中烘焙咖啡豆這件事還是只有少數擁有強烈熱情的人才會做的事，這些人因為自己動手開始烘焙咖啡豆，進而誘發了更大的好奇心，想一探背後隱含的一大串原理。

烘焙咖啡豆可以是這麼簡單：一旦您知道您在做的這件事是什麼之後，「自己在家烘焙咖啡豆」這件事的難度，其實只介於「將蛋煮熟」以及「做出很棒的義大利麵用白醬」之間。既然如此，那為什麼沒有更多的人要自己動手來玩呢？為什麼在家烘焙咖啡豆不能像在家烤蛋糕、點心、製作義大利麵、爆米花這些事一般地普遍呢？

首先，大多數的人並不知道新鮮烘焙咖啡豆沖煮出的咖啡，能讓人喝了眼睛為之一亮，跟他們平時喝到的走味咖啡有多大的差異。不過易地而處，幾乎每一個人都知道新鮮烘烤出來的麵包有多可口美味；也幾乎沒有人不認同自己在家爆出的玉米花，比咬起來像啃橡皮一樣難嚼的大包裝玉米花好吃。但是，從烘豆機裡飄散出來的咖啡豆香氣，卻早已成為大多數人茫茫腦海裡的明日黃花，難以憶起。

第二個理由則是，人們並不知道自己在家烘焙咖啡豆是這麼簡單又充滿樂趣的一件事，在廣告發達以及便利性食品普及化之前，幾乎是全民運動。

萵苣是從商店裡長出來的？

筆者記得有一回擔任兒童夏令營的指導員，某天在野外踏青活動的時候，我請小孩們啃一種可食用的野菜（加州人稱這種野菜為「礦工的萵苣」），但是有許多的小孩子都拒絕，理由是那葉菜的葉子是從土裡冒出來的，而且還有許多小蟲子在上面爬過。當我指出一件事實：他們都吃過萵苣，而且萵苣也是從土裡長出來的，也曾經經歷過讓蟲子爬在上面的階段時，有一位小女孩辯駁道：「才不是呢！萵苣根本就不是從土裡長出來的，它是從商店裡長出來的！」

在二十世紀中的美國，大多數的人們都以為「咖啡」這東西就是從罐子裡生出來的褐色粒狀物，而不認為咖啡豆是從樹上結成的果實曬乾後，經過幾道簡單處理步驟製作出來的。在二十世紀裡，類似的情形也出現在其他食品以及製造商上。咖啡到底是怎麼來的？其「來源」的真實面貌是：咖啡與其他農產品一樣，被人類以乾燥、烘焙、研磨等方式加工處理過；但是卻被一些市場導向的替代詞語所取代，像是：「咖啡」是由某家人盡皆知的大公司用複雜的機器生產出來的褐色粒狀物⋯⋯。

當然，在這個品牌形象大行其道的時代（大約是自 1960 年代起），其中卻有些原本只是單純消費的人，也開始進行自行烹

餚、製造（釀造）酒品、烘烤糕點等反向運動。在咖啡的世界中，反向運動的代表性活動就是「精品咖啡運動」（Specialty-Coffee Movement）。該運動的主旨，就是要復興十九世紀時的咖啡風氣──只販賣新鮮烘焙的散裝咖啡豆，並且鼓勵咖啡愛好者們都能盡量購買未研磨的咖啡豆，要沖煮前再自行研磨成咖啡粉。因為在今日的美國，要找到一個不買未研磨咖啡豆、不在沖煮前才研磨的美味愛好者，已經是非常稀奇的事了。

　　毫無疑問地，比起超市裡賣的包裝配方咖啡，經過精心烘焙的未研磨整粒咖啡豆，在風味強度上以及豐富程度上佔有絕對壓倒性的優勢。因此只要您還沒體驗過精品咖啡帶來的味覺冒險，筆者建議您可以這樣起步：

1. 先從當地的精品咖啡館裡購買整粒未研磨的咖啡豆。
2. 練習以適當的研磨粗細以及沖煮方式來製作一杯咖啡。
3. 學習體驗其中的豐富滋味和它所帶給你的愉悅感受。

　　但是，對於有熱忱的咖啡狂熱愛好者來說，要更深入了解咖啡豆、獲得個人的更大滿足，下一步就是要開始自己動手在家烘焙咖啡豆。

懷舊感、陽台，以及烘豆時的煙霧

　　在咖啡歷史中，幾乎所有咖啡飲用地區的人們都是自行烘烤咖啡豆。即使是美國這個便利性食品的推手，販售預先烘好的咖啡豆也是到了十九世紀末才開始普遍；至於像在地中海地區的義大利，直至二次世界大戰結束前都仍然堅持著自行烘咖啡豆的風氣；而在中東以及東非地區的人們，至今仍然保有自行烘焙咖啡的傳統──結合了新鮮烘焙、沖煮、飲用等完整程序的冗長圍爐儀式。

　　在博物館中，也可以見到許多別緻的舊式家用烘豆器具。在十九世紀的美國，您或許可以買一個中空球狀的鑄鐵製暖爐烘豆器，用來搭配最時興的原木質感暖爐，而球體的烘豆器材恰巧可以

十七世紀時義大利的豪華型烘豆器。這個烘豆器大概還同時兼具暖爐的功能。在器材底部對開的門片裡，是燃燒中的炭火；當有人要開始烘焙咖啡豆（在當時應該是僕人的工作），就要把豪華的鬱金香雕刻上蓋拿開，換成地上一旁的附攪拌曲柄球狀烘焙室。

塞進暖爐的其中一個爐口。

　　有些國家到了二十世紀前半期，仍然保有自行烘焙咖啡豆的常態習慣。對於這些國家的人們而言，「烘焙咖啡豆」更是一件充滿了懷舊感的儀式。例如義大利籍作家、表演藝術家愛德瓦多·菲利浦（Eduardo De Filippo），曾在瑪麗亞蘿莎·席亞飛諾（Mariarosa Schiaffino）的著作《咖啡時光》（Le Ore Del Caffe）中憶及他孩提時期在那不勒斯的烘焙咖啡豆經歷：

　　那是發生在 1908 年的事了……。在那不勒斯的街道巷弄間，早晨起來的第一個小時，有一個非常特別的儀式正在進行著，無論對較清寒的家庭或是富裕的咖啡老饕，這項儀式都是不可或缺的，就是「咖啡豆烘焙大典」。購買咖啡生豆回家自己烘焙可以省下較多的金錢，而這件事唯一要付出的代價便是個人的烘焙技巧以及耐心。每個禮拜（或是每兩個禮拜）烘焙好一定量的咖啡豆備用，烘焙的份量則取決於每個家庭的需求及經濟狀況等。

　　不過這些儀式並不會憑空自行完成，所以每天在這個鄰里的任何地點，總會見到有個媽媽或是老爺爺，正坐在自家陽台邊用手搖著烘豆器（Abbrustulaturo）。

　　現在我應該要好好描述一下，這個對於今日大部分那不勒斯人來說可能只出現在回憶中的器材了：這是一個長度約 30 ～ 60 公分不等的圓型金屬滾筒，滾筒直徑大約 15 公分；在滾筒的其中一端伸出一根長長的細桿，另一端則是伸出一根可以用手搖動的曲柄，從滾筒的側面小開口將咖啡生豆倒入，小開口是以一個小鉤子牢牢鎖住；這個器材的底部是一個長方形的鋼鐵盒子，在盒子裡面就是炭火燃燒的位置，在鐵盒子的兩端各有一個凹槽，恰好可以架住滾筒兩端的細桿以及曲柄，讓滾筒可以固定在炭火堆的上方；當滾筒被放上這個鐵盒子上就定位後，才能開始烘焙。

　　順道一提，為什麼會特別說到陽台呢？那是因為在這樣的烘焙過程裡，烘焙出的咖啡豆一定都是油滋滋的，因此如果在密不通風的空間裡烘焙，所產生的濃煙大概會讓人無法忍受，但是如果是在室外烘焙，就不會有這樣的困擾；且因為室外的空氣流通，烘焙的氣味反倒

會成為整條街的歡樂來源！

用手搖動曲柄，可以讓滾筒裡的咖啡豆沿著高溫的壁面上下滾動，直到烘焙得差不多了；有時必須把滾筒移下火堆，並且搖晃幾下，聽一下咖啡豆產生的聲響，順便檢查一下咖啡豆的重量，因為經過烘焙的咖啡豆，重量都會變得輕一些。但光是這樣還不夠，還必須從滾筒側面的小開口來觀察一下咖啡豆的外觀顏色，如果已經烘到我們稱作「僧侶袍色」的程度時，就必須趕緊將滾筒移開火堆，並將烘好的豆子倒入一個大型淺盤或是大陶盤上，再以木製的大湯是小心、仔細地攪拌，直到咖啡豆完全冷卻。每攪動一次，咖啡豆因為烘焙而散發出的煙霧便瀰漫在空氣中，散發出一股美味、濃郁、凡人無法擋的芬芳香氣。

對我這個每每都要拚命掙扎才能起床，並總想在上學前多賴床一會的人來說，這股誘人的香味（這股香氣竟然還能穿透我緊閉的窗戶！）會使我頓時充滿活力，快樂地展開新的一天。也就是這樣，在我還沒被允許開始喝咖啡的那個時期，咖啡老早就已經是我每天的起床號，也是每個嶄新一天的象徵符號……。

這股烘焙新鮮咖啡豆的香氣，是世上最棒的香味之一。它在我梳洗整裝時、狼吞虎嚥著早餐時、走下樓梯時……，一直都如影隨形地跟著我。走在街道上，這股氣味就變得沒那麼濃了……但仍然可以用耳朵清楚地注意到它的存在：從家裡到學校的路上，家家戶戶都會傳出來的閒聊對話聲，街頭小販們可能都會大聲嚷著：「啊！真香！真讚啊！」

在路上，你可能會聽見一個看起來骨瘦如柴的老太太對著一個綁著辮子的年輕小女孩問：「你今天烘咖啡了沒？」小女孩會回道：「當然啦，我們每兩個星期就會烘一次咖啡豆，爺爺是一個很挑剔的人，所以他堅持一定要自己烘咖啡豆。」或是在一間雅緻的公寓陽台上，可能看見一個僕人，穿著像黃蜂一般黃黑條紋相間的夾克，留著一嘴油亮的落腮鬍，正跟隔壁棟公寓的漂亮女傭聊天道：「我可能要離開妳一下子，我該去把咖啡豆移出火爐了。」女傭會回說：「當然好啊……我也是每個星期六都要烘一次咖啡豆，這份差事真是一個重大的

＊愛德瓦多‧菲利浦介紹家用滾筒式烘豆器的文字，以及瑪麗亞蘿莎‧席亞飛諾的義大利文著作《咖啡時光》文字，是由愛瑪努耶拉（Emanuela）與作者肯尼斯‧戴維茲共同轉譯成英文。

責任啊！」

　　另外還有一件時常發生的情況是，每當我快要踏進學校大門之前，總會聽到附近一家鞋店傳出「啊～～」的讚嘆聲。放眼望去，原來是鞋匠在開工前，都要先啜飲一杯咖啡。他發出的「啊～～」讚嘆聲真是非常貼切的一種形容詞，在這個讚嘆聲中可以聽見喜悅、滿足、歡樂、甚至是一份驚喜、訝異的感覺。當下在心中便暗自決定：以後等我長大成人了，我一定要親自發掘咖啡帶來的這些感受！＊（作者注）。

自己動手烘焙咖啡豆的理由

　　那麼，對於我們這些小時候沒有聞過烘焙咖啡豆香氣的人，或是住在美國西部的新開發地區，記憶中只有百事可樂以及麥斯威爾即溶咖啡的人來說，自己在家動手烘焙咖啡豆的理由何在？自己烘焙咖啡豆是一項簡單的事，卻也是一種被遺忘的藝術。那麼我們為什麼還要這麼費工夫動手烘焙呢？以下是最重要的幾點理由：

‧**新鮮度以及最好的風味**：不新鮮的麵包不像不新鮮的咖啡，前者不新鮮便不可以食用，後者即使變味了，卻仍然可以拿來喝，有的人甚至還很樂在其中地享用著！不過在咖啡的世界裡，短短的幾天之間，喝起來的味道就會天差地遠！自烘焙日算起一到二天內的新鮮烘焙咖啡豆，沖煮出來的咖啡會有帶著濃烈香氣的爆發性口感，這股易消散的香味似乎會在人的神經系統中不斷迴盪，持續地在腦子裡如奧拉（Aura，希臘藝術裡的空中舞者）一般地擺動著。用真正新鮮烘焙的咖啡豆沖煮出的咖啡，其後味（Aftertaste）可以足足讓您整個上午時間都沉浸在其美好之中；但是若是烘焙過後一週左右的咖啡豆，這份美好的後味可能只會持續個幾分鐘就消失了。在愛德瓦多‧菲利浦文中描述的鞋匠之所以會有不斷的驚喜，筆者認為有部分必須歸因於他飲用的咖啡，是他爺爺自己每週在陽台邊烘焙的新鮮咖啡豆，而不是從超級市場裡買來的半走味咖啡豆。

　　咖啡豆的風味在烘焙完成後的第一天是最棒的，過了這個時間，咖啡豆的風味就會殘酷而急速地衰敗。因為在烘焙完成後，咖

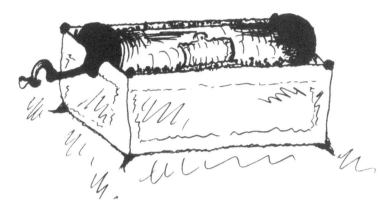

愛德瓦多·菲利浦所繪製的那不勒斯式家庭用滾筒烘焙器（Neapolitan abbrustulaturo），在本書第8～10頁有對這個烘焙器具的描述。

啡豆本身會釋放二氧化碳，阻絕氧化作用的侵襲，但過了排放二氧化碳的期間，細緻的咖啡風味油脂（Flavor oils）便會受到氧化而走味。因此對於鍾愛咖啡成癮的人來說，使用新鮮烘焙咖啡豆沖煮才會有的芳香氣味，無疑地絕對是他們選擇要自己動手烘焙咖啡豆的最大原因。

　　可以理解的是，假使咖啡豆是預約後在店裡烘焙的，或是烘焙地點很近，您或許可以買到還算新鮮的咖啡豆；不過由於區域型以及全國性的精品咖啡連鎖巨獸般地快速擴張，他們使用的咖啡豆可能是遠在千百里之外烘焙完成的，到了您的手上，已經不知過了多少天！不過這些連鎖精品咖啡館裡賣的咖啡豆也不是全然一無是處，至少它的新鮮度比起預先研磨咖啡粉或是罐裝咖啡粉還來得強；但是絕對比不上自己在家裡廚房烘的咖啡還新鮮！

·個人的滿足感：自己在家烘焙咖啡豆可以讓我們得到一種親身實踐的滿足感，因為我們生長在純消費主義的社會裡，一旦我們可以透過親手操作，解開烘焙咖啡豆這個神祕過程的奧妙（其實長久以來我們都是受到蒙蔽而已），那是多麼有成就的一件事啊！在家動手烘焙咖啡豆是一項藝術，也許該說是非主流藝術，但卻是可以讓人非常有成就感的一門藝術。

·省錢：很明顯地，這項因素對某些人而言，比起其他因素還來得重要。自己在家烘焙咖啡豆所需要的咖啡生豆，依據您的購買方式

以及購買地點的不同，可以為您省下 25% 到 50% 左右的開銷。您可以在「相關資源」單元找到購買咖啡生豆的教戰守則。

‧**變成更懂咖啡的行家**：要真正懂一支咖啡豆，就必須自己動手來烘焙它！此外，一旦您開始自己在家烘焙咖啡豆，才有可能發展出一套個人的「生豆收藏」。未經烘焙的咖啡生豆較沒有保存上的不確定性，存放一到兩年的時間再烘焙，風味會有一點點差異，但是嘗起來仍然有趣，而且就算再放個幾年才烘焙也還適於飲用，只要您用對了方法來儲存，有些咖啡豆經過了陳年甚至會有更好的表現。因此，您可以適量存放幾款您最喜愛的咖啡豆，依照您的心情或是訪客的口味偏好來選擇某一天要烘焙哪幾款咖啡豆。關於「生豆收藏」的點子，您可以在本書第 126 ～ 127 頁處找到同主題的探討內容。

‧**可以自誇的權利**：試想一下，假如您在自己家裡的廚房烘焙瓜地馬拉的薇薇特南果產區（Guatemala Huehuetenango）咖啡豆加上蘇門答臘島的林東（Sumatra Lintong）咖啡豆的配方豆，烘焙時散發出刺激濃密卻又令人愉悅的煙霧，而您的朋友卻拎著一包從街上咖啡館買來的烘焙過後數週之久的家常配方咖啡豆來您府上共進晚餐時……。筆者不願再多言這類的事，畢竟逢迎與自誇的行為不太值得鼓勵，前面這麼提，只是為了讓各位感受一下這幅畫面罷了！

‧**浪漫情懷**：最後一點，自己動手烘焙咖啡豆，可以讓您更深入了解咖啡中的戲劇性演變以及其浪漫情懷所在，筆者雖然從半專業到專業人士的身分，跨足咖啡業領域逾二十年，但在感受浪漫情懷這個部分卻還是屬於黃口小兒的階段。咖啡的浪漫之所在，就是當那一堆生硬的、無味的灰綠色種籽，突然神奇地轉變成為我們趨之若鶩的芳香媒介物，也成為我們茶餘飯後的閒聊話題。

只要識字就能烘焙咖啡豆

前面說了這麼多，其實歸納起來也就一個簡單的觀念：您一定也可以的！即使您不一定因此能找到一份專業咖啡烘焙師的工作（因為專業烘焙師另外還必須兼顧精準度、穩定度以及品質等層面

的因素）。但是只要您看得懂這本書中所寫的內容，就能夠在家中製造出不錯、甚至令人驚艷的烘焙豆。加貝斯・伯恩斯先生（Jabez Burns，美國史上最偉大的烘焙科技研發者）曾經這麼說過：「在我喝過的咖啡中，最好喝的幾杯是從家用爆玉米花器烘焙出來的咖啡豆所沖煮而成的。」

喚醒味道的精靈
——「烘焙」的化學變化以及戲劇性演變過程

當咖啡豆被「烘焙」時，會有哪些情形產生？

這個問題事實上沒有任何一個人可以非常精確地回答。咖啡豆其中一個奧妙的特性就是它的芳香化合物組成成分非常複雜，目前已知在烘焙好的咖啡豆裡，約有 700～850 種的物質與風味有關聯，而實際的物質種類數目則會因每回實驗的主題以及樣品豆種的不同而有所差異，我們只能推測物質種類的多寡，可能與產地的地理環境條件以及乾燥、後段處理方式也有關係。

當然，這個數字不包括其他與風味無關的組成物，在阿拉比卡種（*Coffea Arabica*）的咖啡生豆中，目前已被確認的組成物質大約有 2,000 種。

這令人望之生畏的物質數目，讓咖啡豆順理成章地成為日常食品飲料類中最「複雜」的一種東西。像葡萄酒類的風味組成物質數目就沒有咖啡豆來得多；而香草也只有大約 150 種的風味組成物質（這個數據是由專業的化學學者所研究提供），香草也屬於最複雜的天然調味品之一。一直到了今天，一些「咖啡口味」食品、飲料的調味品，都還是直接從烘焙咖啡豆中直接提煉出來的，而不是以人工化學合成的方式製作，這也是歸因於咖啡豆組成物質難以複製的「高複雜度」特性。

但我們可以確信的一件事就是：阿拉比卡種咖啡豆內含的 700～850 種風味組成物質如果未經過「烘焙」這道手續，就不會表現出任何「芳香」的特質。所以說，「烘焙」是喚醒咖啡生豆風味精靈的必要動作。

粗略地來說，「烘焙」有以下目的：

1. 將咖啡豆中多餘的水分帶出。

2. 將咖啡豆烘乾，並使木質部膨脹，使咖啡豆能有更多透氣孔，讓咖啡豆的總重量減少 14～20% 之間。

3. 開啟一道連續由糖分轉化為二氧化碳氣體的程序，這道程序在烘焙完成後並不會馬上停止，一直到咖啡豆走味之前都還在持續著。

4. 帶走一部分容易揮發的物質，其中有一小部分的咖啡因也會被帶走。

5. 將咖啡豆中含的部分糖分轉化為焦糖，另外有一部分的成分轉化為我們稱為「風味油脂」的物質。風味油脂是一種非常小單位又極易被破壞的美味複合物質，但是組成這個複合物質的成分看起來可就沒那麼美味了：如醛類（Aldehydes）、酮類（Ketones）、酯類（Esters）、乙酸（Acetic Acid）、丁酸（Butyric Acid）、纈草酸（Caleric Acid）等等。

　　咖啡其實就是由焦糖化的糖分，結合風味油脂以及其他組成物（如苦味因子的 Trigonelline，奎寧酸以及尼古丁酸等等），加上大約 1% 左右的咖啡因，共同組成的一杯飲料，也正因為這麼複雜奧妙的身世，讓全世界的飲用者都如此樂於飲用。

　　經過烘焙後的咖啡豆，有部分的成分會轉化成具有保護作用的焦糖化糖分以及風味油脂，風味油脂藏匿於木質部鬆開的孔隙之中（若在較深度烘焙的咖啡豆裡，有一部分的風味油脂會被強迫帶到咖啡豆表面上，使得深焙咖啡豆的外觀看起來總是油油亮亮的）；而二氧化碳氣體也會從咖啡豆內部排放出來，這個過程就叫作「排氣作用」（Degassing），排氣過程恰好可以協助保護風味油脂不受氧化作用侵襲而走味（當然，當二氧化碳氣體停止排放時，風味油脂也會很快地受氧化而走味），真空罐、充氮包裝袋等等都是為了保護咖啡豆風味油脂不受氧化侵襲而出現的人工保存容器。當咖啡豆本身自然形成的保護措施因為受到研磨而失效時，二氧化碳氣體會消散得更快！

烘焙各階段的戲劇性演變過程

　　剛剛前面提到的是在咖啡豆內部發生的一些事，那麼在外觀上又會發生什麼樣的變化呢？

 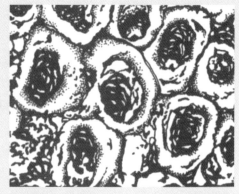

在左上角的圖片是咖啡生豆的某一個部位組織結構示意圖，而在右上角的圖片則是經過烘焙後的咖啡熟豆相近部位組織結構示意圖。比較一下兩張圖片的差異：咖啡生豆的組織較不規則，多皺摺且亂七八糟，結構體看起來是非常堅硬的固體；而咖啡熟豆的組織則是開放的圓形中空細胞組成，裡面隱含有微滴的易揮發風味油脂。

在將咖啡豆放進烘焙室加熱的前幾分鐘，我們是看不到太大的外觀變化，此時的咖啡豆仍然呈現灰綠色，且沒有任何的聲響。過了一會兒，咖啡豆外觀顏色會逐漸轉黃，且散發出類似麻布袋的氣味，緊接著就是聞起來像烤麵包或是穀類的蒸汽氣味。

最後，在開始烘焙的第 2 ～ 15 分鐘之間（時間長短會與烘焙豆量以及烘焙火力強弱有相對關係），這股蒸汽的氣味變得更沉重、更像咖啡的味道了，稍後就會聽見咖啡豆的「第一爆」（First Crackle / Crack / Popping）聲響！

我們稱為「第一爆」的這個現象，代表咖啡豆內部的成分真正開始進行轉變，也就是開始進行「熱解作用」（Pyrolysis），此時咖啡豆內部的糖分開始「轉焦糖化」（Caramelize），原本咖啡豆鎖住的水分也會開始隨著二氧化碳氣體一併揮發掉，也是由於這一個過程，才會造成「第一爆」這個小型的內部劇烈變動。在這個階段，咖啡豆中原本靜態的水，轉變成逐漸油膩的烘焙煙霧，持續轉趨濃密。

過了第一爆的階段，以精確的測量數據而言，咖啡豆開始自行產生加熱的能量，是從第一爆熱解作用起始點的華氏 350 度／攝氏 175 度，烘到中度烘焙（Medium Roast）大約是華氏 435 度／攝氏 225 度，若是烘到非常深度的烘焙（Very Dark Roast）則是到華氏 475 度／攝氏 245 度左右。

咖啡豆的烘焙程度越深，著色的程度就越深，造成這個現象的

最主要原因就是焦糖化作用,以及某些酸性物質受熱轉變所致。熱解作用開始之後的任何一個時間點都可以停止烘焙:一開始,咖啡豆外觀是非常淺褐色的;到了烘焙的末段,咖啡豆外觀會變成非常深的褐色,深到接近黑色。對於擁有較為靈敏的嗅覺的人來說,烘焙煙霧的氣味也隨烘焙模式的加深而有細微的轉變。

當咖啡豆的外觀接近中等的褐色時,這陣相對聲響較模糊的第一爆的聲響逐漸退去,直到完全沒有爆裂聲。之後,再將咖啡豆繼續加熱到更深的烘焙模式,則第二陣劇烈的爆裂期就會開始,稱作「第二爆」(Second Crackle)。造成第二爆的原因,推測是由於更多的揮發性物質快速衝出,導致咖啡豆木質部結構斷裂;當第二爆越來越密集,烘焙煙霧也越來越濃,此時的咖啡豆外觀顏色更深,氣味更刺鼻,豆子顆粒也更大了!

要判斷烘焙程度有三種方法:

1. 藉由「烘焙煙霧」的氣味變化來判別:這是在十九世紀時最廣泛採行的烘焙深度控制手法。

2. 藉由咖啡豆內部的「溫度變化」來判別:此種方法在今日較為先進的烘豆機上最常使用。

3. 藉由咖啡豆「外觀著色程度深淺」來判別:此需要憑藉經驗判斷,或是靠一台精密的機器來輔助判斷。

以目測判斷烘焙深度這個方式,大概是現在最平易近人的一種方式,對於在家烘焙咖啡豆的人而言,這種方式也是最容易上手的。而大規模的商用烘豆機,則較傾向使用監測咖啡豆內部溫度變化的方式,漸漸地也有越來越多小規模咖啡館因使用專業烘豆機也走向這個趨勢。相對於這兩種方法,以氣味變化來判別烘焙階段的演變已經成為一項被遺忘的技藝了,只剩下屈指可數的一些烘焙師還採行這種需要專業訓練才能學會的方法,二十世紀早期的小型咖啡館大多是以這種方式來訓練烘焙新手。

同一批次的咖啡豆(指同採收期、同後置處理期的咖啡豆),讓兩個不同的烘焙者烘焙,各自將咖啡豆烘焙到近似的著色度或是烘焙深度,嘗起來的味道可能會粗略地相近;換句話說,咖啡豆的

風味變化成因，主要還是歸因於烘焙。所以相同烘焙深度下的兩把咖啡豆風味才會那麼接近，而不是截然不同的兩種風味。不過，若是採用不同的烘焙器具、不同的烘焙手法以及不同的烘焙觀念，則又另當別論。

有些烘焙者傾向以較低溫度緩慢地烘焙咖啡豆，另外也有些烘焙者傾向以較高溫度快速烘焙咖啡豆，更有一些烘焙者因應不同的烘焙階段，數度調升烘焙溫度，讓咖啡豆內的水分脫除更充分後，再把溫度調高開啟熱解作用。由於有了多元的烘焙手法以及烘焙器具（各自背後有著遵奉信服者的支持），精品咖啡的世界才得以如此多方面地蓬勃發展。

Chapter 2

從湯匙演進到
氣流式烘焙

烘焙器具演進史

當人類發現咖啡種籽具有特殊迷人風味開始，就是咖啡歷史的開端。這個事件是讓咖啡豆從以往只有東非洲、阿拉伯南部地區用來當作藥用草藥，搖身一變成為世界上最受歡迎的一種飲品，是當今全世界交易量僅次於石油的經濟貨物。

有些懷疑論者認為，咖啡豆之所以會成為世界交易量第二大貨物的原因在於其咖啡因的成分，而不是因為咖啡豆的各種迷人風味（因為咖啡豆的風味必須經過適當的烘焙才能展現）。不過這個論點的破綻很明顯，如果說只因為咖啡因就讓咖啡豆有這樣的地位，那麼一樣含有咖啡因、可以提神、讓人們感到非常舒服的其他植物，像是茶、葉巴馬帖（Yerba Maté，一種南美洲的冬青屬植物，學名為 *ilex paraguarensis*，在阿根廷等地的人民飲用葉巴馬帖茶的比例較咖啡高七倍，亦是含有咖啡因的植物之一）、可可亞豆、古柯樹葉（Coca，其樹葉即為提煉古柯鹼的原料），以及其他具有同樣作用但較不出名的作物，為什麼這些作物的交易量遠遠不如咖啡豆呢？

再者，咖啡風味的調味品（無咖啡因的）也是食品加工中最重要的一種口味，舉凡糖果、蛋糕、軟糖等在調配味道時，咖啡味都是一項不可或缺的要角。即使是對於咖啡因敏感的人，大多數也還寧可選擇低咖啡因處理過的咖啡來飲用，而較不偏向飲用其他無咖啡因的替代飲料。

由前述各點足以證明，烘焙過的咖啡豆，其濃郁豐富的香氣，絕對與它受歡迎的程度脫不了關係。而另一方面來看，有許多證據顯示，人們必須經過一段時間的適應期，才能逐漸體會到品嘗咖啡的原味樂趣。比方說很少有孩童們從小就自然而然喜歡咖啡

味的，而且加上自從人類開始飲用咖啡到現在，就一直都有添加其他東西的習慣，最早的紀錄便是有人將小荳蔻及其他香料加入咖啡中一起喝，這種傾向到了現代就演變為加味咖啡豆（Flavored Coffee），以及用義式濃縮咖啡調配出的各種添加糖漿、裝飾品以及牛奶等飲料。

另一個更大的可能性就是，烘焙過的咖啡豆散發的香氣特徵，加上刺激的口感內涵，兩者交織出令人類流連忘返的結果。到了某個時候，人們開始將咖啡所帶來的這種刺激感與深焙的餘韻風味作了一個直接的聯想，並將兩者結合到社交場合中，於是便有了與咖啡飲料相關的週邊設備；爾後，人們更將早晨的印象、親切的服務、與咖啡吧檯上的對話等要素與咖啡館有所聯結，因此造就了「咖啡不只是咖啡」，更代表了一種刺激、品味、社交儀式……，為咖啡更增添一份複雜度以及豐富感。

以咖啡葉泡茶及咖啡果肉調味品

在十六世紀之前，咖啡究竟是如何飲用，現今的我們只能夠憑空想像；不過藉由一些史料記載，仍可從一些非洲咖啡原生產地的社區中略知一二。

像在衣索比亞的部落，人們會將咖啡樹的葉子拿來製作成茶飲用；另外，也有其他的紀錄顯示，有些地區會直接嚼曬乾的整顆咖啡果實、將果肉拿來做蛋糕、浸在水中泡茶、把成熟的果肉壓碎加入飲料中，或是直接將碾碎過的咖啡種籽包在動物的脂肪中一起食用。

假如我們是以前面講的這幾種方式來體驗咖啡的滋味，應該很難令人相信這種作物會是現今世界上最受歡迎的飲料選擇；再者，咖啡這個飲料之所以會在過去兩個世紀以來成功地行銷於全世界，事實上是有跡可循的，其中有部分原因是因為人們長久以來對咖啡作物的認知不斷有所進步，另外就是日新月異的烘焙科技（根據推理，這應該就是讓咖啡飲品越來越好喝、越來越迷人的主因）。

揭開咖啡典故的神祕面紗

　　到底是誰首先想到要將咖啡樹的種籽拿來烘焙？又為什麼？

　　無疑地，這兩個問題我們永遠都得不到真正的答案。與世界上其他最有名的食物一樣，咖啡在人類文明裡的早期歷史以及產區來源都是非常模糊待考的。我們必須憑藉來自於中東地區十五、十六世紀零散的手寫參考文獻來推理，才能約略知曉箇中緣由。

　　歐洲人士最早在十六世紀時的敘利亞、埃及、土耳其等地的咖啡屋，第一次喝到咖啡這種飲料，而第一次見到咖啡豆種籽，則是在阿拉伯半島最南端的葉門地區的山間梯田上。於是，當時隨行的歐洲植物學家林奈（Linnaeus）便開始為這個新世界裡的各種花草命名、分類，在這裡的咖啡樹被歸類到「阿拉比卡種」（Coffea Arabica）的樹種別中。

　　數個世紀以來，阿拉比卡種的咖啡豆一直都是唯一的商業流通樹種，現今仍然是世界咖啡交易的主流。不過，根據林奈的假設，咖啡樹的來源地並非阿拉伯半島地區，而是源自於衣索比亞中部的高地森林裡，這個假設直到二十世紀中葉才由西方科學界所證實。在非洲、亞洲以及馬達加斯加島等熱帶地區的各個角落，經過分類而能辨認的野生品種咖啡樹種超過一百種，大約只有三十餘種的咖啡樹種被人們拿來栽種，大多數都只是小規模的栽種。其中有一個品種叫作「剛果種」（Coffea Canephora），亦稱為「羅布斯塔種」（Coffea Robusta），在商業交易以及人類文明中，也開始扮演了阿拉比卡種的主要競爭對手。

　　也沒有人真的知道，在何地、何時起，阿拉比卡種的咖啡豆首先被拿來以人工栽植？有一些歷史學家臆測咖啡樹首先在葉門地區被人們拿來栽植；但是更有力的證據顯示，其實在植物學中驗證的咖啡來源地——衣索比亞，在西元 575 年左右就有刻意栽植咖啡樹的紀錄，當被帶到阿拉伯半島南部種植時，早已屬於農耕用作物了。

　　另外，也沒有人能確定人們飲用的最早的「一杯熱咖啡」到底是怎麼定義的？就我們所知，咖啡豆是小粒、薄薄一層果肉、甜甜

的果實裡的種籽。最早的一杯「熱咖啡」也許根本就不是把咖啡豆種籽拿來萃取的，反而比較有可能是把咖啡果實的外殼部分拿來稍微烘烤一番，就直接丟進滾水中煮成「熱咖啡」了！直至今日，在葉門地區仍然普遍飲用以此方式煮出來的熱飲，當地人稱為「機奢」（Qishr，亦拼作 Kishr、Kisher，還有許多其他不同的拼法），在歐洲則稱這種飲料為「蘇丹咖啡」（Coffee Sultan，亦拼作 Coffee Sultana）。另外也有可能是把曬乾的果實與種籽一起拿來烘烤後，將其碾碎，再丟到滾水裡煮。乾燥過的果肉外殼部分甜度非常高，也含有咖啡因，因此任何一種用咖啡果肉外殼製作的飲料喝起來都很甜，而且也有咖啡因的提神效果。

一個值得深思的問題：是什麼原因讓某位來自敘利亞、波斯或是土耳其的人，會想到把咖啡的種籽拿來以足夠的高溫烘烤，讓所謂的「熱解作用」（Pyrolysis）能夠有效進行，把咖啡豆裡最可口的風味油脂完整呈現出來？這個背景無疑就是讓咖啡文化價值營造成功的最大原因了！

關於咖啡源頭的說法形形色色，從富有浪漫想像詩意的說法，到一些牽強、看似有理的說法都有。伊斯蘭地區的傳說中，在西元1260 年左右，有一名叫席克‧奧馬（Sheik Omar）的人被放逐到阿拉伯荒地，為了止飢果腹，他試著先把咖啡種籽直接煮成湯來食用，但是喝起來會苦，所以後來他就先把種籽烤過，再拿來煮湯。

還有另一個說法：在葉門或是衣索比亞的農民取用咖啡樹枝當柴火燒飯時，意外因為這個過程而發現咖啡種籽的價值。這個理論在二十世紀初一度常出現在文學作品中，具有較濃厚的故事性，以歷史觀點來看則有所出入。

伊恩‧伯斯坦（Ian Bersten）在其充滿挑撥意味的歷史著作《咖啡起與茶落》（*Coffee Floats, Tea Sinks*）中假設：這只是很單純的一個偶發事件。某個人有一天不小心發現，用淺度烘烤過的咖啡果肉外殼來煮「機奢」飲料比原先的煮法口感更上一層樓，因此之後就如法炮製，也一併將咖啡種籽的部分都烘烤過。伯斯坦更大膽地推論：十六世紀時的阿拉伯半島南部屬於鄂圖曼土耳其帝國領地，當

時他們為了好好利用在那之前都沒什麼用途的咖啡種籽，大力地推廣將咖啡種籽烘烤後一起製作「璣奢」飲料。

顯然地，鄂圖曼土耳其帝國是散布咖啡飲用習慣及咖啡製作科技的先行者，加上該帝國在當時不斷擴張的版圖，間接促進了咖啡飲用文化以及商業交易等交流。伯斯坦進一步指出：最先開始真正有「烘焙咖啡豆」（Roasted Coffee）這回事的地區是敘利亞一帶。因為敘利亞人，特別是在大馬士革市的人，最先發展出特別用來烘焙咖啡豆的金屬製器具，這種器具比起傳統葉門人用的陶土製烘烤器材，可以產生更高的烘烤溫度。

再者，伯斯坦也認為烘焙煙塵產生的氣味——這種氣味只有在熱解作用開始時才會出現，是一種會令人著迷的氣味，甚至比喝咖啡嘗到的味道還棒，這可能就是令某人樂此不疲，不斷將咖啡種籽拿來烘焙的原因。而且這個人玩久了就知道，一定要把咖啡種籽烘焙到蠻高的溫度，這股氣味才會散發出來，用烘焙過的咖啡種籽煮出的「璣奢」飲料，就會帶有水果般的氣味。

這種種的推論至今仍無從確認其真實性。在人類歷史中有許多記錄指出，早在人類開始烘焙咖啡種籽之前，人們就已經將一些種籽或堅果烘烤過，一方面增進食用口感，另一方面也更易於消化，也許烘焙咖啡種籽很單純地只是某個人想如法炮製；也有另一個可能就是，或許某次一些在烘烤製作「璣奢」飲料原料的人因為不小心離開太久，讓帶有果皮外殼的咖啡種籽烘得太久，回來時用這種烤太久的原料來煮，卻得到了意外的驚喜。

不論如何，至少我們可以確定在西元 1550 年左右的敘利亞或是土耳其一帶，已經有「烘焙咖啡豆」這個詞彙了。自此開始，烘焙咖啡豆不但儼然成為一種世界性的文化風尚，也是商業交易蓬勃的開端。

烘焙儀式

早期在阿拉伯地區的「烘焙」是再簡單不過的一種程序，雖然我們沒有足夠的史料可以重現這個烘焙程序，但是大致上應該與

現在阿拉伯地區仍在使用的烘焙程序類似。另外一位歐洲史學家威廉‧帕爾葛瑞夫（William Palgrave）於 1863 年所著的《阿拉伯中東部一年記遊》（*Narrative of a Year's Journey Through Central and Eastern Arabia*）文字中有這麼一段記載：

……索威林毫不遲疑地開始準備烘焙咖啡豆。他花了五分鐘左右的時間用一個吹風器起火，並將炭火位置調整到最適當的地方，產生足夠的熱力……。接著，他從旁邊的壁龕取出一個用繩子綁著的陳舊布袋。將繩子解開後，從裡面倒出三、四把的未烘焙咖啡生豆（都是帶著果肉外殼的狀態），再將這些生豆擺放到草編的大盤上，仔細地挑除發黑的咖啡種籽以及其他異物（通常他們同一批購買來的咖啡櫻桃裡都會夾雜這麼些怪東西）。在仔細地清理過後，他將這些咖啡生豆倒進一個鐵製廣口帶柄的大湯杓，之後將這個大湯杓移到火堆口上，同時使用吹風器穩定火力、反覆攪拌湯杓中的咖啡生豆，直到產生爆裂聲、顏色轉紅、冒出白煙。最後，在咖啡豆變成黑炭前小心翼翼地將大湯杓移開火源，之後以一種不太正確的古老土耳其或歐洲的方法，將咖啡豆放在草編的大淺盤上冷卻……。

在阿拉伯半島地區的居民中，烘焙、碾碎、沖煮以及飲用咖啡等等過程，都是在一個從容的聚會場合中進行的。烘焙以及沖煮兩個步驟都是在同一座火堆上進行，烘焙咖啡豆時是使用一根前端平平的金屬杖攪拌，在冷卻過後，烘焙好的咖啡豆被丟入一個研缽之中碾碎成粗顆粒的粉末，然後以滾水煮咖啡，通常都會加入一些小荳蔻或是番紅花一起煮，煮好後再過濾一次，才倒進杯中，不加糖便直接飲用。

類似的咖啡儀式版本有非常多種，在東非以及中東地區四處可見，其中來自衣索比亞以及厄利垂亞（Eritrea，非洲東北部瀕臨紅海的地區名。原係義大利殖民地，後為衣索比亞的一省，現已獨立）的移民，將其中一個儀式版本傳入美國，因此在一些美國郊區家庭的廚房或是起居室中，也可以見到類似的裝置擺設。

從褐色轉變為黑色：一種全新的咖啡飲用法

　　各位若稍有注意，會發現在帕爾葛瑞夫描述中，阿拉伯人是將咖啡豆烘焙到一個淺褐色的著色深度而已。在大約西元 1600 年以前的早期史料有個記載，那時在土耳其、敘利亞以及埃及地區有發展出另一種截然不同的咖啡製作法。他們將咖啡豆烘焙到一個非常深、接近黑色的程度，用研磨石或是金屬製研磨葉片的磨豆器具研磨成非常細的粉末，將粉末煮滾之後，加入蔗糖再飲用，但是並沒有加入任何的香料，也不經過過濾。因此在飲用這杯甜甜的咖啡時，還會喝到漂浮在液面上的細微咖啡粉末；另外，這種飲料是倒在比阿拉伯人使用的杯子還小一些的杯中來飲用的。

　　造成這種烘焙模式、沖煮方式以及飲用方式不同的原因不明，但由此卻可得知，只要把咖啡豆烘得深一些，要研磨成細粉就越容易；而烘焙得較淺的咖啡豆質地相對起來就硬得多，因此要研磨成細粉末並不容易。另外，源於印度地區的蔗糖也普遍大規模種植於中東地區，這種取得方便的作物便被用來壓制深度烘焙咖啡苦味的最佳幫手，而且更加強了咖啡中的甜味。至此，新型的科技發明（有金屬研磨葉片的磨豆機）、全新的深度烘焙模式，加上蔗糖取得的便利性，造就了這種全新的咖啡飲用法——土耳其式咖啡。

　　為什麼叫「土耳其式」（Turkish），而不叫「埃及式」（Egyptian）或是「敘利亞式」（Syrian）呢？這是因為歐洲人首先是透過鄂圖曼土耳其人才接觸到這種咖啡飲用法。一開始是經由威尼斯傳入義大利北部，之後又是由巴爾幹半島以及維也納傳入歐洲中部地區，早期的歐洲人都仿效土耳其人的飲用法，將咖啡豆烘焙到非常深的程度，煮到水滾、並加入蔗糖一起飲用。

咖啡全球走透透

　　從十七世紀到十八世紀初期，飲用咖啡的習慣從歐洲開始傳開，向西傳遍整個歐洲，向東則傳入了印度以及今日的印尼地區。至於咖啡成為種植作物，則是由伊斯蘭教徒將種籽從葉門帶入印度，之後歐洲人再將種籽傳入錫蘭島以及爪哇島。由爪哇島再將種

籽帶入阿姆斯特丹以及巴黎等地的室內植物園種植，之後傳入加勒比海以及南美洲成為經濟作物，在短短的數十年間，數以百萬計的咖啡樹被有計畫地在農園中大量種植，成為農園主人以及商人的賺錢利器，也是眾多群聚在倫敦、巴黎、維也納等地咖啡屋的哲人、思想家的靈思來源。

咖啡在十七、十八世紀的全球貿易中，是一項全新的商業化經濟作物，在當時的全球貿易商品中，與蔗糖總是秤鉈相依的伙伴關係，這兩項商品同是來自熱帶地區的姐妹經濟作物，在全球各地的咖啡屋以及每一杯咖啡中都是非常密切的好伙伴。不過咖啡樹這種作物對大自然以及對採收工人們的破壞力遠遠不及蔗糖，因為咖啡樹必須生長在有其他較高樹木的遮蔭之下，而不是像甘蔗般必須大規模開闢田野，破壞原有的生態環境；另一方面，種植咖啡樹的個體戶農民還能擁有較好的金錢收入，而甘蔗農就沒那麼好運了！

不過，咖啡卻也帶來了另一種全球普遍的諷刺現象，它成為一種壓迫與解放的象徵。在熱帶地區，咖啡發展成為一種社會性的、經濟性的謀利工具，是一種非常傑出的賺錢作物；不過卻也是建立在壓榨黑種人勞力的基礎之上，同時也成為觸發歐洲啟蒙思潮以及法國、美國政治革命的主要原因之一。在當時，咖啡以及咖啡屋在某個層面上說來，一直都與文化、政治的重大變遷有著密不可分的關係。

此外，在十七世紀末、十八世紀初，歐洲人發現了咖啡的第二個重要伙伴——牛奶。例如現在頗受喜愛的熱牛奶與義式濃縮咖啡調製成的拿鐵咖啡（Caffé Latté），便是源自於維也納。西元 1683 年時，維也納曾被土耳其人包圍。當土耳其軍隊退出維也納時，留下了一些咖啡豆，這些咖啡豆被一位叫法蘭茲‧柯辛斯基（Franz Kolschitzky）的人拿來開了維也納第一間咖啡屋。為了要讓維也納人遠離早餐喜愛喝溫啤酒的習慣，他必須讓這些咖啡有些變化，不能採用土耳其式的飲用法，於是他發展出一種全新的加奶飲用咖啡。

維也納人將原本土耳其式飲用法中連渣一起飲用的習慣，改成

將咖啡渣濾除並加入牛奶的飲用法，這種方式很快便傳遍整個歐洲。到了這個時間點，飲用法的分界更趨明顯：十七世紀的歐洲人都飲用液面懸浮著咖啡渣、加蔗糖的土耳其式咖啡；十八世紀的歐洲人則都濾除咖啡渣、加入牛奶飲用。正好也對應了鄂圖曼土耳其帝國領地以及歐洲天主教地區飲用習慣上的差異。舉例來說：在奧地利或是義大利的歐洲人都傾向濾渣、加奶飲用法；而在巴爾幹地區（在十九世紀前仍屬於鄂圖曼土耳其領地），大多數的人還是傾向以土耳其式飲用法來喝咖啡。

用科技改良過的車轍來烘焙咖啡豆

　　雖然在十七、十八世紀，咖啡的飲用法以及種植方式有著非常戲劇性的發展，但在烘焙方面的進展就非常乏善可陳。在當時最普遍的烘焙法是遵循中東人的方式來進行的簡單烘焙法：將咖啡生豆放在鐵製的平底鍋中，接著移到火堆上烘焙，一直持續翻攪均勻，直到咖啡豆外觀顏色轉成褐色才停止。此外也有一些相對較複雜的器材，像是可以將咖啡生豆裝在裡面的金屬製圓筒或是一個空心圓球，再將它們懸在火源上方烘焙，附有手轉的攪拌裝置來攪拌裡面的咖啡豆。這些裝置可以一次烘數磅的咖啡豆，常被咖啡屋或是小型的烘焙零售店所使用；這類裝置也有較小型的尺寸，可以當作一般家用、在自宅的壁爐烘焙小量的咖啡豆。下方圖示即為這樣的裝置示意及說明，您也可以在第 48 ～ 58 頁的內容中看到這種烘焙裝置的樣品圖示。

圖為其中一種最早期的小型圓筒咖啡烘焙器，這種器材是我們現今使用的烘焙機始祖。這種烘焙器材是要在火爐中燒紅的炭上轉動才能烘焙咖啡豆。

更多難以回答的問題

像是：十七、十八世紀時的歐、美人士都在哪裡烘焙咖啡豆？他們都在家自行烘咖啡豆還是跟店家購買烘好的咖啡豆？跟現在的烘焙方式來比，那時的咖啡味道如何？

這三個問題，只有前兩者有線索可以回答得出來：當時人們的咖啡豆有在家中由僕人烘焙，也有從店裡買回來的。對於那時的人們來說，烘焙咖啡豆這回事並不如其他廚務那般困難，像在歐洲，這份差事便通常是交由家中較年長的孩子來處理的。

那麼他們到底烘得好不好？這樣烘出的咖啡豆喝起來如何？試想：用鐵鍋、不均勻的火力，而且又是由小孩子烘，不難預見這樣的烘焙品質實在無法確保有穩定的表現，而且時有燒焦的咖啡豆產生。在當時也許從店家買來的咖啡豆會比較穩定些，不過能烘得好的店家也還不多。

不過可以確定的是，當時人們喝自己烘焙或是店家烘焙的咖啡豆，都算是新鮮烘焙的；比起今日的即溶咖啡或是廉價的罐裝咖啡粉，這些古代的自家廚房式烘焙咖啡豆表現還略勝一籌呢！

烘焙模式與地域之間的關係

在過去的時代，各地採用的烘焙深度都非常不一樣，這跟現代的地域性人民口味偏好很類似，例如在十六、十七世紀歐洲的大部分地區，便都是飲用烘得非常深的土耳其式咖啡。例如有本十七世紀時的自家烘焙指南上，便曾如此描述：「隨您高興拿任意數量的咖啡生豆，將它們丟到油炸鍋中，移到炭火上方，持續攪拌鍋中的咖啡豆，直到咖啡豆顏色接近黑色為止。……」

不過也有特殊的案例，例如在歐洲北半部地區如德國、斯堪地那維亞以及英國等地，他們的烘焙習慣，就比歐洲其他偏好土耳其式烘焙的地區來得淺些。這個差異性在新殖民地也有著顯而易見的現象：歐洲北半部殖民國統治的北美地區大多偏向較淺的烘焙模式，而南歐殖民國統治的拉丁美洲地區則偏好較深的烘焙模式。

另有一種講法也解釋了為什麼歐洲北部地區的人們，拋棄土耳

其式的深焙飲用法、轉而採用較淺度烘焙的咖啡豆：這個口味上的轉變在時間上來說，大約是在十七世紀末到十八世紀初，歐洲人開始走向過濾式飲用法的時候，有些人認為這樣的口味偏好轉變，有可能與北歐人有飲用茶及啤酒等淡口味飲料有關係，這也說明了為什麼北歐人後來會在烘焙及沖煮方面有這麼不一樣的發展。

阿拉伯半島地區以及東非的部分地區目前仍然保留著傳統的飲用方式，也仍然使用較淺度的烘焙模式，與香料一起沖煮，但不加糖。

工業革命時代

在十九世紀初葉，大多數的歐、美人民都住在鄉間以務農為生；然而到了十九世紀末葉，越來越多人轉移到都市生活，工作型態也轉變為工業與服務業。在十九世紀初的人們，生活都與封閉性的傳統窠臼脫不了關係；而到了西元 1900 年時的人們，則有較開闊的視野，生活與報紙以及廣告息息相關。十九世紀初只有簡單結構的機械、工具，大部分的能源都來自於可再生的水力與風力；到了十九世紀末，出現許多與人們生活緊密連結的複雜機器，使用的能源則大多來自煤與石油。

咖啡豆也隨著這股變遷的風潮而有所改變：十九世紀初時，不論在家自己烘焙咖啡豆，或是到商店、咖啡屋購買烘好的咖啡豆，使用的烘焙器材都是較簡單的構造；到了十九世紀末，越來越多的城市居民都購買以大型、複雜構造烘焙機烘出的咖啡豆，這些咖啡豆甚至都有品牌標示了。

但是，自此之後，在各地的發展程度就有非常大的差異了。像美國一直處於領先的地位，用已烘焙好的咖啡熟豆或是研磨咖啡粉取代了在家烘焙咖啡豆這個活動；德國以及大不列顛帝國緊追其後；但是其他各地工業化的國家如法國、義大利等等都維持著較舊式、小規模的烘焙傳統。

在本書第 36 頁處，附有一張最早的品牌咖啡豆廣告單，其用意在吸引在家烘焙咖啡豆的人們都來購買他們烘焙好的包裝品牌咖

啡熟豆。類似這樣的廣告隨著歐、美人民逐漸遷移到離家鄉越來越遠的地方工作而出現得越來越頻繁。在勞動階級的家庭中，女人與男人一樣都得出門工作，到了十九世紀末時，有一些經濟較優裕的家庭，原本都把烘焙咖啡豆的任務交給家中的僕役來做，但這時他們也被迫必須自己動手才能享用在家烘焙的新鮮咖啡豆。在這份廣告單的內容中，不難看出為什麼越來越多人寧可花更多一點的錢購買烘焙好的咖啡熟豆，因為真的太方便了！

這個向店家購買現成的麵包、咖啡熟豆的新趨勢，也受到十九世紀及二十世紀初工業革命背後推動的一股神秘力量所驅使，在當時，購買烘焙好的咖啡熟豆是一種乾淨的摩登時尚，在那時，在家自己烘焙咖啡豆被認為是骯髒的、笨手笨腳的、邋遢的、過氣的，而且是那種無知的鄉巴佬才會做的事情。

追求品質穩定性

有了廣告以及品牌之後，緊接著最重要的一環就是要有穩定、可靠的產品。當一位消費者購買了這個精美包裝的咖啡熟豆回家，他會希望這次買到的咖啡豆喝起來跟前一週買回去的一樣好喝。此時的新型態咖啡烘焙商也是以品質穩定性為主要訴求，不但為咖啡生豆的品質把關下了工夫，同時在烘焙階段的穩定度也提升了不少。

穩定咖啡生豆品質有許多層面要顧慮。在國際間的咖啡豆交易隨著專用術語以及咖啡豆的分類法發展，而變得越來越有組織、分工越來越精細，於是咖啡豆交易這回事就變得非常方便了。咖啡豆生產國採用非常複雜的分級標準、調配混合豆的藝術也開始發展（專業人士們開始懂得如何用不同採收季、不同產區的咖啡豆來變戲法，用這個方式同時維持品質的穩定性，也能穩定物料成本）。

在此同時，美國地區的咖啡業發展出一套主要表示烘焙深度以及烘焙模式的交易術語：肉桂色烘焙（Cinnamon）、淺度烘焙（Light）、中度烘焙（Medium）、高度烘焙（High）、城市烘焙（City）、深城市烘焙（Full City）、深度烘焙（Dark）、重度烘焙

（Heavy）。不同的企業體系通常都只會固定採用某一種烘焙模式，之後便於維持產品的穩定性。

樂此不疲的做笨手笨腳的事：十九世紀的烘焙科技

到底是科技的改變驅使社會改變，還是社會的改變促使科技有所改變？這個問題始終沒有清楚的答案。但是我們可以確定的是，這兩者一直以來都同步向前，將十九世紀的咖啡烘焙活動由原本小規模、私人進行的型態，轉變為大規模、利用廣告以及大眾行銷技巧的企業化經營。使用品牌行銷的咖啡豆，其烘焙模式的穩定性必須透過更精確的烘焙科技才能達到。

工業革命時期，各種新奇的發明不斷出現，有些勤於研發的企業將研發目標鎖定在另一種機器上，這種機器也是一種很花錢的技術性發明，目標是要用同一台機器製作出十九世紀時需要的每一種咖啡飲品，從烘焙到沖煮都在同一台機器上進行。在當時的工業化國家裡，各式各樣新式的咖啡沖煮器、磨豆機、烘豆機的專利申請書不斷地送進專利發明單位的辦公室裡，雖然這些專利發明中僅有一小部分有舉足輕重的影響力，但在這個年代來說，這些專利對於烘焙科技的演進已經有非常大的貢獻了。

在這個時期，咖啡豆仍然是以圓筒或是球狀的烘焙器材來烘焙，不過這些器材的體積越來越大，從以往在家或在小型咖啡館用的小型烘焙器，轉變成大型的烘焙工廠。本書第 35 頁中有一張十九世紀中葉美國的烘焙工廠內部圖，供各位參考。

這個時代的烘焙鼓是以機械式驅動的，一開始原本是用蒸汽為動力，到了十九世紀末，就變成以電力驅動。而火源也由一開始的燒柴、燒煤炭，改為燒天然瓦斯。十九世紀末時，也開始了「直接式瓦斯火烘焙」與「間接式瓦斯火烘焙」的爭執，前者是讓瓦斯及火焰直接進入烘焙室中與咖啡豆接觸，後者是不讓瓦斯及火焰進入烘焙室，而是讓火焰加熱烘焙室，熱空氣再經由鼓風機間接抽入烘焙室中。

接下來還有兩個更深入的技術性創新發明：（1）精準溫控／

時間（2）均勻的烘焙，讓每一顆咖啡豆烘焙度一致。

　　先看第一項關於時間掌控的創新。由於當時烘豆機的烘焙鼓以
及烘焙球體體積越來越大，批次烘焙量也越來越大，因此冷卻咖啡
豆的困難度越來越高，因為咖啡豆在離開烘焙環境之後，豆體內仍
然含有熱度，可以繼續進行烘焙（譯注 2-1-1）。

　　在十九世紀初期，要讓咖啡豆的烘焙度更穩定，解決方法只著
眼在「將咖啡豆更快速、更簡單地倒出烘焙室」。像第 35 頁的「卡
特拉出式烘焙機」（Carter Pull-Out）就是以此概念而設計的烘焙
機，它的賣點在於：烘焙鼓可以從爐火快速拉出來，而且可以非常
容易地倒出裡面的咖啡豆。不過從圖中也可以觀察到，倒出來的咖

源於十九、二十世紀之交
時的一張圖片。這張圖片
中描繪出在當時法國城鎮
中游走的流動烘焙商，他
們帶著簡單的烘焙器具，
幫各地家庭烘焙他們需要
的咖啡豆，烘焙器具可以
就地在街上烘焙咖啡豆。
圖中男子左手搖動著在煤
火上加熱的球狀的烘焙
室，右手上拿著一把金屬
質的鉤子，用來不時打開
烘焙室觀察烘焙深度的變
化。在男子腳邊的木箱就
是他的冷卻盤，當他認為
這一批次的咖啡豆已達到
適當的烘焙深度，他就會
將球狀烘焙室有開口摺葉
的那一面倒置在木箱上，
讓熱呼呼的咖啡豆能快點
離開烘焙室。

啡豆仍然需要以手動攪拌的方式來加速冷卻。

從西元 1867 年開始，由於風扇以及空壓機的發明，冷卻咖啡豆的工作才轉變成自動化進行。剛剛烘焙完成的咖啡豆被倒入冷卻盤中，啟動電動的攪拌葉片，同時底部有風扇抽送冷空氣加速冷卻，這兩個方式都可以有效降低咖啡豆表面的溫度，同時帶走剛剛烘焙完成的咖啡豆所釋出的煙霧。

另一個在十九世紀末的創新發明是針對「如何讓烘焙更均勻？」這個技術性問題而做的。在十九世紀初時的大多數烘焙鼓或球狀烘焙器都是很簡單的空心烘焙室，咖啡豆在烘焙室中都會集中擠在一起，不太容易「換位」，因此有些原本就位在較底部的咖啡豆一直持續受熱最後燒焦，而在較上方的咖啡豆則不易受熱；此外，咖啡豆經過烘焙後溢出的油脂會在烘焙室內部表面形成一層油膜，這層油膜常會把咖啡豆黏住，固定在金屬烘焙室中的某一個位置上。

也是在十九世紀中，烘焙室中被加入了攪拌葉片或攪拌刀葉的構造，提升了烘焙的均勻度。到了西元 1864 年，一家美國知名的烘焙科技領導廠加貝斯・伯恩斯更解決了「下豆」的問題（譯注 2-1-2）。該公司設計出用兩組固定在烘焙室內部的螺旋葉片組，可以讓烘焙中的咖啡豆在烘焙室中上下換位，烘焙完成後，操作者只需要把烘焙室的開口打開，裡面的咖啡豆就會自動被推出來，倒進冷卻盤中。

但是到了十九世紀末，出現了更有效率提升烘焙均勻度的方法。為了要輔助加熱的均勻度，除了一般施於烘焙室表面的直接熱源以外，用風扇或是鼓風機將熱空氣送入烘焙室內部，這股熱空氣的作用是要適當地冷卻咖啡豆（譯注 2-1-3），在烘焙進行間，咖啡豆被葉片不斷攪拌，熱空氣氣流也在烘焙室中持續流動，這意味著咖啡豆與熱空氣的接觸比跟烘焙室的金屬壁面接觸還要頻繁，這個構造改善了烘焙穩定度以及每批次的烘焙速度。另外，針對加熱的部分，也將原本只在烘焙鼓下方加熱的設計，改成讓整個烘焙鼓的周圍受熱都很均勻，這個設計就是將原本只有一層的烘焙鼓壁

注 2-1-2：「下豆」即在烘焙完成後，將咖啡豆倒出、冷卻的簡稱。

注 2-1-3：在這個地方，「適當地冷卻咖啡豆」其實並不是讓內部的咖啡豆溫度急速下降，而是利用空氣對流的原理，避免烘焙鼓中的咖啡豆呈悶燒狀態，是避免溫度急升的一種方式。

此圖中可以見到十九世紀時工業革命早期，只為了沖煮咖啡這件簡單的動作，就發展出了這麼多樣化造型的沖煮器材。另外，在咖啡烘焙部分也有類似的卓越發展，此時出現了最早的專利註冊家庭式專用咖啡烘焙機，還有許多其他的咖啡館用、工業用的專利烘焙機。

面，改成內、外兩層的烘焙鼓，將烘焙鼓外受熱的空氣導入兩層壁面之間循環。

總地來看，典型的鼓式烘豆機基本構造必須包含以下配備：

1. 均勻傳導的瓦斯火熱源。

2. 精準又快速的下豆設計。

3. 烘焙鼓內部的葉片設計。

4. 將受熱的氣流抽入烘焙室中穩定升溫幅度的鼓風機。

5. 冷卻盤底下吹送室溫冷空氣的冷卻風扇。

這些基本配備到今天都還是大多數小型鼓式烘豆機的主要功能裝置，您可以在第 60 ～ 61 頁看到相關的烘焙機圖示以及說明。

當然，除了這一種基本結構之外，還有許多其他不同的基本配備結構版本，像是有一些世紀之交時的烘豆機還把瓦斯火源移到烘焙鼓內部。而現代大多數的大型系統烘豆設備都會加裝一個水霧冷卻裝置，讓每批次大量烘焙好的咖啡豆能夠快速地降溫，這種冷卻方式稱為「水霧冷卻法」（Water Quenching），是除了本書前述的「空氣冷卻法」（Air Quenching）以外的另一項有效冷卻方式。

在十九世紀及二十世紀初期，將烘焙好的咖啡豆裹上一層糖衣方便保存，這種方式在當時蔚為風尚，而到了今天，只剩下拉丁美洲以及歐洲的某些地區仍然找得到裹上糖衣的咖啡豆。

雖然這數十年間有著這麼多的變化，但是有一些烘豆機的構造卻是數十年如一日，到了今天仍然持續用著舊式的烘豆機結構，像在日本、巴西以及美國的某些地方，仍然繼續用著以木材或是木炭為燃料的烘豆機。這些地方的客戶群，都特別珍視這種烘豆機慢火烘出來的碳燒、煙燻香氣層次。

但是，今日的鼓式烘豆機仍然是以間接式加熱、使用鼓風機引入熱空氣的設計為主流，只有最大型的烘豆工廠才不是使用這樣的烘豆機構造。

圖為十九世紀中一間美國咖啡烘焙廠內部的工作圖。以煤炭炭火為熱源，磚造的爐身，熱力可以將烘焙滾筒完全包覆，比起早先的在滾筒底部加熱的設計來說，這種設計的受熱均勻度更佳。烘焙滾筒壁都有穿孔，以利烘焙煙塵排出。這個大型烘焙機叫作「卡特拉出式烘豆機」，烘焙進行間是以蒸汽為動力，透過皮帶來轉動滾筒，但是烘焙完成時，必須以手動的方式將滾筒拉出來，再將咖啡豆倒入木製的冷卻盤，當時是以鐵鏟來攪拌促進冷卻。

右圖為一則美國在 1870 年代的廣告，旨在吸引美國消費者放棄在家自己烘焙、購買店家已烘焙好的包裝咖啡豆。這股販賣已烘焙完成的品牌咖啡豆趨勢，首先由阿爾巴克兄弟（Arbuckles Brothers）帶起。可以特別注意到畫面中左側的婦人，從她的衣著及對白中看得出她是很時髦、跟得上時代的，她的手上正拿著一包已烘焙好的包裝咖啡豆；而在另一邊的婦人，相形之下就顯的較跟不上時代，因為她還在自己家中的爐子上手忙腳亂地烘焙咖啡豆，弄得家裡烏煙瘴氣一團糟的模樣。

二十世紀創新烘焙科技：純粹使用熱氣流的烘焙法

　　想當然，二十世紀這個時代怎麼可能沒有出現創新的烘焙科技呢？在二十世紀中期，從直接火源式、間接火源式的烘焙演變成以熱氣流烘焙的科技主要有兩個里程碑。

　　在 1934 年，加貝斯‧伯恩斯公司發展出一台名為 Thermalo 的烘豆機原型（在下頁圖中即為此機器的模擬示意圖），這台機器施予烘焙鼓鍋壁上的熱力，對於烘焙咖啡豆的影響非常小，反倒是以一股強勁的熱氣流帶入烘焙室中急嘯而過，當作主要的加熱媒介。這項安排使得我們能以較低的空氣溫度來烘焙咖啡豆，因為快速流動的空氣可以將烘焙咖啡豆時產生的氣體帶走，同時提升咖啡豆受熱的效率。這項創新科技的擁護者們有著這樣的一套說詞：「較低的空氣溫度加上相對來說很快速流動的氣流，燃燒掉的風味油脂較少，因此以這套科技烘焙出的咖啡豆，能有較好的香氣表現。」

　　此外，在 1930 年代，有一種完全全捨棄烘焙鼓構造、但仍

保留強勁熱氣流同時烘焙並翻攪咖啡豆的烘豆裝置初次問世，這一類氣流式的烘豆機作用方式與今日家庭用的熱風式爆米花機非常接近：熱氣流同時可以使咖啡豆翻滾並達到烘焙的目的。「氣流式」一詞，源於這類烘豆機工作時，咖啡豆在烘焙室內部翻騰不已，如同流體一般。氣流式烘豆機的烘焙原理與加貝斯・伯恩斯的Thermalo烘豆機很類似：快速流動的熱氣流使得烘焙溫度相對較低，且能以更短的時間完成一批次的烘焙，理論上來說這種烘焙法帶走的風味油脂較少。

　　在今日的美國境內，最受廣泛使用的氣流式烘豆機設計是由麥克・席維茲（Michael Sivetz，對美國咖啡界影響深遠的技師及作家）所研發出來的烘豆機種。席維茲先生研發出來的氣流式烘豆機工作原理，是以下方的一道強勁熱氣流向上吹，而咖啡豆受氣流吹動則會沿著垂直的烘焙室壁面往上流動，之後又像瀑布般地落下來，就這樣不斷地循環翻攪，達到均勻的烘焙。您可以在本書第55頁處的圖片看到其中一款席維茲烘豆機的圖片以及相關說明。

在過去的五十年間還有發展出其他許多不同結構設計的氣流式烘焙裝置，並逐漸普及於市面上，有些僅僅是將五十年前的專利設計中做一點點改變（就是從烘焙室底部吹送上烘焙室的熱氣流，將咖啡豆向上吹起，最後順著烘焙室壁面自然落下這種設計）。其他像是澳洲人伊恩·伯斯坦設計的滾動式烘焙器（Roller Roaster）以及加貝斯·伯恩斯公司的 System 90 離心力填充床式烘焙機（System 90 Centrifugal, Packed-bed Roaster），都是將氣流式烘焙的概念重新思考後才製作出的出色烘焙裝置。另外還有一些以「展示氣流式烘焙流程」為噱頭的機種，可以看見玻璃烘焙室裡向上翻騰貌的咖啡豆，可以吸引顧客的注意力，讓他們有興趣來了解烘焙的技術與美味之間的相互關係，這些新型的小型店內用氣流式烘豆機簡化了烘豆機的構造，操作流程也盡可能地以自動化控制方式為主要訴求。

電熱式烘焙技術

在十九世紀末，「電」才開始被應用在驅動傳統鼓式烘豆機的滾筒以及鼓風機、冷卻風扇上，不過那時並無法有效地當作大規模烘焙熱源的來源。任何一位廚師都知道：電力轉換成熱力的速率，遠遠不及瓦斯轉換成熱力的速率；另外，瓦斯的價格也比電力還要便宜許多。光從這兩方面看來，瓦斯火一直都是大型烘豆工廠或是咖啡館用烘豆機較傾向使用的熱源。

不過，在二十世紀初時，出現了許多種電熱式的小型咖啡館用烘豆機，到了今天，電熱式烘焙熱源已被廣泛應用在各式小規模烘豆裝置上了。

紅外線以及微波烘焙科技

使用電磁波或是輻射等等方式來烘焙咖啡豆目前已經有多方面證實是可行的。

紅外線是一種輻射線，其波長比一般可見光要長，但比微波的波長短，紅外線主要被應用在戶外咖啡吧的加熱器、家庭用可攜式加熱器，還有其他類似用途的裝置上。

第一台應用紅外線當作熱源的烘豆機首先於 1950 年代問世，而目前其中一家在美國市場上居領導者地位的狄錐克公司（Diedrich），就是專門製造紅外線熱源的咖啡館用烘豆機。這類烘豆機主要結構非常類似傳統鼓式烘豆機，熱源一樣是在烘焙鼓外部，也有鼓風機吹送和緩的熱氣流進到烘焙鼓中，唯一最大的不同點就是，其熱源是以瓦斯火對一塊陶瓷板加熱後產生的輻射熱為主，金屬製的熱能轉換器則把部分的輻射熱能用來加熱即將導入烘焙鼓的空氣。狄錐克烘豆機的支持者認為，這種設計可以更有效率地利用能源、空污率低，烘焙出的咖啡豆口味也較清澈（Clean）。

使用微波來當作烘焙熱源是一項公認非常困難的技術，但是現在真的有個天才找到了利用微波來烘焙咖啡豆的方法了！當今世界上第一個利用微波有效烘焙咖啡豆的系統稱為「微波烘焙法」（Wave Roast），大概在本書修訂版出版的時間就會面市了，這是一款專門用來小規模烘焙咖啡豆的裝置，主要是為了讓美國家庭中普遍的家電用品——微波爐——多一項烘焙咖啡豆的用途。請見本書第 159 ～ 161 頁的介紹。

無止盡地烘焙下去：連續烘焙機

對大型的烘焙公司來說，時間真的等於金錢。而在烘焙時，將烘好的咖啡豆卸出，並再重新裝進咖啡生豆這兩個程序是非常耗時的。基於「時間」這個經濟因素的考量，便出現了二十世紀的另一項烘焙科技——連續烘焙機（Continuous Roaster）。這種烘焙機只要沒有關閉電源，就會自動地重複「進豆→烘焙→下豆→進豆→烘焙→下豆……」的流程。

連續烘焙機的構造中，將傳統鼓式烘豆機的烘焙鼓部分拉長了一些，並在其中增加一組螺旋型的葉片組零件，當烘焙鼓轉動時，這個像螺絲一樣的葉片以一個緩慢的、單向的攪拌方式，將咖啡豆由烘焙鼓的一端運送到另一端，在烘焙鼓前端有循環的熱氣流，在後端則是循環的冷空氣，咖啡豆在烘焙鼓內部的行進時間是被計算好的，因此當咖啡生豆一進豆，便會先接觸到熱氣流的區塊，烘焙

完成後被傳送到冷氣流的區塊，一個烘焙流程就到此為止。現在有許多以這個原理來設計的連續烘焙機，主要被大型商業咖啡豆烘焙機構所採用。詳見本書第 58 頁的圖片以及相關說明。

氣流式烘焙的原理也被應用在連續烘焙機的設計上。在這些連續烘焙機中的熱氣流兼具烘焙以及攪動大量咖啡豆的作用，咖啡豆一烘焙好，即刻掉落到冷卻區塊上，而烘焙區塊馬上可以進行下一批次的烘焙，周而復始，不需間斷。

傳統式的烘豆機在完成一批次的烘焙之後，都必須等待機身完全冷卻下來才能繼續烘焙下一批次，這種機器現在統稱為「批次烘焙機」（Batch Roaster），用以與連續烘焙機的設計區隔。大多數精品烘焙商仍然選擇使用批次烘焙機來烘焙咖啡豆，因為如果您只是單純地早上烘一把肯亞咖啡豆、中午烘一把蘇門答臘咖啡豆、下午烘一批義式濃縮用配方豆，那麼使用連續烘焙機根本就是割雞用牛刀，沒有必要。但是對於大型的商業烘焙公司來說，他們只要加上一個輸送帶在連續烘焙機上，就可以持續生產相近的配方咖啡豆，非常符合這類公司的經濟考量。

銀皮以及烘焙煙霧

在十九及二十世紀的某些烘焙科技與口味以及基礎構造面沒有什麼關聯，反倒是著眼於安全性以及環保的考量。

最早被拿出來探討的便是烘焙產生的銀皮（Silver Skin）問題。咖啡生豆進入烘豆機的時候，其表面或多或少都會黏附一些最內層的細小、乾燥皮層，一般稱之為「銀皮」。一旦經過烘焙，這些銀皮就會與咖啡豆表面脫離，並隨著氣流流動而被帶到烘焙室外，不過這些銀皮也有可能造成危險，萬一飄落在火源附近，就容易引起火災；另外，飛來飛去的銀皮也是頗令人頭痛的困擾。

還記得前面提到過，在十九世紀時抽風扇首先被應用到烘豆機裡，用來吹送熱空氣進入烘焙鼓中。這項應用之後發展成「離塵機」（Cyclone），這是一個大型、中空、圓筒型的物體，通常被設置在烘焙室的後方，熱氣流從烘焙室中被抽出後，便帶著銀皮進入

離塵器的位置，此時熱氣流會在離塵器中旋轉，銀皮也在這裡掉落下來，除去了銀皮的熱空氣以及烘焙煙霧繼續往上傳送，而銀皮則沉到離塵器的底部收集起來，便於清理。

到了二十世紀，烘焙時持續產生的煙霧氣味以及其可能造成的污染變成主要探討的議題。此時便發展出了「後置燃煙器」（Afterburner）以及「觸媒轉換裝置」（Catalytic Devices），有效除去烘焙煙霧中的大部分污染源，處理過的熱空氣將會被回收到烘焙鼓的部分重複利用，因此可以減低小部分的燃料用量。

監測以及控制方式的革命

到了二十一世紀，彷彿又會有一次的烘焙科技革命了！撇開微波式烘焙法的一些突破性技術不談，似乎在熱轉換方式以及咖啡豆的滾動方式兩方面，已經不再會有什麼變革；唯一會改變的就是監測以及控制烘焙的方法了。

傳統派烘焙者：靠鼻子和眼睛

使用手搖攪拌式烘豆器具一向都是小規模烘焙中的主流，這類烘焙器具的構造不外乎筆者在第一章介紹過的，由愛德瓦多・菲利浦描繪出的那不勒斯手搖式滾筒烘豆器。

傳統派烘焙者在烘焙時所仰仗的就是目測（看咖啡豆著色度的變化）、聽力（咖啡豆的爆裂聲），以及嗅覺（在不同的烘焙溫度點，會產生不同的烘焙氣味）。他們使用一個稱作「取樣棒」（Trier）的設備，來查驗烘焙中的咖啡豆著色程度，通常是在烘焙機滾筒的前方，會打一個孔來放取樣棒。藉由判斷取樣咖啡豆的外觀著色度以決定停止烘焙的時機，判讀著色度的程序必須在固定的光源下來進行，烘焙者本身也必須具備足夠的經驗。而調校烘焙室溫度的工作也是一項必須仰賴經驗的工作，必須找出一套一般的烘焙模式，還有針對某些特定咖啡豆種的風味缺陷做烘焙上的調整。

對於傳統派的烘焙者而言，他們對於咖啡烘焙總是抱持著一份古板的看法，認為烘焙是一門必須經過經驗傳承的藝術，透過記憶

區塊加上各種感官使得這項藝術得以日益純熟。

科學悄悄融入藝術

曾經人們認為最要緊的「藝術感」以及「感官判斷」逐漸地被「科學」以及「工具」所取代了，換言之，原本在烘焙上人們依據的「記憶」逐漸被客觀的、集合性的「數據」以及「圖表資料」取代。

由於許多項工具以及控制儀器的發明，造就了前段所述的烘焙演進。首先是一項很簡單的裝置，它可以量測到概略的內部咖啡豆溫度值，通常這個裝置被稱作「熱電偶溫度計」（Thermocouples）或是「溫度探針」（Heat probe）。這是一種電子式的溫度計，其感應的尖端部分可以放置在烘焙室內部，埋在不斷滾動的咖啡豆堆中，雖然烘焙室中的空氣溫度（Air temperature）並不同於咖啡豆的溫度（Bean temperature），但是咖啡豆堆似乎能夠完全隔絕烘焙室中的空氣溫度，因此探針量測到的溫度值不會受到烘焙室空氣溫度的影響，將得到的概略咖啡豆堆溫度數值傳送到烘豆機外部的顯示器上。

一旦咖啡豆的化學反應一開始（譯注 2-1-4），量測到的咖啡豆堆溫度就越來越具參考價值，讓烘焙者能夠清楚判斷當下的烘焙深度，您大概可以想像一下這個畫面：在火雞肉差不多烤好時，插在雞肉上那根小小的溫度計就會跳出來。同理，我們量測到的咖啡豆堆溫度也可以透露出當下咖啡豆的烘焙程度到了哪裡。因此，溫度計便可以取代人的眼睛，讓烘焙者得以依據「溫度」而不是「目測的著色度」來決定下豆的時機，或是依照讀取到的溫度數值來調整烘焙室溫度。您也可以參考在本書第 80 ～ 81 頁處有一張概略的「咖啡豆烘焙溫度／烘焙深度」對應圖表。在一些最新式的烘豆機上，甚至還有可以在咖啡豆到達某個設定的烘焙溫度時，自動觸發冷卻程序的工具。

第二項重要的控制儀器，是結合了烘焙室內部溫度監測以及熱源供應的發明，自動監測熱源供應情形，使得烘焙室內的溫度總是維持在預設的溫度值。這項發明是非常符合實際需求的，因為當咖

注 2-1-4：也就是「熱解作用」，即第一爆。

啡豆到達了熱解作用的時候，便會開始自行散發出熱能，假如此時外部熱源仍然維持原來的火力，那麼咖啡豆散出的熱能會讓烘焙室溫瞬間提高，有時可能會一下子就達到下豆的溫度點。據烘焙的經驗法則來看，這一股無法控制的突升溫度可能導致過早達到下豆溫度點、燒掉太多芳香物質，也會造成咖啡豆體結構的衰退。

第三項儀器是「近紅外線分光光度計」（Near-Infrared Spectrophotometer），這個裝置通稱為「愛格淳」（Agtron），是以研發此項儀器的發明者以及公司名稱來命名的。它可以量測到人類肉眼不可見的某段波長顏色或是電磁波，這個波長顏色會非常精確地對應到咖啡豆的烘焙深度。此外，這個儀器並不會受到光線明暗影響，也不會受到人為因素（像被多話的同事搞到心情不好）所拖累。「近紅外線分光光度計」不但可以精準、穩定地量測到那窄頻波段的能量，還可將量測得到能量轉換成數據以便參考。如此，即便是兩個距離非常遙遠的烘焙者，也可以透過這種儀器讀取到的數據，相互比較烘焙過程的差異。

長久以來對於咖啡豆的認知告訴我們：越密實／含水率越高的咖啡豆，要達到一個預設的烘焙模式需要花費較長的時間；而越輕／越乾的咖啡豆，花費的時間相段較短。今日的科技發展，已經把烘豆機結合了可以判讀咖啡豆密度的精密儀器，針對這個數值化系統得到的咖啡豆密度數據，設定烘焙室溫度以及其他可變因素，再進行烘焙。傳統式的烘豆機只能概略地依據過去烘焙者烘焙某支咖啡豆的經驗來做調整。

最後一項發展則是烘焙室中的對流熱空氣／氣體流量的控制，在某些最新式的烘豆設備上已能非常精準地控制這項變因。在傳統式的鼓式烘豆機上，一直以來都可以透過「風門」（Damper）的控制來調整烘焙室空氣流動的幅度大小，就像在歐、美家庭中調整壁爐對流狀況的方法一樣，不過傳統式烘豆機仍然只是粗略的控制這項變因，不是可量化的精準控制。

因此今日的系統化烘豆機有四到五項可量化的變因，讓烘焙者控制：

1. 咖啡豆本身的含水率以及密實度。

2. 烘焙室溫度。

3. 咖啡豆堆溫度。

4. 精準量測到的烘焙豆著色程度（Agtron）。

5. 烘焙室中對流熱空氣的流量控制（僅少數機種有這種控制）。

再將一些更仔細的環境變因考慮進來，像是外部室溫、海拔高度、大氣壓力、由這四到五項可量化變因繪製出的烘焙曲線圖表，還有咖啡豆的烘焙過程以及下豆時機，使用客觀的量測數據來記錄，取代用耳、鼻、眼的經驗記錄法。隨著電腦應用的日益普遍，烘焙者可以輕易地變動烘焙室中的溫度以及其他變因，製造出其他組合的烘焙模式，在烘焙時間的調整方面，甚至可以一秒一秒地增減時間，如此便可以更精準地調整細微的口味差異，這種演進就是所謂的「數據化烘焙」（Profile Roasting）。使用數據化烘焙，一些老豆或是味道較空洞的咖啡豆，也許能增添一點複雜度；而味道較多毛邊的或是酸度較高的咖啡豆，也可以變得更溫順、甘甜。

味覺至上：嘗過才見分曉

或許您非常有耐心地照著前面所提的一步一步做，也或許您根本是完全跳過直接操作，不論您是兩者中的哪一種，您都會發現這些儀器的應用，可以將以往完全憑藉烘焙者本身直覺系統（記憶以及感官神經傳導）的烘焙方式，演變成以構造較複雜的、但卻更精準的數據化烘焙。

但是唯一無法用儀器來替代的感覺器官就是「味覺」（Taste），因為即使我們完全使用系統化的數據式烘焙，烘焙師（以往統稱為 Roaster，現在越來越多人改稱之為 Roastmaster）在完成每一批次的烘焙時，仍必須品嘗過這一批次的咖啡，根據個人偏好以及烘焙法則來調整往後的烘焙數據。至此，由不同的烘焙曲線製作出各形各色的咖啡味道，將持續地帶給我們味覺驚豔，同時也更增添咖啡的文化內涵以及鑑賞價值。而「烘焙」這回事，也許會以「藝術」的形式，與科技繼續並行發展下去。

咖啡烘焙的社會演進史：品質重新受到重視

總地來看，咱們先回頭看看咖啡烘焙的社會演進史，再看到二十世紀時令人驚奇的演進。

雖然在二十世紀前半期的工業化歐、美國家，很盛行以品牌行銷的預先烘焙好的咖啡豆／預先研磨好的咖啡粉，當時在家新鮮烘焙的傳統也仍舊持續地存在著。在南歐，一直到 1960 年代，還是有許多人仍然在家烘焙他們日常飲用的咖啡豆；甚至在美國，一些小規模的烘焙咖啡館也在市區的鄰里存活下來。

1960 年代之後，一股追求便利與標準化的風潮起飛。大約在 1960 年代時，品牌包裝咖啡豆是都市化世界中的主力商品，此時不但有預先烘焙好的咖啡熟豆、預先研磨好的咖啡粉，甚至有預先替您煮過的即溶咖啡粉。在筆者記憶中，1970 年代曾經造訪過的兩個世界最出名的咖啡產區中，當時發現在這兩個產地的咖啡館、餐廳中提供的飲料竟然只有即溶咖啡！在那時大多數的美國人、歐洲人（現在稱之為「純消費者」），幾乎已經忘記了可以在家烘焙咖啡豆這回事，甚至忘記咖啡豆可以買回家自己磨！「咖啡」給那個時代人們的印象（甚至在夢中的印象），大概僅止於圓圓的瓶瓶罐罐，或是瓶瓶罐罐側面的那些熟悉的商標圖案。

在家自行烘焙咖啡豆這個簡單的過程，在此時變成一項失傳的藝術，只有在屈指可數的商業化烘焙廠的幾個本位主義者，或是在

上圖為 1930 年代的一個廣告示板，戲劇性地將購買預先烘焙好的咖啡熟豆或是預先磨好的咖啡粉，比喻為二十世紀早期跟得上時代的一種風尚。

少數封閉的郊區社會中以經濟為考量的人（並非因為習慣，也非因為傳統）才有自行烘焙咖啡豆。

罐裝咖啡由於價格不高，又能享受到咖啡的味道，使得罐裝咖啡在當時成為大型賣場中最受歡迎的商品。又由於當時各家廠商都以罐裝咖啡作為主要的削價競爭型商品，雖然有著五顏六色的華麗包裝，品質可想而知下滑得非常嚴重，在二次世界大戰末期時，原本喝起來味道很豐富的罐裝咖啡，到了 1960 年代，喝起來卻是非常空洞、不鮮活了。

到了這個時期，誠如筆者在第一章時提過，咖啡烘焙歷史又進入了一個嶄新的階段，在充斥著一致性、方便性，卻又犧牲掉品質以及變化性的主流咖啡市場中，有少數的小型自家烘焙咖啡館基於當時的美國以及其他工業化的國家裡，咖啡品質漸漸被消費者忽視，於是組成了一個復興咖啡品質的機構。

這個復興運動名為「精品咖啡運動」（Specialty-Coffee Movement）。於是到了二十世紀末，咖啡烘焙以及銷售又轉變回最初的型態：人們購買散裝的咖啡豆，且在沖煮前才自己研磨咖啡豆。也許美國這個當初帶著世界走上方便化消費型態咖啡的國家，將領著世界走回以往較不方便，但卻更能確保品質的正軌上。

從美味考究的小集團走向購物商場

但是，在此時卻也出現了一股逆向的潮流，另一種形式的「標準化」似乎越來越風行。1960 年代開始的精品咖啡運動，主要是由小型的自家烘焙商盡可能地提供給顧客最新鮮的咖啡豆。但是，到了這個時期，精品咖啡卻漸漸地由狹小的美味考究小集團，走向市區的購物商場中。加上這些小型的自家烘焙咖啡館募集了更多的資金，將原本鄰里性的一家小小的咖啡館，拓展成區域性的連鎖咖啡館，有的甚至發行股票，拓展成全國性的或是國際性的連鎖企業。

在今天，您住家附近的精品咖啡館，就有可能是一個五十間店規模連鎖體系咖啡館的其中一家分店。也有更誇張的例子，像星巴克（Starbucks）之類的國際性連鎖企業，在全世界有著數千家連鎖

咖啡館。星巴克企業總是購買品質優良的咖啡豆，但是他們將咖啡豆送到大型的烘焙工廠烘焙後，再配送給龐大企業體系底下的世界各地零售通路。

小咖啡館的風格以及獨特性

星巴克企業在許多方面來看，結合了精品咖啡運動中「品質考量」的理想主義，以及強大的企業力量以及紀律。不過星巴克並不能代表咖啡世界的全部！至少在筆者認知下的二十一世紀裡，星巴克缺乏了一般區域性小咖啡館的風格以及獨特性，這些小咖啡館烘焙並販賣他們認為最佳表現的咖啡風貌，提供給鄰里更多元化的選擇與驚喜。

對於那些真正熱愛咖啡的朋友來說，也許現在是離開罐裝咖啡以及大型連鎖咖啡館的時候了！我們都應該好好享受在品牌咖啡豆、連鎖咖啡館以及廣告看板出現之前，人們所享用到的新鮮咖啡。要達到這項要求其實很簡單，我們只需要自己動手烘焙咖啡豆就對了！

圖說烘豆機演進史

家庭用烘焙器具

　　咖啡的歷史開端的數百年間，世界上只有家庭用的烘豆器具而已。這些烘豆器具一直到二十世紀初期，在一般人們的廚房裡都還是常備的標準附屬工具。

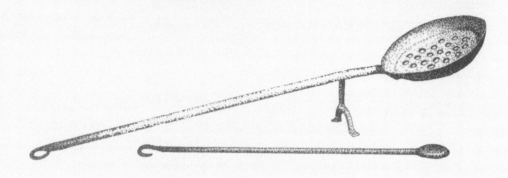

十六世紀：伊拉克烘焙鍋

　　上圖這個簡單構造的工具主要是將鍋子移到小火堆或是煤炭火堆上的熱源，並以長柄上的雙腳立架支撐住。鍋子的底部是有打孔的，烘焙過程中以旁邊的長柄湯匙攪拌咖啡豆。根據咖啡歷史學家威廉·尤克斯（William Ukers）的研究，這種類型的烘豆器具是在十六世紀的伊拉克所使用。

十八世紀：美國的火爐烘豆器

　　右頁上圖這三個裝置都是在十七、十八世紀時，美國家庭最典型用於火爐上的烘豆器具。其中兩個圓底附腳的鍋子稱作「有柄帶腳煎鍋」（Spiders）。而下方那個長柄圓筒形烘豆器，則是現在大多數咖啡館用以及商業用烘豆機的前身，在圓筒一端尖尖的部分，是用來插入壁爐中一個孔洞，以固定住圓筒的位置，之後方便烘焙

者（在當時應該是家中的僕人或是小孩子）轉動操作這個器材，在圓筒側面有一個滑蓋的設計，那就是進豆口。

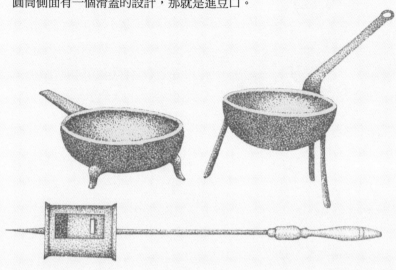

1860 年左右：美國的爐上烘焙器

這些烘豆裝置的設計適合放在開放式的火爐上（不論是用木材燒或是用煤炭燒）。在十八世紀中葉時，這類的烘豆裝置是屬於高消費階層才會用的器具，當時經濟狀況較差的或是較不趕流行的家庭，仍然使用家裡面一般的鐵製長柄煎鍋來烘焙咖啡豆，這個煎鍋平時也可以用來烹煮其他的食物。

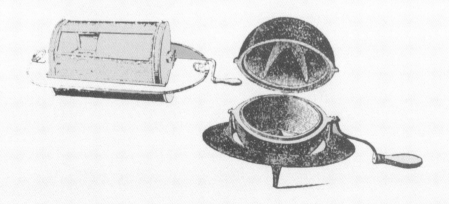

十九世紀早期：義大利的酒精燈式烘豆器

這個可在桌上兼作擺飾的烘豆器，其玻璃製的圓筒狀設計，使得操作者可以輕易地觀測到烘焙中咖啡豆外觀著色度的變化情形，這個裝置是靠酒精燈來提供熱源。

二十世紀早期：歐洲的電熱式家用烘豆機

這個可在一般檯面上操作的烘豆機，其熱源是由位在底部基座內的電熱元件所提供。雖然在二十世紀初在家烘焙這件事逐漸式微，不過類似這種家庭用烘豆機仍然在歐洲以及日本的市面上販售著。

1980 年代：家用電熱型氣流式烘豆機

這個小巧的電器是應用氣流式烘焙原理而製作出的智慧結晶，使用起來既優雅又簡單，也因為這項原理的發展，使得在家烘焙咖啡豆這個風潮再度復甦。這種機器的工作原理如下：在機器底部基座處有一股向上吹的熱空氣，同時烘焙並翻攪在窄小烘焙室中的咖啡豆，烘焙室就是圖片中看起來像機器的「脖子」的那個部分，而位在機器最頂端那個像「頭」的位置，其功能就是將銀皮與空氣分開，並將銀皮集中收集起來，以免四處飛散。圖中這台機器名為「Aroma Roast」，是於 1980 年代由美樂達公司（Melitta Corporation）自香港引進的。

二十一世紀早期：家用電熱型氣流式烘豆機

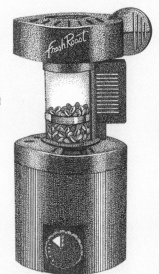

　　到了二十、二十一世紀交替的時節，許多小型家用的氣流式烘豆機相繼出現，這些新式的家用氣流式烘豆機都針對 Aroma Roast 烘豆機的缺點做了若干的改進。圖中的 Fresh Roast 烘豆機是所有此類家用氣流式烘豆機的標竿機種，所有其他機型大多脫不了這樣的結構設計：

1. 基器底部基座中的加熱器以及風扇，將受熱的空氣往上方烘焙室吹送。

2. 烘焙室是透明玻璃製，便於目視。

3. 熱空氣可以同時烘焙並翻攪烘焙室中的咖啡豆。

4. 烘焙室頂端有一個帽子形狀的銀皮收集裝置。

5. 一個計時旋鈕，可以自動關閉加熱器的電源，但保持風扇繼續轉動，吹送室溫冷空氣進到烘焙室進行冷卻。

二十一世紀早期：熱對流式烘豆機

　　這台 Zach & Dani's Gourmet Coffee Raoster 別出心裁地設計出有效濾除烘焙煙塵的裝置，為這個家用烘豆機最大的困擾找到了另一條出路。

這台烘豆機的構造如下：

1. 烘焙室中央有一個螺旋狀攪拌器，可以攪動裡面的咖啡豆。

2. 由底座吹上的熱空氣不需要太強，與一般的氣流式烘豆機原理不同，只負責烘焙的功能，不負責攪拌，因此整體烘焙時間將延長。藉由延長烘焙時間、氣流強度減弱，進而讓烘焙煙塵減量。

3. 在玻璃烘焙室旁邊的機殼內就是觸媒轉換器，可以非常有效率地濾除從烘焙室排放出的烘焙煙塵。

咖啡館用烘豆機種

　　咖啡館用烘豆機、零售店用烘豆機，以及小量烘豆機都屬於中到小型的烘豆機種，常被用在咖啡館內烘焙展示。

二十世紀初以前，只要不是在家自己烘焙的人，他們的咖啡豆大多是出自這些咖啡館用烘豆機的手筆；但到了二十世紀早期，大型烘焙工廠以及預先研磨好的包裝咖啡豆大行其道；到了二十世紀末，咖啡館用烘豆機又再度回春，因為這時候美國以及其他工業化國家的消費者重新發現了精心烘焙的新鮮咖啡豆帶給人們的歡愉。

十八世紀：美國的咖啡館用烘豆機

這個烘豆機大概是放在當時的咖啡館裡使用。這款烘豆機是前述十七、十八世紀家用圓筒形壁爐用烘豆器的改良版，一樣是非常簡單的構造設計，整台烘豆機必須放進壁爐中，置於殘火之上，同時以手搖轉動圓筒。

十八世紀：英國的咖啡館用烘豆機

圖中的烘豆機針對壁爐式烘豆機的設計又再改良了兩個部分：

1. 烘豆機本身有內建加熱源的設計，在烘豆機滾筒底部可以燒煤炭來提供熱能。
2. 烘豆機滾筒外多了一層蓬罩，讓滾筒內部的熱能可以更平均地分布。

1862 年：美國的咖啡館用烘豆機

這個設計首先在西元 1862年由費城的海德（E. J. Hyde）所製造，是十九世紀中葉進階級咖啡館烘豆機的典型設計。這款烘豆機將烘焙滾筒設計成可以拉出爐火外，方便將烘焙完成的咖啡豆倒出冷卻；另外在滾筒內部設計有攪拌葉片，轉動滾筒的同時，葉片能促進咖啡豆的滾動換位。這時代的烘豆機熱源仍然是內建在滾筒底部的煤炭火，滾筒也仍然是用手搖動的。

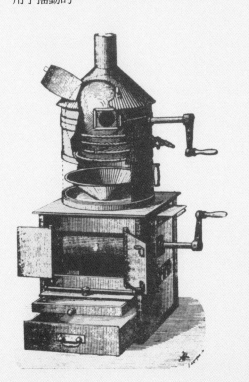

1890 年代：法國的瓦斯火烘豆機

根據咖啡歷史學家威廉‧尤克斯所述，世界第一部具有專利的瓦斯火咖啡烘焙機首見於西元 1877 年的法國。直到今天，全世界各地仍以瓦斯火源烘焙咖啡豆為主流。圖中的這台瓦斯火式烘豆機，是由波士圖拉特（M. Postulart）於西元 1888 年申請專利的設計，其中烘焙室部分，仍採用圓球狀的構造，在當時德國、英國以及美國都早已帶槍投靠圓筒形烘焙室的情況下，法國是唯一仍忠於圓球狀烘焙室的國家。烘焙完成的咖啡豆，從圓球狀烘焙室中以萬有引力的原理倒出，經由漏斗進入下方的滾筒狀冷卻器中，冷卻完成後，又再直接倒入最下方的抽屜中。

1907 年：德國的咖啡館用烘豆機

圖中這台二十世紀初葉由德國製造的 Perfekt 烘豆機，機器外部左側的滑輪驅動皮帶是帶動滾筒轉動的構造，另外也經由一些齒輪構造（必須從底部的右側才能看清楚），間接帶動冷卻盤中的攪拌葉片。攪拌葉片的作用就是要攪動咖啡豆，提升冷卻的效率。

這台烘豆機的熱源是瓦斯火，在機器底部基座處有一個抽氣幫浦，由機器外部左側的皮帶帶動，將受熱的空氣吹進烘焙鼓中循環，如此可確保更均勻的烘焙成果，並有效縮短批次烘焙時間，不像只單純靠著傳導熱來烘焙的舊式烘豆機那麼耗時；這股熱氣流也扮演著將烘焙煙霧、銀皮帶出的角色；最後，在打孔的冷卻盤底部也有一個吹送新鮮冷空氣的抽氣幫浦，與冷卻盤中的攪拌葉片一同工作，冷卻的效率大大提升。

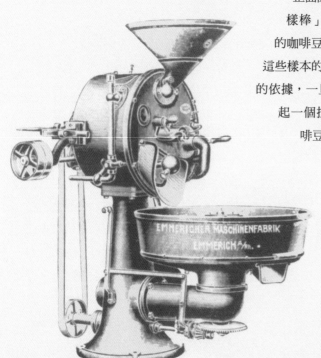

在這樣的一台烘豆機上，監測烘焙深度的工具便是位在烘豆機正面開一個小孔，並插入一根長形的「取樣棒」（Trier），取樣棒可以伸入烘焙中的咖啡豆堆中，取得小部分的咖啡豆樣本，這些樣本的著色深度便是烘焙者判斷下豆時機的依據，一旦判定該下豆了，烘焙者便可以拉起一個拉桿，打開下豆口，烘焙完成的咖啡豆便可以倒出到冷卻盤中。

雖然在二十世紀時有了新式的電子儀器，以及許多烘焙科技的改進，但是圖中這種烘豆機以及其他類似機種，卻仍是整個二十世紀小規模咖啡烘焙主流。

二十世紀早期：德國製小型咖啡館用烘豆機

在 1920、1930 年代的德國以及歐洲其他國家，類似圖中的這種流線造型、不佔空間的精簡烘豆機，常會被咖啡館擺在前門邊或是窗台邊展示，還能以烘焙時產生的氣味吸引過路客的注意力。這種烘豆機的工作原理與前述的那台機器幾乎一模一樣。

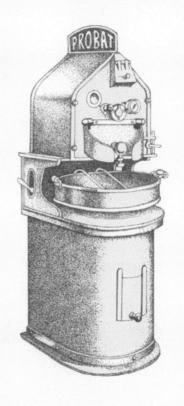

1980 年代：氣流式咖啡館用烘豆機（內部切面圖）

氣流式烘豆機是以同一股熱氣流加熱並同時翻攪咖啡豆（讓咖啡豆以流體的方式運動），在美國人麥克·席維茲所設計出的氣流式烘豆模型中（如下圖所示），透過烘焙室底部篩網處由下往上吹送加熱過的熱氣流，可以將咖啡豆沿著烘焙室壁面往上方帶動，到最上方後再掉落下來，繼續周而復始的噴泉式循環，而熱電偶溫度計的測溫探棒部分放置的位置可以概略地量測到烘焙室內部咖啡豆堆的溫度，便於讓烘焙者依據溫度點而非外觀著色度來判斷下豆時機。烘焙完成的咖啡豆將被導向另一個分離的冷卻室中，以室溫冷空氣冷卻。

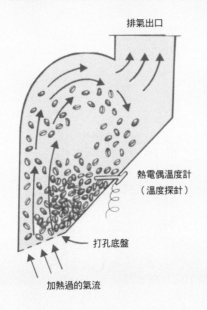

排氣出口

熱電偶溫度計
（溫度探針）

打孔底盤

加熱過的氣流

在過去的五十年之間，還有很多其他款式的氣流式烘豆機種，基本結構及工作原理都大同小異，只有在熱氣流流動方式以及咖啡豆的翻攪情形有些出入，有許多的氣流式烘豆機都增加了觀豆窗或是改以玻璃管當作烘焙室，為原本平凡無奇的外貌增添了一些趣味性，而小型的氣流式烘豆機更將自動控制的技術帶入烘焙控制中，讓烘豆機能夠透過電子裝置的導引，在熱電偶溫度計達到了預先設定的目標溫度值後，自動將烘焙加熱部分的電源切斷。

大型工業用烘豆機種

在美國南北戰爭之後，以包裝方式販售於各大咖啡館體系商品陳列架上的咖啡豆初次面市。到了二次大戰末期，北美咖啡市場的主流商品則是由大型烘焙工廠製作出的預先烘焙咖啡豆／預先研磨咖啡粉，而這類以集中化、標準化為訴求的大批量型式的烘豆科技，被稱為「咖啡豆烘焙工廠」（Roasting Factory / Plant）或是「商業用烘豆機」（Commercial Roaster）。在十九世紀中、後期的大型烘焙工廠，只是咖啡館用烘豆機的放大版本而已，但到了十九世紀末，發展出了第一台「連續烘豆機」（Continuous Roaster），可以不停機地一批接著一批大量烘焙咖啡豆。

1848 年：英國的工業用烘豆機

圖中的大型烘豆機名為「Dakin 烘豆機」，這是針對第 35 頁曾經介紹過美國的「卡特拉出式烘豆機」再改良的機種，這台烘豆機的滾筒驅動力量也跟卡特烘豆機一樣，是以蒸汽帶動滑輪驅動的，烘焙室完全包覆在磚造的壁爐中；但是 Dakin 烘豆機的不同之處，第一個就是內部的烘焙滾筒外部還有第二層的金屬外殼，阻絕直接的熱力，第二個則是在「拉出」的設計比起卡特烘豆機的陽春設計更顯優雅美觀。

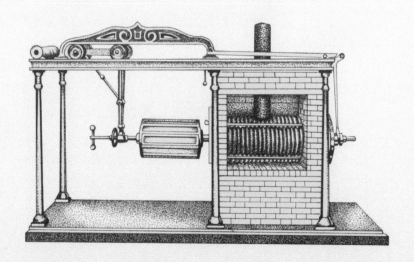

1864 年：美國的小型工業用烘豆機

加倍斯・伯恩斯公司在 1864 年推出這台在滾筒內加裝「雙螺旋葉片」（Double-screw）的連續烘豆機，可以讓烘焙滾筒中的咖啡豆以前進、後退的方式行進，這項創舉不但讓咖啡豆在滾筒內部的分布情形更均勻、穩定，更重要的是下豆口一打開，還能將烘焙完成的咖啡豆（位在滾筒最前端的豆子）有效率地推擠出下豆口。在二十世紀大多數的鼓式烘豆機多採用類似這樣的設計，讓下豆程序變得更快速。此時的烘焙滾筒外部仍以磚造的壁爐包覆，驅動動力也仍然是蒸汽。

十九世紀末：法國的瓦斯火工業用烘豆機

以瓦斯為加熱源的新式咖啡豆烘焙科技，是十九世紀末的數十年間發展出來的。圖中的這台法製機種，其下豆口位於滾筒的正下方，以自然重力牽引咖啡豆掉入冷卻盤中。

十九世紀末：德國的瓦斯火連續烘豆機

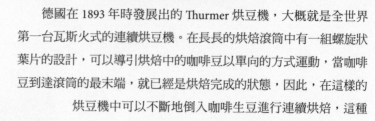

德國在 1893 年時發展出的 Thurmer 烘豆機，大概就是全世界第一台瓦斯火式的連續烘豆機。在長長的烘焙滾筒中有一組螺旋狀葉片的設計，可以導引烘焙中的咖啡豆以單向的方式運動，當咖啡豆到達滾筒的最末端，就已經是烘焙完成的狀態，因此，在這樣的烘豆機中可以不斷地倒入咖啡生豆進行連續烘焙，這種原理應用在「批次烘豆機」（Batch Roaster）以及以往的咖啡館用烘豆機種也是非常實用的設計概念。Thurmer 烘豆機另外更帶入了快速烘焙（Fast Roasting，指三到四分鐘之間烘焙完成一個批次）的概念，這個概念馬上受到大規模烘焙企業的歡迎，不過到目前為止，快速烘焙出的咖啡豆品質問題仍然倍受爭議。

二十世紀末：連續烘豆機（內部剖面圖）

剖面圖所示是當代最新式的連續烘豆機構造圖，透視烘焙滾筒的內部結構。烘焙的熱源是由烘焙滾筒左側的受熱強勁氣流所提供，經過滾筒吹往右側，烘焙完成的咖啡豆被輸送到滾筒的末端，以一股冷空氣加上細水霧進行冷卻。

不過到了今日，越來越多大型的連續烘豆機採用氣流式烘焙原理，工作方式與第 55 頁介紹的席維茲式咖啡館用氣流式烘豆機相去不遠（只是尺寸巨大了點）：當一批次的咖啡豆以熱氣流烘焙完成，就會被輸送到另一個槽中進行冷卻程序，緊接著再將新的一批次咖啡生豆倒入烘焙室繼續下一批次的烘焙程序，不斷地重複這個循環，這樣才能稱作「連續烘焙」。

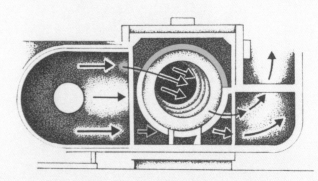

Chapter 3

從肉桂色烘焙到
焦炭之間

烘焙模式定義

影響咖啡味道最甚的因素，莫過於烘焙這個關鍵。以同一支咖啡生豆來說，在不同的烘焙程度下，有可能烘出嚐起來滿口草味，也可能烘出空洞的焗烤味，或是出現刺酸味、明亮的、或乾澀的味道；有時會烘出飽滿的黏稠度，或是可口、圓潤、苦轉甘的味道，甚至還會烘出燒焦的味道。經過烘焙的咖啡豆，其外觀變化由乾巴巴的淺褐色，一直到表面出油越來越多的深褐色，最後再到完全烏黑又油光滿布的程度。

咖啡豆外觀顏色變化的過程，正是現在人們拿來討論「烘焙著色度」的依據。筆者較傾向將之稱作「烘焙模式」（Roast styles），因為即使外觀相同的同一款咖啡豆，中間經歷的烘焙區間（譯注 3-1-1）配置不同，就會烘焙出不同的味道特徵。舉例來說：以慢火烘焙法將一支咖啡豆烘到中度烘焙的著色度，跟以快火烘焙法將同一支咖啡豆烘到相同的著色度，這兩批次的咖啡豆在味道上就會有些差異。另外也有些人將烘焙的過程稱作「烘焙階段」（Degree of roast）或是「加工處理階段」（Degree of processing），雖然這樣的稱呼是較為精準的，但顯得有點難懂。在本書中，筆者將統一使用「烘焙模式」這個詞彙。

注 3-1-1：「烘焙區間」指的就是咖啡烘焙中的幾個重要溫度點的時間配置，簡單分類即為一爆之前的脱水期→一爆期→二爆期→二爆密集期。在一般小型家用的烘豆機種中，在完全未做任何修改的情況下，很少有可以控制烘焙區間時間配置的，目前市面上僅有 Hottop 以及最新型的 Hearthware I-Roast 有針對烘焙區間做出較先進的設計。

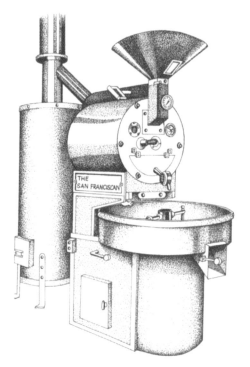

傳統烘焙模式偏好的改變

　　就像許多其他與文化差異牽扯在一起的事情一樣，以往各地都有其特殊的偏好咖啡豆烘焙模式，但這個現象在現今已愈來愈不明顯了！至於人們對於某一特定烘焙模式有所偏好的原因，大概與所處的時代以及居住的地區有所關聯。我們可以針對這個主題做個地域性的比較：土耳其地區慣用的咖啡豆烘焙模式，比起沙烏地阿拉伯地區的還更深；南義大利烘焙的比北義大利的深；在法國諾曼地烘焙的也比法國中部地區還深；在美國，西北部烘焙的比新英格蘭地區（東北部）還深、北加州比南加州深、紐奧良比亞特蘭大深。

　　由於在傳統上，各個地區原本對某一特定烘焙模式的咖啡豆有偏好，因此在當代的美國咖啡業界，時常會以地區名稱來泛稱某一種特殊的烘焙模式。例如：新英格蘭式烘焙代表淺度烘焙，美式烘焙代表中度烘焙，維也納式烘焙代表深度烘焙中稍淺一些的程度，法式烘焙代表比維也納式再深一些的深度烘焙，義式烘焙代表比法式再更深的深度烘焙……，諸如此類。關於烘焙深度的名稱由來及細節，在本章稍後部分將會說明，另外在第 80 ～ 81 頁的圖表中也將作扼要介紹，該圖表還附有其他與烘焙相關的資料。但是，由於全球化的發展，加上媒體的興盛，原先以區域為分隔的烘焙模式偏好，其界線已變得越來越模糊。也就是說，在北美任何地方的任一家烘焙商，您可以找到所有以不同烘焙模式烘成的咖啡熟豆。原先的美式烘焙咖啡豆（中等褐色的烘焙著色度，帶有明亮及乾澀口感），其位置逐漸被嘗起來較刺激、著色度更深一些的咖啡豆所取代；而原先完全沒有牛奶泡沫的咖啡飲品，也被具有奶泡層次的卡布奇諾咖啡以及拿鐵咖啡所取代。

上圖為一款經典式設計的咖啡館用鼓式烘豆機，是由美國的小規模製造商 Coffee/PER 所生產的 San Franciscan 型鼓式烘豆機。大多數的咖啡館用鼓式烘豆機（像是德國的 Probat、法國的 Samiac，以及其他的製造商）的各項功能性裝置，幾乎都與圖中這款烘豆機大同小異。更大型的工業用鼓式烘豆機在火力、氣流的控制則更為精確。另外也內建水霧式冷卻系統，通常是一個噴嘴或是一根管子，從裡面噴灑出水霧，將高溫的咖啡豆快速降溫，縮短冷卻程序的時間。

哪種烘焙模式是最好的？

　　由於先前提到的文化、地域性的差異，使得這個議題很難得到一個結論。但是對於銷售咖啡豆的人來說，「最好的」就是銷售量最高的那一種。大部分的烘焙商都有自己長期以來累積的烘焙及配豆哲學，在這個領域裡，他們都是非常稱職的專業人士，但是沒有人敢一口咬定哪種烘焙方式，在科學層面及客觀層面來看是「最佳烘焙方式」，因為沒有一種烘焙方式能真正撼動文化、地域偏好

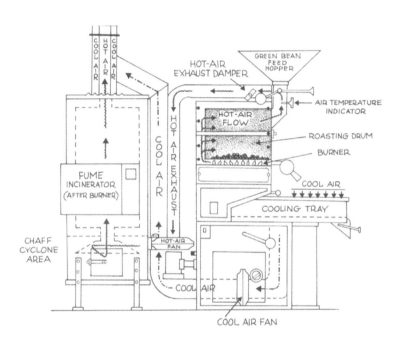

左圖為 San Franciscan 鼓式烘豆機的剖面構造示意圖。咖啡生豆由圓錐形的進豆口導入烘焙鼓中，在烘焙鼓中的咖啡豆接受兩股熱源烘焙：一是烘焙鼓外部的直接熱源，另一個由鼓風機導入烘焙鼓中的熱氣流。在烘焙鼓中有若干金屬質的攪拌葉片（Metal Vane，本圖中未畫出），將內部的咖啡豆攪拌均勻。當到達想要的烘焙程度時，可以打開位在烘焙鼓外部正面半圓形的下豆口，烘焙完成的咖啡熟豆就會由此處流到冷卻盤中。冷卻盤底下的冷卻風扇此時吹送室溫的冷空氣上來，同時冷卻盤中的攪拌葉片持續和緩地攪動，加速冷卻。另一方面，烘焙完成後，烘焙鼓中的熱空氣夾帶著銀皮以及煙塵，吹向煙塵收集筒裡，銀皮、細小的皮屑都在此處掉落下來，而熱空氣接著就被導向廢氣焚化爐或是後置燃燒器，將其中的煙霧及氣味再淨化一次。

差異這塊巨石。誰敢武斷地對一個來自法國諾曼地的咖啡飲用者說（這個區域的人大多傾向飲用黏稠度單薄的深黑色、帶有溫和燒焦風味的咖啡）：「因為中度烘焙的咖啡保存有比較多的風味油脂，所以一定是『最好喝』的」？即使您這麼對他陳述，那位來自諾曼地的朋友大概還是寧可要喝一杯帶有焦味的咖啡吧！

　　在家烘焙咖啡豆的其中一項最大樂趣就是，您可以藉由不斷的實驗，發掘出對自己而言「最好的」烘焙模式。但是在家烘焙最大的困擾，就是即使今天烘出一批非常對味的咖啡豆，下次要完整重

現這個烘焙模式下的風味卻有相當高的困難度。但若您採取較有系統式的烘焙步驟，那麼每一批次的穩定度或許會有所提升，不過在家烘焙本身就是一件浪漫的、充滿冒險趣味的事，若要追求「純粹的風味一致性」，還不如直接去自家烘焙咖啡館買現成的新鮮烘焙咖啡豆就好了。

公認的不恰當烘焙模式

要烘出好的一批咖啡豆，有一些清楚的準則可以依循；不過對於不恰當的烘焙的界定，卻是放諸四海皆準的。請參考第 80 ～ 81 頁的圖表。在太淺度的烘焙下，咖啡豆內部的溫度並未超過華氏 390 度／攝氏 200 度，而外觀著色度僅達到淺褐色，風味油脂尚未開始發展，此時將咖啡豆拿來沖煮，得到的便是一杯充滿草腥味、刺酸以及毫無香氣的咖啡；而在太過深度的烘焙下，咖啡豆內部的溫度上升到超過華氏 480 度／攝氏 250 度，外觀著色度除了黑還是黑，風味油脂大部分都已被高溫揮發殆盡，咖啡豆木質部分則被烤成焦炭，將這樣的咖啡豆拿來沖煮，得到的將會是黏稠度單薄、帶明顯焦味的一杯咖啡，跟商業化的咖啡豆差不多（譯注 3-1-2）。

另外其他公認不佳的烘焙模式，就是將咖啡豆長時間以相對低溫「焗烤」，或是將咖啡豆烘得外焦內生。很幸運地，目前絕大多數專為烘焙咖啡豆設計的烘豆機，都可以避免發生這些慘劇；不過若是使用克難式的器材來烘焙，您就必須留意了！詳情請見第五章的烘焙器材選擇以及操作流程建議。

只要避開了這些極端的烘焙結果，中間有著很寬廣的空間任您遨遊。至於什麼樣的烘焙模式才是「最好的」？還是得回到文化層面以及個人喜好層面來探討了！

烘焙模式命名由來

目前命名方式主要有兩個來源：一是概括性的各國飲用者烘焙模式偏好：如義式烘焙、法式烘焙等。一是自十九世紀末到二十世紀初，美國地區的咖啡專業人士發展出的命名法則。

注 3-1-2：「商業化的咖啡豆」指的是走連鎖體系的咖啡企業。

這兩種命名的由來，在某種程度上看來仍嫌模糊，因此現在又多了一種更客觀的方式，輔助判讀烘焙模式，就是以一種儀器讀取咖啡粉末的著色程度，以數字的形式呈現深與淺。

地域性烘焙模式名稱

首先讓我們快速地看過這些常見的烘焙模式名稱，它們都是因為地域飲用者的偏好而產生，常可以在買來的包裝袋上看見這些名稱。

最淺度烘焙的就是新英格蘭式烘焙，目前在北美咖啡市場中幾乎快絕跡了；目前在美國仍處於領導主流地位的，是一種近似中度烘焙的烘焙模式，以往沒有任何的名稱來代表，但現在我們姑且稱之為美式烘焙；比美式烘焙更深一些的，通常咖啡豆表面會帶零星的咖啡油脂，其名稱為維也納式烘焙或是淺法式烘焙；法式烘焙代表的是適中的深度烘焙，咖啡豆表面有更多一些的咖啡油脂；義式烘焙、西班牙式烘焙、大陸式烘焙或是紐奧良式烘焙，則是有更深的著色度以及更多的咖啡油脂；比前者再更深的極深度烘焙，稱之為深法式烘焙，這種烘焙模式常見於法國的西北部地區，顏色為非常接近黑色的極深褐色，亦稱西班牙式烘焙、土耳其式烘焙或是拿坡里式烘焙。最近有一種稱為「Espresso 式烘焙」的名詞，其烘焙深度位置大概介於義式烘焙以及法式烘焙之間，這種烘焙模式在北義大利地區最為常見，其外觀為適中的深褐色，外表覆有薄薄一層的咖啡油脂。

筆者將這些名稱整理成一份摘要如下：

- 新英格蘭式烘焙（New England）：淺褐色，豆表乾燥。
- 美式烘焙（American）：中等褐色，豆表乾燥。
- 維也納式烘焙（Viennese）：中等的深褐色，豆表有零星數滴的咖啡油脂。
- 法式烘焙（French）：適度的深褐色，豆表有薄薄的咖啡油脂。
- Espresso 式烘焙：深褐色，依烘焙過程的不同，豆表可能僅有薄薄一層咖啡油脂，或是有很厚的咖啡油脂。

- 義式烘焙（Italian）：接近黑色的深褐色，豆表油亮。大部分的烘焙商最多烘到這個程度就是最深了。
- 深法式烘焙（Dark French）或是西班牙式烘焙（Spanish）：快變黑色的極深褐色，油到不行。

傳統的美國定義烘焙模式名稱

還有一種是自從十九世紀以來，在美國一直被沿用下來的烘焙模式命名法則，大致為如下的順序排列：

- 肉桂色烘焙（Cinnamon）：非常淺的褐色。
- 淺度烘焙（Light）：美式烘焙裡最淺的程度。
- 中度烘焙（Medium）。
- 中高度烘焙（Medium high）：美式烘焙最常烘至這個落點。
- 城市高度烘焙（City high）：比美式烘焙一般落點稍深一點。
- 深城市烘焙（Full City）：比前者再更深一些，豆表有時會有零星幾滴咖啡油脂。
- 深烘焙（Dark）：深褐色，豆表油亮，相近於地域性分類中的Espresso 式烘焙或法式烘焙（French）的程度。
- 重烘焙（Heavy）：極深的褐色，豆表油亮，相近於義式烘焙。

在這眾多的名稱之中，唯一至今還時常能見到的就是深城市烘焙這個名字，這個烘焙模式的位置，比二十世紀中葉時的美式烘焙度還要再深一些。

用數字來補足傳統烘焙模式分類法的缺失：焦糖化程度分類法以及 SCAA 的色標區別系統

看了前面兩大類的烘焙模式分類法之後，您感到疑惑嗎？是的，為了解決此兩者造成的困惑，美國精品咖啡協會（SCAA，Specialty Coffee Association of America）特別發展出一套輔助工具，讓我們能藉由更精確的儀器判讀烘焙著色深度。

在這套輔助工具中有八個參考基準，沒有任何名稱，只有數字，這些數字精確地對應了八塊精心設計的烘焙深度色標。判讀方

式是將一支樣品咖啡豆烘焙之後，以細研磨的方式磨成粉，並倒入一個特殊淺盤中，才能將其送入已載入化學指數或是焦糖化量測基準的量測儀器中開始與色標比對，這個樣品咖啡豆的烘焙深度會被歸類到某一個最接近的「焦糖化程度」（Agtron）。色標對應的焦糖化程度數字範圍是 #95（最淺的烘焙深度）、#85（次淺的烘焙深度），一直到 #25（一般最深的烘焙深度）。

當然，擁有一台可以精確判讀特殊淺盤上咖啡粉末色度的「近紅外線分光光度計」，需要將近七千到兩萬美元左右的高價花費。

不過目前 SCAA 發展出的焦糖化程度判別法，其專用詞彙在實際上與消費者之間並無交集，當消費者在購買一包咖啡豆時，包裝袋上也見不到所謂「焦糖化程度」的標示，坊間介紹咖啡的書籍對於這方面也幾乎隻字未提。不過筆者在本書中第 80 ～ 81 頁的圖表中，為各位將焦糖化程度與我們慣用的烘焙模式、深度做一個銜接。但在此必須強調的是，SCAA 發展的這套焦糖化程度系統，用意就是要與傳統的烘焙模式分類法完全區隔開來，做為更客觀的烘焙深度討論基礎。

在這套系統中附的使用手冊封底內頁，有參考用的四色印刷色標圖，但請注意：這些色標圖有時會因不同因素而有所誤差，像是印刷時失準而模糊、印刷墨水量剛好不足、使用色標時的光源誤差、色差，甚至連午餐吃什麼都會影響到比對色標圖的準確性。因此在技術上來說，這些因素都會使得這份色標圖變得毫無用處。換句話說，用不著把這份色標圖拿來隨意與一把咖啡豆比對顏色，因為那根本就是無意義的。這份色標圖之所以會附在使用手冊裡，目的只是為了讓您知道有這項工具的存在，只是實際上我們並沒什麼機會用到它。

您可以在「相關資源」單元中找到有關此份焦糖化程度／色標圖系統的取得資訊。順道一提：該系統的主要研發者就是 Agtron 公司的負責人，也是一位非常具有創新概念的科學家卡爾・史道伯（Carl Staub）先生。

與「品嘗」有關的詞彙

曾幾何時，要使用語言這個工具來嘗試描述某個東西嘗起來如何，常會使得我們顯得詞窮。但是對於咖啡專業人士而言，他們卻都能夠使用彼此都能懂的字眼，像是一些日常生活中會接觸到的食物、飲料的風味來輔助描述在咖啡中嘗到的味道。使用這樣的詞彙，將便於把咖啡風味作更精密的分門別類並加以區隔。

在此先為各位讀者稍微介紹關於咖啡生豆以及不同烘焙模式下，我們能感受到的風味詞彙；筆者不提那些太偏向杯測專業技術性或是感官評價方面的詞彙，僅提及最重要且最廣泛使用的、描述杯中表現的風味缺陷詞彙，以及咖啡生豆在各階段處理時有可能因不當處理而產生的缺陷味道詞彙，像是過度發酵味、發霉味、麻袋味等等。筆者也不將一些不言可喻的簡單風味詞彙跳過不談，像是濃郁的、帶花香的、順口的、似黃奶油般的，以及其他類似的詞彙等等。

首先介紹的前三個風味詞彙，幾乎是放諸四海皆準，在世界各地評鑑咖啡豆特質時都會提到的：酸度（Acidity）、黏稠度（Body，在華文地區一般稱之為醇度或是口感），以及濕香氣（Aroma）。這些是評鑑咖啡豆風味最基本的詞彙，不會使用這三個詞彙，便無法開始評鑑咖啡豆風味。接續在這三個詞彙後面的，相對便不是那麼地普遍了，對於不同地區的專業杯測家來說，也許就會有不同的名詞來代表。風味相關詞彙日益增多，筆者在此為各位整合舊式風味描述詞彙，以及借自紅酒及其他品嘗用術語的新式詞彙，期能有所助益。

・**酸度（Acidity / Acidy）**：在咖啡品嘗中最重要的其中一個項目，通常也最容易被誤解的一個詞彙。咖啡的酸度不是酸鹼度中的酸性或酸臭味，而是形容一種活潑、明亮的風味表現，這個詞的處境有點類似於葡萄酒品評中的乾澀感的形容方式。咖啡豆缺了酸度，就等於沒了生命力，嘗起來顯得空洞乏味。酸度有許多不同的特徵，是分辨不同產地咖啡豆的主要依據，像來自葉門的咖啡豆與來自東非地區（如肯亞、辛巴威）的咖啡豆，其酸度特徵就有著襲人

的果香味以及類似紅酒般的質感。將一支咖啡豆烘焙得越深，其酸度就會遞減；但是一支酸度本質就很高的咖啡生豆，將其烘深，表現出的則會是更多的銳利感以及刺激性口感。

· **黏稠度／口感（Body / Mouthfeel）**：黏稠度其實指的就是咖啡湯汁讓口腔感受到的重量程度；而口感指的則是咖啡湯汁給口腔的質地感覺，像是以下詞彙：似黃奶油般的、似砂的、似油脂的、滑順的、單薄的、似水般稀薄的、無油脂感的，或是具澀感的。黏稠度實際上是一種感覺，雖然跟咖啡豆溶解於水中之固態粒子量的多寡有關，但卻較難用「量化」的方式來區別程度輕重。

　　將一支咖啡豆烘焙到中等褐色或是深褐色烘焙點，則杯中表現的黏稠感也將提高，口感也愈顯圓潤、脂感更高。但是若將咖啡豆烘焙到更深的程度，如西班牙式烘焙或法式極深焙，則黏稠度會減低，口感也會變得無脂感、似砂般的粗糙。

· **濕香氣（Aroma）**：雖然這個詞彙看起來淺顯易懂，但是提到濕香氣的表現，就不能不與烘焙深度一起討論。在非常淺度的烘焙深度下，濕香氣是完全未發展的；而在中度到中深度烘焙下，濕香氣的表現達到最高峰；但在非常深度的烘焙下，濕香氣轉趨單純並減弱。對於專業的咖啡品嘗者或杯測家來說，咖啡的濕香氣表現差異，有時比起在口中品嘗的味道還要來得明顯、易於判別。

· **複雜度（Complexity）**：這是另一個淺顯易懂又實用的詞彙。一支複雜度高的咖啡豆，其酸度與甜度等較強的風味融合、搭配得非常巧妙。通常我們無法在第一時間感受完整的咖啡風味，它的表現是一層一層的浮現，而不是一股腦兒地全部同時湧現。毫無疑問地，複雜度的表現在「中度烘焙→中深度烘焙→一般 Espresso 式深度烘焙」這個範圍內達到最高點，不過最末者的複雜度表現，與中度烘焙的複雜度表現就有些差異，因為構成這兩者的複雜度元素已經些微改變。市面上多數的配方混合咖啡豆，目的就是為了增加複雜度的表現。

· **深度／層次感（Depth / Dimension）**：深度指的是推動咖啡風味使人感受的力道與尾韻的綿長程度。這個詞彙有點模稜兩可，而

且有點過於主觀，不過這個表現只有在許多支咖啡豆同時並列測試時，經過杯測比較才能得知。您會發現在眾多的咖啡豆中，總是會有那麼一兩支令人有著非常深遠的、迴盪的餘味感受；而其他大多數的咖啡豆的風味表現則僅在上顎的位置，還不及回味便已消散。

‧**產區風味獨特表現／樹種風味獨特表現／樹種風味特徵（Origin Distinction / Varietal Distinction/ Varietal Character）**：這些詞彙通常在專業杯測程序進行時才會出現。將所有咖啡豆都烘焙至一個相當接近的杯測式淺度烘焙，以杯測的方式來品嘗，此時就可以感受到不同產區、不同樹種之間的差異性。比方說肯亞咖啡豆就帶有強烈乾澀口感、帶莓果風味酸度；哥斯大黎加咖啡豆有著迴盪不絕的酸度以及清澈的均衡感；衣索比亞耶加雪菲咖啡豆有著非常誇張的花香味及柑橘風味；以傳統處理法製作的蘇門答臘咖啡豆，則有著低調性的風味以及似麥芽般的濃郁感。但有些咖啡豆完全不具有獨特的風味特徵，不過這並不意味它們就是不好的或是無趣的咖啡豆。假使一支各項風味都很強但卻又非常均衡，沒有特別搶味的風味，那麼這類的咖啡豆也許就能稱作「經典型咖啡」。其他只有著不錯的甜度且表現圓潤的咖啡豆，則會被歸類到「好的混合用咖啡豆」，因為這一類的咖啡豆總是能扮演好補足配方中某個位置的角色，但卻無法獨當一面與性格獨特的咖啡豆一較長短。

嚴格看來，「樹種風味獨特表現」這個詞彙有點混淆的感覺，因為絕大多數在市面的咖啡豆都是以「產區名」的方式來行銷，而非以植物學中的「樹種名」來行銷，因此，正確的說法應該是「產區風味獨特性」（Origin Distinction / Growing-region Distinction）。在咖啡的世界中，「樹種獨特表現」一詞的地位不若在葡萄酒世界裡那般神氣活現。姑且不論我們如何稱呼，要嘗到這種獨特性風味表現，最佳的表現點就是在淺度到中度的烘焙深度，烘得愈深，咖啡豆的本質風味就消散愈多。當然，到了極深焙的階段，幾乎已經無法察覺到一絲一毫的產區獨特風味。

‧**均衡度（Balance）**：這也是一個淺顯易懂的詞彙。這個詞主要指的是一支酸度雖強，但卻又不致太狂放不羈，有實在的黏稠度，同

時沒有具破壞力的缺陷風味出現。

與「處理程序」相關的詞彙

這個部分提到的詞彙，都是與採收後的各階段處理程序（去殼、發酵、水洗、乾燥方式及儲存方式）相關的風味詞彙，其中有大多數是缺陷風味。

· 清澈的（Clean）：這個常見的詞彙代表的是「咖啡豆的杯中表現直接來自於果實，在處理過程中沒有沾染上任何的缺陷風味」。中美洲咖啡豆中表現最優秀者、肯亞咖啡豆、衣索比亞水洗處理式咖啡豆，以及夏威夷可娜咖啡豆都是最佳範例。這些咖啡豆都有著清澈的風味特質，風味特質的表現明亮、清晰，沒有任何因為處理程序、乾燥程序等缺失而產生的缺陷風味干擾。蘇門答臘曼特寧咖啡豆以及蘇拉威西咖啡豆則是恰恰相反，它們的獨特風味（類似麥芽味、霉味之類的低調性複雜風味）卻有部分是來自於傳統的粗糙處理手法。

· 果香味／過度發酵味／酒香味（Fruity / Fermented / Winey）：有些咖啡豆本質中帶有果香味，但這種味道通常是由於處理階段的乾燥過程中，帶殼豆未去掉的果皮、果肉，其中含的糖開始發酵，發酵時的味道就附著在咖啡豆上；或是帶殼豆上刻意留著一部分的果肉、黏膜一起發酵，也會產生這種效果。這個過程若是處理得當，沒有長出黴菌，那麼其風味就會甜甜的，非常迷人，這個風味就被稱作「果香味」；但是若處理失當，其風味可能會有食物腐敗的味道，這個風味就被稱為「過度發酵味」，也就是風味中的缺陷；介於這兩者之間的地帶，有一個臨界的發酵風味，那就是「酒香味」。有些人非常鍾愛帶有果香味與酒香味的咖啡豆，筆者本身也是愛好者之一。

· 霉味／麥芽味（Musty / Malty）：當咖啡豆在乾燥過程中沾附了微生物有機體，此時就會產生一種非常強烈衝鼻的空洞口感，會令人聯想到一塊發霉的皮革放在潮濕的鞋櫃裡的味道。但是當這股味道尚未完全發展到太強烈，表現在咖啡風味裡的感覺就還可接受，

此時的風味卻是很多人會喜歡的「麥芽味」，有些很有想像力的人甚至將這股宜人的味道與「巧克力味」做了浪漫的聯想。不過，假如這股味道真的太強烈到令人難以接受，那麼這股風味就直接稱為「霉味」即可，這是一個非常明顯的風味缺陷。

・**濕土壤味（Earthy）**：這個風味是因為咖啡果實掉落到土壤上乾燥，吸附了土壤的氣息而產生，常會令人誤解為「霉味」。有些咖啡界的專業人士認為這股土壤氣息是一種迷人的異國風味，但也有些人極度憎惡這股味道，將其視為風味缺陷。

・**野性風味（Wild）**：這個詞彙代表的是當一支咖啡豆兼具前述各項風味時，產生的狂野風味表現。

・**與儲存條件有關的風味缺陷：麻袋味／味道衰退（Baggy / Faded）**：生長海拔較低的軟質咖啡豆，將其存放在潮濕的條件下，就容易產生一種口感空洞的霉味，伴隨著一種近似繩索或是麻布袋表面上的味道，咖啡專業人士稱之為「麻袋味」。帶麻袋味的咖啡豆，其風味通常都呈現衰退的狀態，嘗起來乏味、各種風味的輪廓模糊，這類的風味通常都被視為風味缺陷。

・**與採收有關的風味特徵：甘甜／生味／草味（Sweet / Green / Grassy）**：以完全成熟咖啡果實所製作出的咖啡豆，一般都會帶有天然的甘甜味；但是若以未完全成熟的果實來製作的咖啡豆，其口感中的黏稠度就偏單薄，帶有生味及草味，一般都會伴隨有咬舌的澀感。

與「烘焙」相關的詞彙

這部分的詞彙都是與烘焙模式或烘焙深度有關的風味詞彙。

・**甘甜味（Sweet）**：在中深度烘焙及普通深度烘焙之間（也可視為維也納式烘焙到 Espresso 式烘焙之間），糖分的發展完全，加上有些與苦味相關的風味元素在此時被去除，造就了一杯圓潤、柔軟口味，以及黏稠度豐厚、卻又不空洞的咖啡。當然，使用完全成熟咖啡果實製作出的咖啡生豆，其原本帶有的甜度較高，使用這種咖啡生豆，將其烘焙到較深的烘焙度時，會有更棒的甘甜表現。

・**刺激性風味（Pungent / Pungency）**：筆者為這個詞彙做的詮釋為「深度烘焙下特有的微微苦味」，任何一位偏好深度烘焙咖啡的人都很熟悉並特別讚賞這種感覺。

・**因烘焙而產生的口味——苦甘味（Bittersweet）**：這個詞彙代表的是深度烘焙咖啡豆所展現的所有複雜風味的集合說法。在深度烘焙下，咖啡豆的酸度消失了，取而代之的是刺激性風味加上細緻的焦糖甜味，這就是筆者所指的「苦甘味」，有些人可能會將這個味道以一種無名的形容法，將之歸類到「烘焙口味」（Roast taste / Taste of the roast）。

・**烤麵包味（Bready）**：未烘到足夠烘焙深度或是烘焙溫度的咖啡豆，在杯中表現多少會出現一股烤麵包味。此時咖啡豆的風味油脂尚未開始發展。

・**焗烤味（Baked）**：這是另一個為了描述以不當烘焙方式而產生的風味詞彙。會出現這種風味的主因，是把咖啡豆以過低的溫度長時間烘焙所致。帶焗烤味的咖啡豆，其杯中表現是空洞、無香氣的。

烘焙模式與風味間的關聯

現在，有了前面各部分相關詞彙的認知之後，我們再帶各位看看這些風味與各個烘焙模式、烘焙深度之間的關聯，這個部分將以由淺入深的烘焙深度來一一介紹。再次提醒：您也可以在本書第80 ～ 81 頁的圖表中看到摘要式的簡易參考資訊。

・最淺度烘焙的咖啡豆，一般稱之為肉桂色烘焙度，豆心最高烘焙溫度點不超過華氏 400 度／攝氏 205 度，以 SCAA 的焦糖化程度來看則是「#95」，此時咖啡豆的外觀著色度是非常淺的褐色，杯中表現通常會帶有強烈的、像醋酸的酸度，香氣微弱，口味上則偏向穀類的味道，黏稠度單薄，咖啡豆表面是乾燥、無油點的。

・比前一階段稍微再深一點點的淺度烘焙，稱為新英格蘭式烘焙，豆心最高溫度點大約達到華氏 400 度／攝氏 205 度，以 SCAA 的焦糖化程度來看則是「#85」，此時咖啡豆杯中表現的酸度非常強勁，同時咖啡豆本身的風味獨特性（Varietal characteristics，通常是伴隨

酸度出現的變化感）也會浮現出來。此時開始有較明顯的黏稠度感受，但遜於深度烘焙的黏稠度表現。咖啡豆表面仍然是乾燥、無油點的，但是風味油脂已然悄悄地在咖啡豆內部發展。

‧再深一些，中淺褐色烘焙著色度的烘焙，稱為淺度烘焙。在美式烘焙範圍之內，豆心最高溫度介於華氏 400 ～ 415 度之間（攝氏 205 ～ 215 度之間），以 SCAA 的焦糖化程度來看則是「#75」到「#65」之間，酸度表現明亮，但已不再過於強烈，咖啡豆本身的風味獨特性依然保留，黏稠度更為飽滿一些。在傳統的美國東岸咖啡飲用者的心目中，這個烘焙模式下的咖啡豆是「最好喝的咖啡」。

‧比前者再稍微深一點，中等褐色烘焙著色度的烘焙，稱為中度烘焙、中高度烘焙，或是城市烘焙度，在美式烘焙的範圍之內。豆心最高溫度介於華氏 415 ～ 435 度（攝氏 215 ～ 225 度），以 SCAA 的焦糖化程度來看則是「#55」，酸度表現仍是明顯，但味道則較為濃郁，咖啡豆本身的風味獨特性此時逐漸減弱，黏稠度更為飽滿。這是美國西部傳統的普遍烘焙模式落點。

‧接著更深一些的烘焙深度稱為「深城市烘焙」，豆心最高溫度介於華氏 435 ～ 445 度（攝氏 225 ～ 230 度），以 SCAA 的焦糖化程度來看則是介於「#55」到「#45」之間，酸度些微地減弱，黏稠度變得更厚重一些，到了這個烘焙深度，咖啡豆本身的風味獨特性除了肯亞咖啡豆如紅酒般的酸度質感，幾乎都無法察覺；一些較為

細膩的特性，像是瓜地馬拉出產的某些咖啡豆裡難以捉摸的煙燻風味，就很容易受烘焙而散失。

到了這個烘焙深度，有一種全新的風味開始浮現出來，是一般深度烘焙咖啡豆裡才會有的特殊風味，在一般的品評詞彙中並沒有一個專用術語，但筆者替這個風味起了個名，稱做「苦甘味」。在咖啡豆裡有一種糖的味道開始發展，讓這個烘焙深度下的咖啡豆帶有一種很細膩的甜味，這種甜味與一般砂糖的甜味不太一樣，而是較接近焦糖的質感，同時酸度的表現轉變成刺激性風味的表現，這些味道的組合是深焙愛好者再熟悉不過的了。

此時豆表可能仍然是乾燥的狀態，也有可能開始出現零星的幾顆油點，這些油點恰恰好要從咖啡豆內部冒出來。美國西北部地區以及北加州地區的最受歡迎烘焙深度，目前全美的星巴克連鎖咖啡館都有使用這種烘焙深度的咖啡豆。

・到了普通深度烘焙的程度，稱為 Espresso 式烘焙、歐式烘焙，或是高度烘焙，豆心最高溫度介於華氏 445 ～ 455 度之間（攝氏 230 ～ 235 度），以 SCAA 的焦糖化程度來看則介於「#45」及「#35」之間，此時酸度已經完全被濃郁感給包起來了，咖啡豆本身的風味獨特性已經無從判別，黏稠度飽滿，深焙咖啡豆特有的苦甘味也越來越濃郁且尾韻拖得很長。到了這個烘焙深度下的咖啡豆豆表一定有油脂浮現，從零星的油點到一層薄膜的程度。

・當咖啡豆被烘到很深的烘焙度時，像是法式烘焙、義式烘焙、深度烘焙等，豆心最高溫度介於華氏 455 ～ 465 度之間（攝氏 235 ～ 240 度），以 SCAA 的焦糖化程度來看則是「#35」，苦甘味或是深焙咖啡豆口味佔滿整個畫面，黏稠度又逐漸減弱，酸度及咖啡豆本身的風味獨特性，都已被濃郁的苦甘味所掩蓋而黯然失色，酸度的表現介於圓潤、柔和（原本較低酸度的咖啡豆）到苦味的臨界點（原本酸度較高的咖啡豆）之間。到了這個烘焙深度的咖啡豆，豆表總是油油亮亮的。

・到了非常深度烘焙的階段，有義式烘焙、深法式烘焙、西班牙式烘焙或是重烘焙等等稱呼，豆心最高溫度介於華氏 465 ～ 475 度之

間（攝氏 240 ～ 245 度），以 SCAA 的焦糖化程度來看介於「#35」到「#25」之間，黏稠度表現越減越弱，而豆表的油脂卻開始被高溫蒸發了，在這個烘焙深度下，苦甘味表現中偏向苦味的臨界點，杯中表現也開始出現一絲燒焦味，酸度以及咖啡豆本身的風味獨特性更是不在話下，早已化作深焙風味層次中的一份子。豆表油亮，風味油脂也被催出豆表了。

除了單薄的黏稠度以及居主軸風味的深焙口感以外，這類極深焙咖啡豆對於偏好此道者來說，這種風味是非常令人振奮、愉悅的。這個烘焙深度下的咖啡豆，與牛奶一起調製成拿鐵咖啡，或是其他使用牛奶混合的咖啡飲品都非常適合。

‧最後便是極深度烘焙的階段，咖啡豆的外觀著色度幾近黑色，大概只有深法式烘焙與西班牙式烘焙會將咖啡豆烘焙到這個程序，豆心最高溫介於華氏 475 ～ 480 度之間（攝氏 245 ～ 250 度），以 SCAA 的焦糖化程度來看則是「#25」，極深度烘焙的咖啡豆喝起來必定是非常特殊的口味，有著更稀薄的黏稠度，深焙豆特有的苦甘味，其苦味的比重變得更高，甘味相形之下又減低了，整杯咖啡中滿是燒焦與炭的味道。不論是哪裡來的咖啡豆，一旦被烘焙到極深焙的階段，風味算得上是幾乎完全一樣。豆表的油脂光亮平滑。像這樣的極深焙基本上不是用作沖煮義式濃縮咖啡的材料，義式濃縮咖啡使用的咖啡豆是深焙咖啡豆沒錯，但是不是要完全焦黑掉的程度，且仍然要保有不錯的黏稠度及甘甜度表現。在家烘焙咖啡豆的各位，不論您們是否刻意要烘出那樣的一把極深焙咖啡豆，在玩的過程中遲早會不小心烘出一兩把這樣的東西。

‧超過前面這個階段的烘焙，就已經算是焦炭，而不是咖啡豆了。完全沒有黏稠度的表現，喝起來像是燒焦的橡膠泡水，連豆表的油脂都被烤乾了，像這樣的一批豆子，根本就不值得拿來沖煮了。

時間／溫度比例與其他細微的影響因素

所有的烘焙模式因為烘焙過程的不同，因此即使外觀看起來著色度差不多的咖啡豆，在杯中的表現卻是大大不同。當您以快火

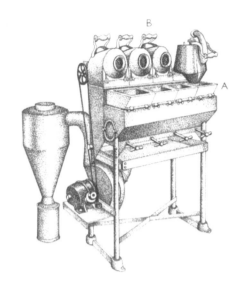

／高溫（或是氣流式的高溫與快速氣流的結合）把一支咖啡豆以較短的時間烘焙至一個固定的烘焙著色度，烘出的咖啡豆保留著較多的酸度；而以較低溫、較長一些時間烘焙出相同著色度的咖啡豆，其酸度就相對較少，不過卻有更飽滿的黏稠度以及更高的複雜度表現。

然而這中間的差異所在，卻往往是不同烘焙系統支持者之間長久以來爭論不斷的來源。對於烘焙新手而言，這個差異性的取捨常在他們的內心交戰不休，到底是要投向「從容的慢火烘焙派」（Slow-and-deliberate school）還是要加入「高雅不刻苦的快火烘焙派」（Fast-but-gentle school）？

慢火烘焙派主張以謹慎、有條理的方式來烘焙咖啡豆：首先以相對較低的溫度，將咖啡生豆中多餘的水分帶出，之後再以較高溫讓咖啡豆進行熱解作用。第一步的低溫，其目的在於盡可能保存咖啡豆本身的水分以及保持咖啡豆的組織結構不致受到太多破壞；但這個溫度也必須夠高，讓烘焙能夠順利繼續下去，且不能對咖啡豆細胞及細胞內的水分有太多損傷。慢火烘焙派傾向使用鼓式烘豆機，而較不喜歡用氣流式的烘豆機，這是因為前者比後者有更細微、精準的控火及風門控制；慢火烘焙派每批次烘焙的時間約介於

12 ～ 25 分鐘之間。

而快火烘焙派則認為「咖啡豆在烘豆機中烘焙得越久，其芳香油脂就流失掉越多」。這一派的支持者大多偏好使用氣流式烘豆機，或是以類似原理攪動並同時加熱咖啡豆的烘焙系統。快火烘焙派認為氣流式烘焙的優點，在於強烈的高溫氣流對咖啡豆的加熱效率非常的高，可以在把咖啡豆烤乾或是把細胞結構過度破壞之前，就快速地完成烘焙，因此可以保存住較高比例的風味因子。快火烘焙派每批次的烘焙時間，最短只需要 5 分鐘，最長也不會超過 15 分鐘。

那麼到底誰講得才是對的呢？也許兩派講得都對。筆者親口喝到過出自兩派手筆的優異咖啡，各有千秋，因此筆者認為這個爭議點應該縮小到個人喜好這個區塊，到底什麼才是「好咖啡」？只有喝的人才知道。筆者在此只能給個概略的方向：喜愛酸溜溜又甘甜型咖啡的人（或是喜歡深焙豆風味微苦又甘甜的人），以及想要一杯風味清澈、單刀直入感覺的咖啡，也許選擇快火烘焙派會較合您的味；反之，假如您不喜歡太多酸度及明亮感，又想要有更飽滿口感、更高的複雜度以及深度表現（或是喜歡有多一些苦味的深焙愛好者），那麼慢火烘焙派可能是對您較好的選擇。

但是兩派支持者也有共通的認知：將咖啡豆以低溫烘烤太長的時間，這支咖啡豆就會出現焗烤味等等貧乏的口感；將咖啡豆以高溫卻又太短促的時間烘焙到一個固定的烘焙點，那麼這支咖啡可能就會缺乏複雜度、尾韻以及勁道。兩派都遵奉一個規臬，那就是追求品質，只不過兩派所追求的品質著重點不太一樣罷了。

然而，烘焙科技的演進也對咖啡豆風味有些影響。像是氣流式烘焙支持者強調以氣流式烘焙出的咖啡豆經過沖煮後表現較清澈，所以氣流式烘焙是較好的烘焙方法，因為烘焙煙霧以及銀皮都在烘焙過程中與咖啡豆分離得更完全，這恰好是大多數鼓式烘豆機的弱項；不過也有一群就是喜愛煙霧以及銀皮燃燒產生的重口味、油味的專家，他們就是非要這股味道不可，所以不管別人說什麼，他們都寧可選擇老式的烘焙器材，製造出他們最愛的煙味。

時間／溫度比例與家用烘豆機的關係

除非您已經是經驗老到的烘焙玩家，否則筆者建議初學者最好先不要過分要求自己能烘焙出變化感十足的咖啡豆。入門者第一步就是要先學會如何掌握好時間與烘焙深度間的關係，先找到您自己最喜歡的烘焙深度。

接下來若是要嘗試分辨出「以不同曲線進行、達到相同著色深度」的風味差異性，那麼就要先看看您使用的器材限制了。

筆者在本書中第五章為各位做了一份市售烘豆器材的調查，對於喜愛明亮表現、酸度較明顯的咖啡愛好者來說，選擇氣流式烘焙科技應該是較明智的抉擇，不論是專門設計來烘焙咖啡豆的機種（見第 155 頁）或是熱風式爆米花機（見第 205～210 頁）皆宜。這兩類氣流式的烘焙器材都有一個預設的最高目標溫度值，烘焙咖啡豆的速度相對來說非常快速（大約每批次 3～12 分鐘之間），烘焙煙霧以及銀皮都很有效率地與咖啡豆分離，烘焙出的咖啡豆成品都是杯中表現清澈、高調性的風味特徵。假使您喜歡較多缺陷烘焙風味、較厚重的黏稠度、較飽滿、複雜度較高的咖啡，那麼也許您應該從老式的 Aroma Pot 爐上烘豆器（見第 199～201 頁）、爐火式爆米花器（見第 201～205 頁）或是烤箱式烘豆法（見第 210～219 頁）來入門。

而較專業型的滾筒式家用烘豆機或是熱對流式烘豆機，像是 Swissmar Alpenrost 烘豆機、HotTop 烘豆機，以及 Zach & Dani's 烘豆機等等，這些機器烘焙出的咖啡豆風味特性大致脫不出以下範疇：清澈、煙味較少、低調性的深沉風味、酸度及甜度較低，通常會伴隨有較明顯的刺激性烘焙風味。

咖啡烘焙品評小辭典

　　在本章中作者介紹了在烘焙、品嘗咖啡時，會使用到的相關辭彙與描述。這些專業詞彙像是咖啡愛好者之間彼此溝通的密碼，或許不見得要列為必須配備，不過此方面的字彙描述對於品評鑑賞咖啡的功力提升，具有相當的正面效果。在此將中英文對照匯整，冀能幫助各位讀者使用。

acidity / acidy 酸度

acidic 酸性

agressively flat taste 強烈衝鼻的空洞口感

aroma 濕香氣

astringency 澀感

astringent 具澀感的

baggy 麻袋味

baked 焗烤味

balance 均衡度

berry-note acidity 帶莓果風味酸度

bitterish 深度烘焙下特有的微微苦味

bittersweet 苦轉甘／苦中帶甜味

bland 空洞乏味

body / mouthfeel 黏稠度／醇度／口感

bready 烤麵包味

brisk 活潑

bright 明亮的

buttery 似黃奶油般的

caramellike quality 接近焦糖的質感

charred 燒焦味

chocolaty 巧克力味

cinnamon roast 肉桂色烘焙度

clean 清澈的

clean balance 清澈的均衡感

complexity 複雜度

composty / rotten 食物腐敗的味道

depth / dimension 深度／層次感

earthy 濕土壤味

dry 乾澀口感

faded 味道衰退

fatter 脂感更高

fermented 過度發酵味

flat without aroma 空洞、無香氣的

floral 帶花香的

fruity 果香味

full-bodied 飽滿的黏稠度

grassy 草味（草腥味）

grainy 偏穀類的味道

green 帶有生味

gritty 似砂的／似砂般的粗糙

high-toned 高調性

idiosyncratic roast taste 缺陷烘焙風味

lean 無油脂感的

light-bodied 口感單薄

low-key 低調性風味

malty 麥芽味

mellow 可口

musty 發霉味

oily 似油脂的

overwhelming 狂放不羈

pungent / pungency 刺激性風味、口感

red-wine-like 似紅酒般的質感

rich 濃郁的

ringing acidity 迴盪不絕的酸度

rounded / rounder 圓潤

sharpness 銳利感

smooth 順口的、滑順的

sour 刺酸味

soft 口味柔軟

sugary sweetness 砂糖甜味

sweet 甘甜味

tastes of idiosyncrasy 具破壞力的缺陷風味

texture 質地

thin 單薄的

watery 似水般稀薄的

wild 野性風味

winey 酒香味

烘焙模式快速導覽表

　　各位讀者真的有必要認識的烘焙模式名稱，大都已詳列於下方的圖表中。詳細的詞彙解釋請參閱第三章的內容。其中第四項的焦糖化程度指數與烘焙著色度間的參考關聯圖表，必須參照 SCAA 焦糖化程度辨色系統的使用手冊後方內襯頁。

烘焙色度	豆表狀態	下豆點概略豆表溫度 華氏／攝氏	焦糖化指數 （詳見 65 ～ 66 頁）	俗　　名
極淺 褐色	乾燥	約 380 ／ 195	#95 ～ #90 與 #95 色碟比對	肉桂色烘焙
淺褐色	乾燥	第一爆開始 <400 ／ 205	#90 ～ #80 與 #85 色碟比對	肉桂色烘焙／ 新英格蘭式烘焙
普通 褐色	乾燥	約 400 ／ 205	#80 ～ #70 與 #75 色碟比對	淺度烘焙／新英格蘭式烘焙
淺中度 褐色	乾燥	介於 400 ～ 415 ／ 205 ～ 215 間	#70 ～ #60 與 #65 色碟比對	中淺度烘焙／美式烘焙／ 家常式烘焙
中度 褐色	乾燥	介於 415 ～ 435 ／ 215 ～ 225 間	#60 ～ #50 與 #55 色碟比對	中度烘焙／中高度烘焙／ 美式烘焙／家常城市烘焙
深中度 褐色	乾燥－表 面點狀出 油	第二爆開始 介於 435 ～ 445 ／ 225 ～ 230 間	#50 ～ #45 與 #45 色碟比對	維也納式烘焙／深城市烘焙／ 淺法式烘焙／Espresso 式烘 焙／淺 Espresso 式烘焙／大 陸式烘焙／晚餐後飲用式烘焙
普通 深度 褐色	表面點狀 出油－表 面覆蓋油 脂薄膜	介於 445 ～ 455 ／ 230 ～ 235 間	#45 ～ #40	Espresso 式烘焙／法式烘焙 ／歐式高度烘焙／大陸式烘焙
深度 褐色	表面油亮	介於 455 ～ 465 ／ 235 ～ 240 間	#40 ～ #35 與 #35 色碟比對	法式烘焙／ Espresso 式烘焙 ／義式烘焙／深土耳其式烘焙
重深度 褐色	表面非常 油亮	介於 465 ～ 475 ／ 240 ～ 245 間	#35 ～ #30	義式烘焙／深法式烘焙／ 拿坡里式烘焙／西班牙式 烘焙／重度烘焙
極深度 褐色	表面油亮	介於 475 ～ 480 ／ 245 ～ 250 間	#30 ～ #25 與 #25 色碟比對	深法式烘焙／拿坡里式烘焙／ 西班牙式烘焙

※ 以數字高低表示風味特性強弱：

- • 風味特性微弱、單薄、難以察覺。
- •• 風味特性適中、清楚、可以察覺。
- ••• 風味特性清楚、飽滿、豐厚。
- •••• 風味特性達到最高峰。

烘焙色度	酸度	黏稠度	濕香氣	複雜度	深度	產區風味特徵	甜度	刺激性風味	短　評
極淺褐色	•••	•	••	••	•	••	•		烘焙至此極淺的深度，嘗起來會刺酸且帶類味道
淺褐色	•••	•	••	••	•	••	•		僅用於廉價商用配方
普通褐色	••••	••	•••	••	••	••••	•		
淺中度褐色	•••	•••	•••	••••	•••	••••	••		美國東岸傳統的家常烘焙度
中度褐色	•••	•••	••••	•••	•••	•••	••	•	美國西岸主要的傳統家常烘焙度
深中度褐色	••	••••	•••	•••	•••	••	•••	••	北加州以及美國西北部地區的傳統家常烘焙深度
普通深度褐色	•	••••	•••	•••	•••	•	••••	•••	北義式 Espresso 飲品以及新一代美國烘焙商的家常烘焙深度
深度褐色		•••	•••	••	••		•••	••••	美式 Espresso 飲品以及許多新一代美國烘焙商的家常烘焙深度／有焦味的底調
重深度褐色		••	••	••	••		••	•••	焦味越來越明顯
極深度褐色		•	••	•	•		•	••	焦味成為主調，以往較少人會烘焙到此，但現在在美國越來越多人採行這一類的烘焙深度

Chapter 4

要烘什麼咖啡？

選購咖啡生豆

每一種咖啡生豆都有一些與生俱來的神祕之處。在家烘焙咖啡豆最大的一項樂趣，就是可以藉由親手烘焙這些咖啡豆，直接揭開這一層層神祕的面紗，而非只能喝著別人烘焙詮釋下的咖啡豆風味，失去了很多的樂趣。

當然，或許您並不在意各種咖啡豆之間有什麼細微的差異，或許您只著眼於更基本的要求：單純想要便宜又新鮮的咖啡豆可以喝。假如您的要求只到這裡，也許您只會需要買個幾磅的哥倫比亞、肯亞或是蘇門答臘的基豆回家，那麼筆者建議您可以跳過這一章，直接翻到本書第 186 ～ 224 頁的內容，然後就可以朝您的目標前進，開始烘焙您要的咖啡豆。您可以在本書的「相關資源」部分找到咖啡生豆以及烘焙咖啡豆所需的必要配備之購買地點建議。

不過，既然您已翻到這裡，最終還是想要一窺究竟，學習如何分辨世界上各種好咖啡的風味差異，比方說您可以從中了解到單一支咖啡豆在各種不同的烘焙深度下，其風味有哪些不同；更深入地了解之後，您甚至可以搞一個類似酒藏般的「咖啡豆藏」，想喝哪樣的味道就從中找出一支符合這種風味特性的咖啡豆來；甚至您的朋友偏好另一種風味特性的咖啡豆，您也可以馬上變出來；到了最後，您還可以調配具有個人風格的配方豆，所有的過程都由自己掌握，不再需要依賴別人替您烘焙。

咖啡生豆基本認知

世界上的咖啡種類非常多，它們之間的差異之處也很難以一言道盡。接著要為各位介紹的就是如何選購咖啡生豆的初步方法，若您想了解更多這類的訊息，可以參考筆者的另一本著作《咖啡：採購、沖煮及享用指南》（*Coffee: A Guide to Buying, Brewing &*

Enjoying），或是菲利浦‧喬平（Philippe Jobin） 所寫的《世界咖啡豆特搜》（*The Coffees Produced Throughout the World*）。您可以在本書「相關資源」處找到購買其他專業咖啡書籍的資訊。

　　在此提醒各位一個重點：一支咖啡豆要經歷的最大考驗不在於它的名字，不在於它的等級，更不在於其他由人們加諸於事物上的價值觀，我們唯一在乎的只有「口味」。假如您喝到了一杯咖啡，並且很喜歡它所帶來的口味感受，那麼這支咖啡豆對您來說便是好咖啡。反之，假如您喝到一杯不合口味的咖啡，那麼您最好就別在意其他一大堆天花亂墜的說詞，即使其他人形容得再好，您不喜歡，對您來說就不是好咖啡！

右圖摘自 1716 年由 Jean La Roque 所著的《阿拉伯之旅記趣》（*Voyage de l'Arabie Heureuse*）。種植在葉門地區的原生 Arabica 種咖啡樹，或是史上有名的 Arabia Felix 咖啡樹，都具有圖中這種枝葉稀疏但又強韌的外觀。其他種類的咖啡樹，外貌上就顯得更茂盛，但枝葉較為下垂，看起來較無精打采。

縮小認知範圍：由樹種及市場定義來認識咖啡種類

我們知道世界上的咖啡種類如此繁多，要一一認識實在很令人頭疼。其實有一些篩選條件可以讓我們更輕鬆地了解咖啡種類。

首先，可以從咖啡樹的樹種來縮小認知範圍。當代的植物學家們已發現超過一百種的咖啡樹種，但其中僅有一種 Coffea Arabica 樹種（中譯名稱為阿拉比卡種）是目前世界咖啡市場中的主流。

另外一種在咖啡市場上流通的咖啡樹種，在植物學上稱作 Coffea Robusta（中譯名稱為羅布斯塔種，亦稱 Coffea Canephora）。相對於阿拉比卡種咖啡樹來說，羅布斯塔種的咖啡樹可以在較低的海拔生長，抗病性及生命力都較強；以風味上來說，羅布斯塔種的咖啡豆不像好的阿拉比卡種咖啡豆那樣，有著不錯的酸度及複雜度，但相對卻有著非常高的黏稠度。在以下地點有很大的可能會使用廉價的羅布斯塔種咖啡豆：超市陳列架上便宜咖啡豆的無名配方中；一些精打細算的飯店為節省開銷以保溫咖啡壺沖煮的便宜咖啡豆；辦公大樓的自動販賣機裡所使用的咖啡豆……。

在精品咖啡的範疇之中，唯一令羅布斯塔種咖啡豆重要性突顯出來的就是 Espresso（義式濃縮咖啡）。在義式濃縮咖啡的配方中，通常會加入少量處理水準較高的羅布斯塔咖啡豆，增添配方的甜度以及黏稠度。

在義式濃縮咖啡的配方中，另一個要角就是種植在較低海拔的巴西阿拉比卡種咖啡豆。大部分由巴西出產的咖啡豆，是以整批不論成熟與否的方式採收，而非只採收完全成熟的咖啡果實，此外在處理上也較沒那麼精緻。這類巴西豆與羅布斯塔種的咖啡豆，是目前市面上販賣的包裝咖啡粉以及即溶咖啡粉的主要原料。另外，從其他產國出產的較低等級的阿拉比卡咖啡豆（一般稱為硬豆 HB），在價格上與巴西豆中較低等級者差不多。

當然，在巴西也有出產較高品質的阿拉比卡咖啡豆，這些較高品質的巴西阿拉比卡咖啡豆，在品質上與世界上其他各國出產的好咖啡並列在國際咖啡期貨市場上的 Milds（溫和型）或 High-grown Milds（高海拔溫和型）等級。

這一等級的好咖啡豆正是筆者要為各位介紹的，一般這種好咖啡豆只會出現在精品咖啡店裡的木桶或是麻布袋中，也正是筆者建議在家烘焙的朋友購買的咖啡豆類型。

曲折離奇的咖啡名稱

在帶各位開始快速瀏覽各種好咖啡的介紹之前，有些詞彙必須要先一一向各位說明。

首先，精品等級的咖啡豆通常會以兩種形式販賣：

1. 混合豆配方（Blends）：以不同的採收季或是兩種以上的不同產區咖啡豆互相混合而成。

2. 單一產區、未混合的單品豆：僅限單一採收季的單一來源咖啡豆，英文名稱為 Single-origin Coffees 或是 Varietal Coffees。

而對於在家烘焙咖啡豆的朋友們來說，單品豆最受大家歡迎，其原因在於：

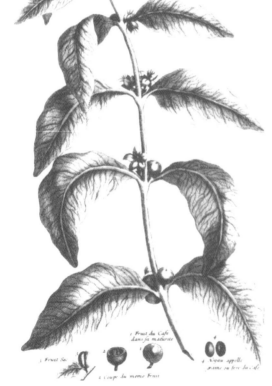

・知識累積：您可以知道您正在烘的是從哪兒來的咖啡豆。

・味覺探索：不同產區的單品咖啡豆，風味的變化方式都不同。

・自主性高：當您熟稔烘焙咖啡這回事之後，對於各種單品豆的風味特性都有一定程度的了解，此時您就可以依個人喜好調配出具有個人風格的配方豆。

大部分單品咖啡豆的品名都是由進、出口商依據生產國家、市場名稱或是分級制度來訂定。分級的方式通常會包含以下幾種：

Jean La Roque 所著《阿拉伯之旅記趣》中另一張著名的圖示。圖為阿拉比卡種咖啡樹，從最頂端的結苞、中層的開花、下層的結果到成熟後結實纍纍的示意圖。不過事實上咖啡樹開花、結果等等過程的確是會同時發生在同一枝幹上的。

1. 處理方式。

2. 有時會標明生長環境條件，像是生長海拔等等。

3. 另外有越來越多的單品豆會標示出產的莊園或是合作社名稱。

4. 最後加上它們的植物學樹種名稱。

　　這種趨勢已經日漸成為主流了。接下來筆者將帶各位一一認識各種分級的項目名稱。

咖啡豆產國

　　這個指標挺淺顯易懂的，不外乎是一些國家的名稱，像是肯亞、哥倫比亞等等，這也是您會在咖啡館販賣的咖啡豆包裝袋上看到的一般標示名稱。不過，用國家來分類仍有點太粗略、籠統，因為一個國家的範圍那麼廣，在每一個國家又不止一個地方種植咖啡，且市場的力量又挺複雜的，因此才會有接下來形形色色的各種分類項目及名稱的出現。

神祕的市場商標命名

　　市場商標命名法是最傳統的一種指標，通常在咖啡麻袋或是進、出口商的咖啡豆清單上都可以見到。大部分的咖啡豆商標名稱源自於十九世紀甚至更早，這些名稱有許多典故由來，不過還是以地區名為主，較有名的像是：瓜地馬拉安提瓜火山區（Guatemalan Antigua）、墨西哥奧薩卡區（Mexican Oaxaca），另外也有以出口港為商標名稱的，像是最有名的巴西聖多斯港（Brazilian Santos），以及現在已不再扮演出口港的葉門摩卡港（Yemeni Mocha，摩卡港是位於紅海出口的一個港口，但已有一個世紀不出口咖啡豆了）。

　　不過，商標名稱最終還是會讓人聯想到咖啡豆本身的特質，而非聯想到某個地名而已。這些商標名稱會使人聯想到除了產區位置以外，還有口感、風味的特性。有些咖啡豆的商標名稱甚至遠比產國國名還要響亮，像夏威夷可娜區（Hawaiian Kona）這個商標名稱，一般大多數人只會認得 Kona 這個商標名，對於它的原產國美國，或是產地夏威夷州，反而不太有直接聯想。

咖啡豆分級制度

　　許多地方的咖啡豆也會依照分級制度的方式來進行交易，像是肯亞 AA（Kenya AA）、哥倫比亞 Supremo（Colombian Supremo）等等，分級的方式有許多種：以咖啡豆顆粒大小來分級、以咖啡豆生長海拔高度來分級、也有以最後的杯中表現來分級的。

　　分級準則的訂立一般都是由各個產國的政府單位主管機關來頒布的，一旦設立了一個分級的準則，不但使咖啡農不會散漫地種植咖啡樹，另外也能鼓勵農民們以生產高品質咖啡豆為目標。分級制度的另一個用途，就是方便買家與賣家之間議價時，有一個衡量的準則可依循。不過大體上說來，一般還是以咖啡豆外觀（顆粒大小以及瑕疵率）為主要的分級準則，以杯中表現來分級的制度仍算弱勢。

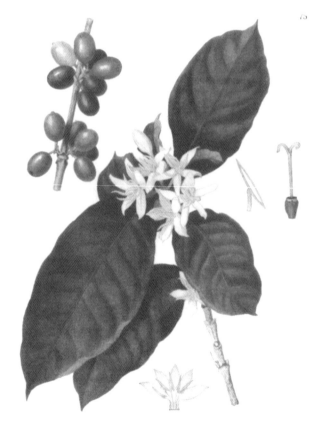

下圖為咖啡樹盛開花朵時的情形。純白色的花瓣與清新宜人如茉莉花的花香，與綠油油的葉子形成強烈的對比。

　　以往的咖啡豆分級是由咖啡產國政府主管機關來制定簡單的分級標準，將咖啡豆區分為較大批量的方式分級出售，以便政府機關能集中管理生產咖啡豆的企業組織。不過近來許多咖啡農趕上全球的風潮，朝著打破既有規範的市場運作模式前進。這使得獨立的單一咖啡農或是咖啡農協會能夠自行與國際間的買家、烘焙商直接交易。情況演變至此，原先由各產國政府制定的分級標準也就逐漸式微了。在這些咖啡產國中，原先以追求單一分級標準為目標，演變成莊園之間或是咖啡農組織之間，均以國際買家、烘焙商的要求為準則

的良性品質競爭。

　　然而，分級的級別仍然是一項重要的咖啡豆命名元素。在一間較講究的咖啡館裡，您可以看到它們將咖啡豆名稱以下面的方式標示：產國—產區—級別（如 Guatemalan-Antigua-Strictly Hard Bean，瓜地馬拉—安提瓜區—極硬豆）。但是一般在咖啡店家裡看到的，大多都只有產國加上商標名稱或是級別兩者其一的粗略標示為主。

　　另外在某些店家裡或是進口商的咖啡豆清單中，有一個級別通常很容易讓人們搞不清楚，那就是小圓豆（Peaberry，西班牙文為 Caracolillo）等級。小圓豆是狀似橄欖形的咖啡豆，在正常情況下一顆咖啡果實內應該會包含兩顆半橢圓形的平豆（Flat Beans），而

左圖為人工選別採收咖啡示意。在以「品質」為訴求的咖啡產業裡，使用人工選別採收最成熟的咖啡果實是非常重要的環節，因為在同一枝幹上的咖啡果實成熟度也是差別很大的，而未成熟的咖啡果實會拖累到整體的品質表現。目前在世界上的少數幾個國家，有使用震動式的採收機具，將成熟的果實震下來採收；但大多數的咖啡產國仍以專業的人工摘採方式來採收，如同圖中的婦女一樣，熟練地以手工摘下最成熟的果實，並讓果實落入她腰際的籃中。

沒有正常分裂成兩顆平豆的咖啡果實裡，就是一顆小圓豆。有些產國是不會特別將小圓豆挑出販售的，通常是與平豆混在一起。但有時候，通常在名氣較響亮、價格較高的咖啡豆種類裡，小圓豆也會被特別挑出來當作特殊的等級來販賣。一般而言，在同一批採收期裡，小圓豆的風味強度比起平豆來得密集。

對於在家烘焙咖啡豆的朋友們來說，小圓豆有個很不錯的優點：由於小圓豆的豆貌非常整齊，因此烘焙均勻度比起平豆還來得好。尤其對於使用爐上烘焙器材或是爆米花器的朋友來說，因為小圓豆的外形優勢，烘焙時在鍋裡滾動非常順利，而平豆則因為有平坦的那一面，所以不利於均勻翻滾。

水洗還是乾燥？處理方式與級別名稱的關係

被我們當作食材來烘焙的咖啡豆，其實是咖啡果實裡的種籽。咖啡農們給果實起了另一個名稱，叫作「咖啡櫻桃」（Coffee Cherry）。如何將果肉與種籽分離，以及如何將種籽乾燥成易於保存的狀態，整個過程被統稱為「處理方式」。由於處理的過程對於咖啡豆品質以及風味的影響非常大，因此在購買咖啡生豆時，有時也會看到大大的處理方式級別字樣，以及其他關於咖啡生豆的細節標示。

1. 水洗處理法（Wet / Washed Process）：在咖啡豆乾燥之前，咖啡豆外面一層一層的外殼以及薄膜，都先被小心地、一步一步地脫除乾淨。這類水洗處理過的咖啡豆，杯中表現的品質較穩定，乾淨度、明亮度、酸度都較高。

2. 乾燥處理法（Dry / Natural / Unwashed Process）：整粒咖啡櫻桃連同種籽一起乾燥，之後再將乾燥後的種籽分離，通常都是以機器來進行這個脫除果皮、果肉的程序。乾燥處理的咖啡豆，杯中表現較不穩定，杯中表現有較明顯的果香，黏稠度也比水洗處理的咖啡豆來的厚重。

3. 精緻的半乾燥／半洗／黏膜天然發酵處理法（Semi-dry / Semi-washed / Pulped Natural Process）：是前兩種處理方式的折衷，將

摘下的咖啡櫻桃外皮脫除，留下果肉或是黏膜，再讓它們一起乾燥，之後再以機器脫除乾燥後的果肉。這種技術最早由巴西發展出來，現在在巴西被廣泛地使用，這種處理方式生產出的咖啡豆常有令人驚豔的表現，兼具水洗處理法的乾淨口感以及乾燥處理法的花果香氣。（譯注 4-1-1）

　　您可以在本書第 94 ～ 95 頁見到，關於這三種主要處理方式的圖解概述。了解這些處理方式的不同之處只是第一步而已。光是在水洗處理法中，就可以在各個環節裡做出不同的細微調整。

以下試舉幾個例子：

1. 在傳統的水洗處理法裡，咖啡豆外面包覆的黏膜，在進水槽用水洗掉以前，先用自然發酵的方式，讓黏膜自行鬆脫，之後再清洗完全脫除，這個程序就叫「發酵後水洗法」（Ferment-and-wash）。

2. 還有另一種水洗處理法，是跳過發酵的步驟，將黏膜直接以機器加水洗去除乾淨，這種方式稱作「機械式脫殼法」（Mechanical Demucilaging），或稱「水洗脫黏膜法」（Aqua-pulping）。

3. 另外，如果在發酵步驟中再加一些清水進來，那麼這個過程就叫「濕發酵法」（Wet Fermentation）。

4. 也可以不加水，讓咖啡豆在本身的黏膜中直接發酵，這個過程就叫「乾發酵法」（Dry Fermentation）。

　　肯亞以及衣索比亞出產的所有水洗處理咖啡豆，都是以濕發酵的方式處理；而大多數的瓜地馬拉咖啡豆則是採用乾發酵的方式處理。另外還有一種在發酵過程後再以清水洗一洗，但不將黏膜完全去掉，保留一部分的黏膜一起乾燥，用這樣的方式處理過的咖啡豆，會多出一些發酵味或是霉味，印尼蘇門答臘曼特寧以及其他以傳統半洗處理法的印尼咖啡豆都是以這種方式處理的。

　　濕濕的咖啡豆要用哪種方法弄乾？這個步驟也對一支咖啡豆最後的風味以及品質有很大的影響。普遍準則裡，是以天然日光曬乾的方式較機器烘乾為佳。但是與前面提到的發酵過程一樣，乾燥方式的選擇也是必須依現實的各項條件來做組合與調整，以達到最適當的結果。有些地方會將這兩種乾燥方式搭配使用，一部分用天然

注 4-1-1：另外在印尼蘇門答臘島等地發展的半乾燥／半水洗處理法，是屬於較粗糙的處理方式。在該種粗糙的半乾燥／半水洗處理法處理的咖啡豆裡，最著名的就是曼特寧咖啡豆。兩者之間最明顯的差異，可以從生豆的外觀瑕疵率高低判別出來：巴西生豆的外觀較整齊一致，瑕疵豆較少；而曼特寧生豆的外觀參差不齊，瑕疵豆比例極高。唯國人較偏好的曼特寧咖啡，其風味獨特性偏偏有非常多的部分是來自於瑕疵豆。

日曬，另一部分用機器烘乾。而單純講到使用機器烘乾的溫度，用低溫長時間烘乾比用高溫快速烘乾的效果明顯好很多。乾燥程序裡也有一些必須特別留心的處理細節，像是在天然日曬的過程中，夜晚時分會替帶殼咖啡豆蓋上一層防止露水或結霜的設施，最後的結果將會比完全沒做防護措施來得好。

種植環境條件與級別名稱的關係

最後，我們要認識的便是栽植海拔高度與咖啡級別之間的關係。在越高海拔生長的阿拉比卡種咖啡豆，其熟成的速度會比生長海拔低的緩慢，結出的咖啡豆密實度也會較高，杯中表現的酸度與複雜度也會較高。但在絕大多數的咖啡界認知通則中，生長海拔高度這項因素不見得是分級的絕對準則（當然，生長海拔只是影響咖啡杯中表現的諸多因素中的其中一項）。在墨西哥、加勒比海區、中美洲等地，與生長海拔高度有關的分級名稱皆不相同，有的名為「高地生長」（High Grown），有的名為「高海拔」（Altura，僅在墨西哥有如此稱呼）；以及在大多數的瓜地馬拉、哥斯大黎加咖啡採用的「極硬豆」（Strictly Hard Bean，是這類分級中等級最高的），因為越高海拔生長的咖啡豆，密實度或是硬度都會越高。

莊園或合作社名稱

隨著精品咖啡貿易日漸蓬勃，原產地的個別咖啡種植者與買家之間的關係也日趨緊密。由於買、賣雙方有了直接的交易關係，某些好咖啡就不再需要透過中間堆貨成批再一起出貨的程序。種植者可以直接將咖啡豆交到買家手上，再端到末端消費者面前，步驟已較過去簡化了許多。

對於以品質為考量的莊園主人來說，他們會將消費端合作伙伴們的各式風味需求列入莊園咖啡豆類別記錄中，以便利未來交易之用。英文中的莊園稱作「Estate」，或是規模較大的「Plantation」，以及規模較小的「Farm」，在西班牙文中則稱作「Finca」。有些咖啡莊園可能會有自己的生產處理設備，可以自行進行去果皮、果

肉、羊皮以及乾燥等等過程；規模較小的，也可以將咖啡果實送進合作社設立之公用處理設備來進行處理，以獲得水準整齊的咖啡生豆。不論是上述兩者中的任何一種，最後的買、賣階段都是由個別莊園直接對應到買家的交易，而非與同產區其他莊園產的咖啡生豆相混合販賣，在理論上來說，這個方式可以反映咖啡豆的種植情形以及後段處理步驟的穩定與否，並讓莊園可以自行確認品質。

在一些更小型咖啡農莊組成的合作社也能達到類似的穩定度。個別的小農莊透過合作社的特別機制與盤商或是烘焙商進行交易協商，不再像以往受層層剝削的待遇。這些合作社出產的咖啡豆，通常都會透過加入以環保或是與社會關懷有關的機關組織，來使種植咖啡的農民們獲得更好的收入。

不過也由於莊園概念的盛行，衍生出許多詐騙的手段，因為某些不肖莊園會把他們在其他地方種植的咖啡豆，標上自己旗下最出名的咖啡豆商標，以較高的價格出售。這現象使得以莊園商標名稱來行銷咖啡豆的方式面臨難題，因為有些不肖莊園寧可選擇以詐騙手段賺取暴利，也不願意真正去提升莊園咖啡豆的品質，這也使得其他正直誠實的莊園蒙受其害，因為行情會受拖累。

不過很幸運地，大多數體質健全的莊園不太會容易有賣假貨的情形發生。因為這些莊園通常會與盤商或是烘焙商合作處理他們的莊園咖啡豆，而盤商與烘焙商所要顧及的就是他們自己的商譽，偷雞不著蝕把米這種事，對他們而言是很划不來的。目前市面上已知有出現假貨的大多是一些高價的產區咖啡豆，像是只以牙買加藍山（Jamaican Blue Mountain）或是夏威夷可娜等產地名稱為標示的咖啡豆，比起單一獨立莊園或是獨立處理廠出產的咖啡豆還要難以追溯來源。

咖啡豆的水洗處理流程

　　將咖啡豆外的果皮、果肉、黏膜及羊皮去除的各個步驟，統稱為「處理程序」。本圖為傳統式的水洗處理法，是最常被用在處理精品咖啡豆的細緻處理法。

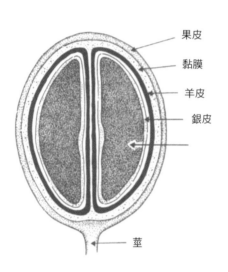

果皮

黏膜

羊皮

銀皮

莖

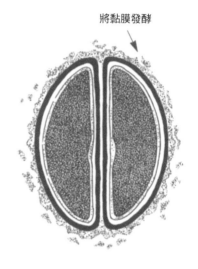

將黏膜發酵

1. 成熟的咖啡果實剖面圖：咖啡豆被外表一層層的黏膜、皮層包覆住，在水洗處理程序中，都會一層一層地被清除掉。

2. 去黏膜以及發酵階段：第一個處理階段就叫做「去黏膜」。在採收完咖啡果實之後，就必須將咖啡果實外表的果皮及果肉以機器脫除，此時便會見到黏呼呼的黏膜。這層黏膜將會以發酵的方式去除，將帶黏膜的咖啡豆置於開放式的水槽中，讓空氣中的細菌自然將其發酵。發酵過程中，黏膜層將會脫落，之後只要以清水沖洗便可將剩下的黏膜沖掉。

3. 將帶殼豆弄乾：經過去黏膜處理後，咖啡豆外表仍有一層羊皮與一層銀皮包覆著，這時就要把帶殼的咖啡豆弄乾，通常會以天然日曬（在大陽臺上曬）或是用機器烘乾兩種主要方式。這個階段的咖啡豆就稱作「帶殼豆」。

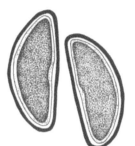

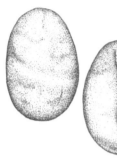

4. 打磨：最後，外層的羊皮以及銀皮變得乾燥易碎，就可以使用打磨機器將它們脫除乾淨，這個步驟就叫作「打磨」。但是在打磨之後，仍會有少許較頑強的銀皮黏附在咖啡生豆表面，不過不要緊，這些零碎的小皮屑將會在烘焙的階段脫離咖啡豆表面，變成另一個惱人的問題——飛散的銀皮。有時候，為了將銀皮去除得更乾淨，一些咖啡農還會將打磨過的咖啡豆再增加一道「拋光」的手續。

其他處理方式：

乾燥處理法：在採收過後，整顆咖啡果實立即進行乾燥程序。最後乾巴巴的果皮、黏膜層以及羊皮、銀皮等，都在最後的打磨階段一次清除掉。

半乾燥／半水洗處理法：與水洗處理法相同之處是，咖啡豆的果皮在一開始必須以機器先行脫除，但是跳過了水洗處理的去黏膜、發酵程序，讓帶有黏膜的咖啡豆直接進行乾燥程序，乾燥完成後再以機器將這三層外皮脫除。

處理的方式會影響到風味以及咖啡生豆外貌：以水洗方式處理的咖啡生豆，外觀較為整齊，杯中表現的風味以及香氣通常較清澈、穩定，酸質較為明亮；乾燥處理及半乾燥／半水洗處理的咖啡生豆，則有較高比例的斷裂豆，杯中表現的風味較不穩定，通常有著較高的複雜個性，這就是咖啡豆是連著果皮或是果肉一起乾燥的結果。

認證標記名稱或是其他種類的標記名稱：

　　隨著生產地咖啡農與購買地的烘焙商、盤商關係日漸緊密，因此出現了許多各式各樣與咖啡生產有關的或是以生態保護為行銷重點的專案計畫，希望能將這個逐金錢而存的高經濟農作物對環境造成的破壞降到最低。事實上，這些專案計畫都會教育消費者多花一點錢來購買咖啡豆，為生產國的人民出點力，讓他們能獲得更好的收入，或是將這些錢拿來協助環境保護的工作；這一類具有特殊目標的咖啡豆通常是經由國際認證單位頒發資格，只要種植者達到了健康、環境保護或是社會經濟等等規範，就授予種植者認證合格的資格。另外也有一些非認證的咖啡農莊，他們與消費國的烘焙商之間有著長期的合作伙伴關係，可以保障農民的收入。

以下是幾種認證的專案計畫：

1. **有機認證咖啡豆**：有機認證咖啡豆（Certified Organic Coffees）能確保買方拿到的咖啡豆在種植、運送、儲存、烘焙的過程中，都沒有使用化學合成的或是人造的添加物。

2. **蔭栽認證、親善鳥類計畫咖啡豆**：咖啡豆除了合乎有機的栽種方式之外，同時又與多種類的樹種交叉種植，使得咖啡園內也能有讓鳥類棲身之處，此時這種咖啡豆就有可能另外獲得由 Smithsonian 研究機構候鳥研究中心所頒發的「親善鳥類計畫」（Bird Friendly）的認證標記。

　　而蔭栽認證（Certified Shade-Grown）的咖啡說明起來就有點複雜了且其認證標準目前尚有爭議，目前以「遮蔭」關聯緊密度來說，可以粗略地將所有的咖啡分成四大類別：其中真正名副其實的蔭栽咖啡豆，必須是在咖啡園中與其他各種不同種類的樹種、作物交叉栽種，且看起來就像一個小規模的森林保留區，咖啡樹在其中扮演的角色就是整個林蔭階梯中間的樹種。但是目前主流的精緻阿拉比卡咖啡樹，都是被「安排好」種在特定的樹蔭底下，就好像在公園裡的花草樹木都會預先規劃好種植的位置一樣，這些咖啡樹都被小心地種在特定的單一樹種樹蔭之下。第三種其實在實際上完全沒有任何其他樹蔭遮蔽，而是因為天然環

境條件的相對優勢所致，其中一個可能就是種植區域有相對較厚的雲霧遮蔽（像是牙買加藍山地區），或是在半乾旱的地區（像是葉門），或是在離赤道相對較遠的涼爽氣候類型（像是巴西或是夏威夷）。不論是其中哪一種，其實都跟「蔭栽」的概念有點搭不上線。第四種則是靠人工技術栽培的方式，像種植在廣大、貧瘠土地上的玉米田一樣，咖啡豆也被種植在這種環境裡，完全不受遮蔽，目前世界上這類完全由人工技術栽培的咖啡園非常罕見，但是若是國際咖啡價格再這麼低迷下去，這類的咖啡種植方式可能就會越來越常見。

　　環境學家們最支持第一類的不同樹種交叉蔭栽，因為這種種植方式不但可以為咖啡樹提供天然、濃密的遮蓋，還能提供給候鳥以及其他野生物種棲息之處，進而減低化學肥料的使用量。蔭栽認證的咖啡豆最常見於中美洲，這是由於這個地區自古以來就一直使用這種方式種植咖啡樹。

3. 公平交易認證咖啡豆：公平交易認證的咖啡豆（Certified Fair-Trade Coffees）一般都是出自以民主化經營方式的咖啡合作社。合作社給予會員咖啡農「保證收購價」的保障，這個價位是由

左圖為十九世紀拉丁美洲地區的咖啡生豆倉庫示意。倉庫必須要具備以下條件才算良好的存放場所：夠暗、陰涼（在熱帶地區能夠達到的最涼爽程度就是了），另外還必須乾燥。此外，稍微提示一下，圖中數著袋子數量的那個人就是老闆。

右圖為各式咖啡豆麻袋上的標示圖樣。一般來說，這些標示裡的文字，也就是我們在生豆進口商的供應單上，或是咖啡館飲料單上的咖啡豆產區及品名。在本圖中大多數的標示圖樣，是二十世紀較早期的哥倫比亞咖啡豆商標。一般都是出口商的商號、商標名稱（如 Medellin、Armenia），以及等級名稱（如 Excelso 級）等三種名稱結合起來。圖中也有來自蘇門答臘的（商標名稱為 Mandheling，即曼特寧）、來自衣索比亞的（Djimma 或是 Longberry Harrar）、來自委內瑞拉的（Merida），以及許多來自巴西 Santos 產區的咖啡豆標示圖樣。圖中僅有兩例在標示圖樣中，有載明咖啡樹的植物學樹種名稱，像是口味最為人稱道的波旁種（Bourbon），或是由波旁種衍生出的其他樹種。

國際公證單位制訂出來的。從消費者口袋中付出購買公平交易認證咖啡豆的錢，有一部分是用在消費國家推廣「公平交易」觀念的宣導活動上，但是大部分的錢則是直接進到咖啡種植者的口袋裡。幾乎所有的公平交易認證咖啡豆，都同時具有有機認證或是蔭栽認證的多重認證資格。因此，對於環境、社會有使命感的咖啡愛好者來說，公平交易認證咖啡豆是最佳的、最具正面意義的購買選擇。

4. **生態維持認證咖啡豆：** 這是由雨林聯盟（Rainforest Alliance）所頒發的認證標記（Certified Eco-OK Coffees）。要獲得這種認證標記，必須在種植至打磨等各處理階段中，都符合眾多項目的環保要求，像是栽種園區內野生動物的多元性、零污染的處理過程、減用或限制使用人工化學肥料，以及與咖啡農、工人生計相關的種種社會、經濟規範。

5. **生生不息計畫的咖啡豆：** 在美國精品咖啡協會中，有許多相關機構正在醞釀一個大型的專案種植計畫（"Sustainable" Coffees）。涵蓋範圍包括環境、社會、經濟等等議題，並以能夠持續不枯竭地讓所有資源生生不息為目標。但在筆者下筆之時，這個計畫尚未付諸實際執行，不過筆者確信這個計畫在不久的將來一定會有開始的一天。

6. **合作伙伴關係出產的咖啡豆：** 消費國的烘焙商，通常會與生產國的咖啡合作社形成一個合作伙伴的關係（Partnership or Relationship Coffees）。這意味著在消費國裡因為販賣出咖啡豆而賺進的所得中，會有固定百分比的利潤直接回饋給生產國的合作社或是咖啡農。也有一些烘焙商會將收益的部分捐到 Coffee Kids 機構，該機構專門資助拉丁美洲咖啡生產國的各項專案計畫。

「具特殊目標咖啡豆」與咖啡愛好者之間的關係

在家烘焙咖啡豆的朋友們，假使也想要以關懷環境、社會、經濟等等為出發點的觀念選購咖啡豆，除了購買這些有特殊目標或有認證標記以外的咖啡豆，還有什麼其他的選擇呢？

對於在家烘焙咖啡豆的朋友來說，最大的考量因素就是這類的咖啡豆選擇性實在太有限，當下具有有機或是公平交易認證的咖啡豆大多來自拉丁美洲（特別是來自祕魯、墨西哥以及中美洲），即使到了這些產區，咖啡豆的選擇性也非常有限，更何況全世界最受推崇的咖啡產區是完全沒有任何認證的（比方說：肯亞咖啡豆大多是由小規模咖啡農莊集結而成的咖啡合作社所出產，不過肯亞這個產區是完全沒有「公平交易認證」這種標記的；而在衣索比亞的哈拉爾（Harrar）地區以及葉門地區，種植過程中完全沒有使用化學肥料，但也沒有「有機認證」標記的咖啡豆。

上面這段只是一個破除認證迷思的觀念，不過從實際經驗得知，許多公平交易或是有機認證的咖啡豆都具有非常不錯的品質。最好的例子就是筆者在 2001 ～ 2002 產季，杯測到表現最好的兩支咖啡豆（一支來自尼加拉瓜，另一支來自祕魯），便是有機與公平交易認證的咖啡豆。但就現況而言，要讓在家烘焙咖啡豆的朋友們，都有興趣研究這些認證專案背後的歷史、涵蓋範圍以及複雜的內容是有一定的困難度的，因此在家烘焙者絕不可能只購買認證咖啡豆來烘焙。

咖啡樹種名稱

幾乎所有有著最佳風味表現的咖啡，都是阿拉比卡種（譯注 4-1-2）的咖啡豆。但是阿拉比卡種又可細分為不同的類別，且各類別咖啡樹結成的咖啡豆也不見得全都很美味。想想看：光是蘋果就有那麼多類的分別，又好比釀葡萄酒的品種一樣，卡本內—蘇維濃、黑皮諾、夏多內等各有千秋。因此我們毋須質疑，不同樹種類別也是影響風味差異的其中一項因素（其他因素為氣候、土壤、生長海拔以及處理方式）。植物學家們通常會將人工培育的品種與天然產生變異的品種視為兩個不同的類別。另外每個大類別底下，又還要細分為許多由某一品種衍生出的變種、亞種近親，這些近親通常在風味上會有特別相似之處。而另一方面，咖啡專業人士則是不管其間的差別，將這三類統稱為「樹種」，而筆者也依循這個慣例，

注 4-1-2：生物學裡「界—門—綱—目—科—屬—種」中的「種」（Species），咖啡在植物學中，是「茜草科—咖啡屬」。

在本書中沿用這種稱呼。

精品咖啡的世界目前才剛開始以「樹種」的不同來行銷咖啡豆，我們最常會見到的便是「A 莊園裡的咖啡樹有 Bourbon 以及 Typica 兩個品種；B 莊園裡的咖啡樹則有 Caturra 以及 Catuai 兩個品種」之類的描述。不過通常我們在飲用咖啡時，也很難去猜測現在喝到的這一杯，到底是由阿拉比卡種裡的哪些樹種結出的咖啡豆。

在咖啡的世界中，對於樹種這件事存在著兩極化的觀點：對於精品咖啡愛好者與傳統型咖啡愛好者來說，「老樹種阿拉比卡咖啡豆」自然是受到極大的愛戴與推崇；不過對於科學家、咖啡農、咖啡產國的政府主管人員來說，通常具有較高產能的「新樹種阿拉比卡咖啡豆」較受到這些人的擁護。

1. **老樹種或是物競天擇產生的自然進化樹種（“Old” or Selected Varieties）**：事實上，所謂的「老」樹種也並非真的很老，只是老樹種會有自發性的演化。大自然神祕的力量致使這些自然進化的變種咖啡樹在某一天就突然地出現在某個莊園裡，而人則蒙受上天福澤蔽蔭，只需要將這些變種的咖啡樹結出的果實種籽特別挑選出來保存並繼續繁衍，其中幾種最有名氣的像是衣索比亞以及葉門地區的摩卡種（Moka 或是 Mocha）、目前正紅遍整個拉丁美洲咖啡產國的帝比卡種（Typica）及波旁種（Bourbon）、加勒比海區的藍山種（Blue Mountain）、印尼地區的蘇門答臘種（Sumatra）。但其中有一種最強悍的自然變異樹種，就是象豆樹種（Maragogype），該樹種於西元 1870 年左右首先出現於巴西地區，這個樹種結出的咖啡豆非常大顆，但是平均每棵樹的產能較低。

而較近期的自然變異樹種則有西元 1920 年才出現的蒙多諾渥種（Mundo Novo）、1935 年出現的卡杜拉種（Caturra）、以及卡圖艾種（Catuai）。其中卡杜拉種因其收成期較短以及產能高的優勢，普遍受到中美洲咖啡產國的歡迎；與傳統的老樹種相比（像是帝比卡種），卡杜拉種的咖啡豆風味較為簡單、單純而直接，但是卡圖艾種的風味則較複雜，杯中表現的畫面呈現也較為完整。

2. **新樹種或是改良品種**（"New" or Hybrid Varieties）：對於一些假內行的人來說，這話題是被拿來跟改良實驗的科學家大吵一番的。新樹種其實就是刻意以人工混種的方式發展出的新品種咖啡樹，像在東非地區最有名的 SL-28 樹種，就是以其極佳的杯中表現風味而著稱。不過，在哥倫比亞、巴西、印度以及肯亞等地區也發展出一些抗病性更高或是環境耐受度更好的新品種咖啡樹，這些優點都必須借助其他「種」咖啡樹（通常是用羅布斯塔種）的基因才能完成。

但在新樹種這個範疇裡，唯一有爭議的焦點就在於有否掌握風味口感上的表現。有許多的咖啡買家宣稱，這些新樹種的產量大，可以讓咖啡豆的生產量不致下滑太多，而使咖啡農蒙受產量的損失，但是唯一賠上的就是咖啡豆的杯中表現品質。但是，當然也會有持相反立場的咖啡產國政府當局提出反駁，他們認為基於新樹種對生態環境的保護以及經濟上的考量，犧牲掉一些杯中表現的品質也無可厚非。

在所有的改良樹種當中，最為人所嫌惡的莫過於有著羅布斯塔種血統的卡帝莫種（Catimor），其杯中表現與傳統的各種樹種相比，很明顯地平淡、單純許多；不過也是有例外的，像在印度（Kent 肯特種）及哥倫比亞（Variedad Colombia 變種哥倫比亞）地區以人工技術混種的新樹種，其咖啡豆就有著較為複雜的杯中表現，與傳統樹種幾乎難以分別。

3. **後記**：比起前兩項更令人困擾的，便是基因改造的咖啡樹種（Genetically engineered）。比方說在夏威夷某私人研究室，正在研發一種打從生長期開始就不會有咖啡因的樹種；另外也會有研發一種讓所有咖啡果實同一時間成熟的樹種，以便利縮短採收期。我們還在觀望這些基因改造的咖啡豆，要到哪一天才會被批准使用。約翰·史戴爾斯（John Stiles，負責無咖啡因樹種實驗的研究員）指出，他只有將咖啡樹中負責產生咖啡因的基因逆轉。除此之外，所有其他會與杯中表現、風味等等對應的基因都完全不受影響。假使有一天，這種基因改造的無咖啡因咖啡豆真的出現

在市面上，只要我們有所耳聞，便可能可以拿到這種咖啡豆，而關於杯中表現與風味特性這類的議題，自有一群人可以做客觀的公斷；不過，老話一句，基因改造實驗對於環境的影響一直爭論不止，目前還輪不到我們來做這些嘗試。

最後的挑戰：加上烘焙深度名稱

在此還要提醒各位讀者：您在咖啡館內所見到的包裝咖啡豆、咖啡粉，上方標示也有可能包含有烘焙深度的名稱。大多數的單品、未經調配混合過的咖啡豆，各種烘焙深度都有可能看得到，因為不同的咖啡烘焙廠認定的「一般口味」都不太一樣；不過若您拿到一款單品豆，其烘焙深度與出自同一烘焙廠的其他咖啡豆還要深或淺一些，此時標示中就會同時出現單品豆名稱與烘焙深度名稱（例如：Sumatra Mandheling Dark Roast，深焙—蘇門答臘—曼特寧）。因此，在理論上說來，您在購買咖啡豆時，是有可能看到如下的標示名稱的：哥斯大黎加—塔拉珠—拉米妮塔莊園—水洗處理—極硬豆—法式烘焙（Costa Rican，產國名；Tarrazu，產區名；La Minita Estate，產莊名；Washed，處理方式；Strictly Hard Bean，等級名；French Roast，烘焙深度）。不過一般而言，像這麼長又囉嗦的標示名稱是很少見的，因為這樣長的文字描述反而有可能讓顧客們望之卻步，反而降低了銷售率。

快速瀏覽全球的咖啡帶

為了要讓各位讀者都能真的「快速瀏覽」過這一個部分，筆者建議各位能再詳讀第三章的風味品評專用術語（第 66 ～ 69 頁），特別要注意酸度（Acidity，在中度烘焙下，一支咖啡豆帶來的乾、明亮的感受）、黏稠度（Body，某一支咖啡豆帶給品嘗者舌頭的厚重度感受）、產區或是樹種的風味差異（Regional or varietal distinction，在中度到深度烘焙之間的咖啡豆，能讓人清楚分辨咖啡豆產地的主要風味特性）等等。

經典的拉丁美洲及夏威夷州咖啡

Classic Coffees: Latin America and Hawai

來自拉丁美洲以及夏威夷州的咖啡豆，其中表現最好的會有著飽滿的黏稠度、明亮的酸度，以及乾淨、通透的杯中質感。北美地區咖啡愛好者特別鍾愛這類型的咖啡風味表現。

這類咖啡最受人喜愛的就是它們均衡卻又強烈的風味表現：各種味道都非常地強烈，酸質明亮到會跳動、黏稠度飽滿、風味複雜度極高，這是由於它們都生長在較高海拔的地區，不過在具有某些氣候條件的地區也能模仿這種風味表現：像是緯度較高處、雲霧遮蔽條件良好、穩定的濕度條件等等。

其他地區的經典型咖啡種植海拔可能相對較低一些，或是因為種植環境條件而會長出風味較為柔軟、甜度較高、酸質較清新明亮、黏稠度較清淡的咖啡豆。

經典的拉丁美洲及夏威夷州咖啡豆的明亮度以及清澈度表現，主要是採用水洗處理的緣故；幾乎所有的拉丁美洲及夏威夷州精品咖啡豆都是採用水洗處理。其中只有巴西是例外，巴西採用改良過的乾燥、半乾燥處理法來處理咖啡豆。

名氣響亮的經典咖啡 The Big Classic

質普遍來說，產自哥斯大黎加、瓜地馬拉、哥倫比亞等地的精品等級咖啡豆都是屬於「名氣響亮」的經典咖啡：有著飽滿的黏稠度、帶有連綿不絕餘韻的濃郁酸質。

最好的瓜地馬拉咖啡豆以其詭譎又深邃的複雜度著稱，而其主要的競爭對手哥斯大黎加咖啡豆，則是以強勁卻又清澈如風鈴般的酸質取勝。造成這種差異的主因大概就是咖啡樹種的不同：哥斯大黎加地區的咖啡樹是以新樹種卡杜拉為主，而瓜地馬拉則是以老樹種的帝比卡及波旁種為主。

哥倫比亞咖啡豆一向以其表現穩定聞名，主要歸功於哥倫比亞咖啡聯盟（Colombia Coffee Federation，跨越哥國全境的超大型咖啡合作社，轄內有數萬個小型咖啡園）的強勢領導政策，目前該聯

盟資助其中一項目前世界上最複雜的咖啡研究計畫，有著世界最先進的咖啡農社會及經濟援助系統，最近又發展出全球最成功的咖啡豆行銷計畫；這個計畫有一個專用標誌，就是哥倫比亞咖啡之父胡安‧法爾德茲（Juan Valdez）以及他那如影隨形的驢子。大規模、效率又高的聯盟組織確保國際買家們都能買到典型乾淨口感、無瑕疵，酸質的表現從強勁到帶甜的果實味都有，黏稠度的表現則是從中等（Medium）黏度到飽滿（Full）都有。一般較為大宗的哥倫比亞咖啡豆都只以等級名稱出售，不是特級（Supremo，豆粒最大），就是優選級（Excelso，豆粒相對稍小一些），雖然哥倫比亞咖啡豆有著出人意表的穩定表現，但若從特定的批號來區分，就可以發現風味特性以及品質上的差異性，拿到的哥倫比亞咖啡豆好壞與否，就必須要仰賴盤商的口感以及杯測技術了。

另外還有一些較小宗的哥倫比亞咖啡豆，經由私人貿易商與國際買家交易，這些咖啡豆不是在私有的打磨處理廠處理，就是加入聯盟的精品咖啡專案計畫。這些小宗咖啡豆與只有特級與優選級之分的大宗咖啡豆相比，多出了大產區名、小產區名、處理廠名等等商標名稱，且在杯中表現上也與大宗咖啡豆有些微不同之處，比方說小宗咖啡豆的酸質從極酸到柔順帶果香味的酸都有。有某些出口商或是單一莊園在行銷時會特別強調他們銷售的咖啡豆樹種來源，像是波旁種以及帝比卡種這兩大老樹種，在哥倫比亞聲望最高。

加勒比海地區的經典咖啡 The Caribbean Classic

加勒比海地區中最好的咖啡豆有著非常強有力的尾韻，但一般而言卻是較為低沉的特性，它們的酸度通常較深沉、甜度不錯，尾韻綿長又飽滿。像是波多黎各、牙買加、多明尼加以及委內瑞拉沿海等等產區中最好的咖啡豆，都是屬於這個類別。

其中，牙買加藍山咖啡是加勒比海地區經典咖啡豆中的最佳代表。它有著密集又圓潤、均衡飽滿的杯中表現，但是很不幸地，這個特質現在已經很難找到了，因為近來有些業者採用了投機的處理方式，並將較低海拔生長的咖啡豆與高海拔豆相混雜，降低了原

本應有的水準，這使得牙買加藍山變得越來越不足以稱奇，甚至不值得我們再掏出比其他精品咖啡豆多出三到四倍那麼多的銀子來購買了。但是，筆者也不是全盤否定牙買加藍山的價值，實際上仍有幾個單一莊園偶有佳作出現，維持住牙買加藍山的名聲，像是著名的老客棧莊園（Old Tavern Estate）以及 R.S.W. 三莊園（R.S.W. Estates），若您想尋找傳說中牙買加藍山的特質，在這兩家莊園咖啡豆裡尋得的機會較大一些。最近一次由筆者親身杯測到的老客棧莊園牙買加藍山咖啡，表現異常突出：風味濃郁、深沉、甘甜，口感圓潤又飽滿。相對而言，名氣響亮的華倫福莊園（Wallenford Estates）就有點名過其實了，因為現在打上華倫福莊園名稱的藍山豆，僅代表是由該莊園的單一處理廠處理的，將同樣的咖啡櫻桃送往其他政府經營的處理廠處理其實也不會有什麼差別，因此華倫福莊園的名稱在市場上不具有參考意義。

另外，順便提醒各位不要白花冤枉錢，買到「藍山式風味」（Jamaican Blue Mountain Style）或是「藍山調和配方」（Jamaican Blue Mountain Blend）等等咖啡豆，前者是完全不含一粒真藍山咖啡豆的，後者則是只含有非常低比例的正牌藍山咖啡豆。

波多黎各咖啡豆近來由於人工成本昂貴，加上咖啡豆內需提高的緣故，因此在最近數十年來，由咖啡豆出口者的角色轉變為進口者的角色。不過目前在美國本土仍然可以找到某些精品波多黎各咖啡豆的蹤跡，最近幾年來最具盛名的就是以克勞杜蒙（Clou du Mont，山峰之意）這個商標出口的咖啡豆。表現最佳的波多黎各咖啡，具有所有優質加勒比海經典咖啡應該具備的特色：甘甜、黏稠度飽滿、圓潤、餘韻深遠綿長。

另外在多明尼加（Dominican Republic，又稱 Santo Domingo，聖多明哥）以及委內瑞拉（Venezuela）沿海產區也有出色的加勒比海經典咖啡豆。而海地（Haiti）雖然也產咖啡豆，品質也還不錯，不過通常會帶有一些霉味或是其他明顯的缺陷風味所影響。總而言之，海地的處理技術以及乾燥方式都還有待加強。

溫和型的經典咖啡 The Gentle Classic

　　好的巴拿馬、薩爾瓦多、宏都拉斯、尼加拉瓜、祕魯以及墨西哥咖啡，其酸質通常是活潑的，不會太過強烈，風味也較為圓潤。這些咖啡豆與生俱來較佳的甜度，使得它們在義式濃縮配方的深度烘焙表現中特別稱職；對於喜愛純飲黑咖啡、不加糖或鮮奶油的咖啡愛好者來說，它們溫和的酸質顯得特別迷人。祕魯咖啡中表現最好的情況下會有非常圓潤的黏稠度與類似糖漿的甜度；而尼加拉瓜咖啡中，表現最好的則會有風味濃郁到飽滿等差別；薩爾瓦多咖啡則是黏稠度清淡、甜度佳、飲用起來很輕鬆愉快無負擔；精品的巴拿馬咖啡有時還會表現出溫和的花果香調調。

夏威夷地區的經典咖啡

　　對於大多數人來說，夏威夷地區的咖啡豆通常給人價格過高、過度宣傳的印象。不過表現最好的夏威夷莊園級可娜咖啡豆（Hawaiian Estate Konas）有著非常強勁的風味表現，酸質也非常濃郁，這是造就夏威夷經典咖啡不可或缺的重要特質。若沒有這項特質，即便是掛著可娜咖啡的名號，充其量也不過是很接近一般拉丁美洲的經典口感而已：甘甜、酸度溫和、中等黏稠度、較不明顯的花果香味調調。購買夏威夷可娜咖啡時，與購買牙買加藍山咖啡一樣，都必須留意不要買到「可娜式風味」（Hawaiian Kona Style）或是「可娜調和配方」（Hawaiian Kona Blend）之類的咖啡豆。

　　在夏威夷州的其他咖啡產區出產許多優質的好咖啡豆，不過其生長海拔通常較低一些，風味上也較為溫和柔順，也是不錯的經典選擇。其中以水洗處理的「馬魯拉尼莊園」（Malulani Estate），以及來自摩洛凱（Molokai）島上夏威夷咖啡莊園（Coffees of Hawaii Estates）以乾燥處理的摩洛凱穆雷斯金納咖啡豆（Molokai Muleskinner），是最具特色的兩支咖啡。它們各自展現出有趣的風味差異性，從香料味（Spice）、巧克力味（Chocolate）到煙草味（Pipe tobacco）都有。而產自卡瓦伊島上卡瓦伊咖啡公司（Kauai Coffee）出品的咖啡豆，尤其是卡圖艾（Catuai）樹種的咖啡，杯中風味表現細緻

又詭譎多變化。

夏威夷州的咖啡豆，對於精品咖啡愛好者來說還具有「容易取得性」的優勢。在夏威夷的咖啡農們開始仿效二十年前釀酒人對於加州葡萄酒的專注精神，他們將咖啡莊園與觀光旅遊結合，使得莊園更與人親近；此外，莊園主人們對於自家種植的咖啡豆，有著極為詳盡的相關資料，包括咖啡樹種名稱以及詳細的處理過程等等。但是不論如何，筆者提醒各位，一支咖啡豆好不好，在杯子裡的表現最誠實，而不是靠印刷精美的小手冊來判斷的。

巴西的經典咖啡 The Brazilian Classics

在巴西這個產國裡，可以見到各式各樣的咖啡豆處理方式，也可以見到非常多元化的咖啡樹種。時至今日，筆者終於能將巴西咖啡豆大致分為三大類來介紹了：

1. **商業化的咖啡豆**：包括大量經過粗製濫造的阿拉比卡種咖啡豆，以及少部分在巴西種植的羅布斯塔種咖啡豆。在家烘焙咖啡豆的朋友們可以直接將這類的咖啡豆排除在收藏名單之外。

2. **以聖多斯為出口商標名稱的良質商業化咖啡豆**：在咖啡交易中通常以「Santos 2/3, good to fine cup」這個品項名稱列出的咖啡豆，經過較仔細的挑選與乾燥處理法，最適合喜愛調配義式濃縮配方豆的在家烘焙者使用。這類的咖啡豆通常都具有中度到飽滿的黏稠度、甘甜、圓潤，但是與其他以水洗處理法生產的其他咖啡產區咖啡豆比起來，這類咖啡豆的風味顯得豐富許多。

3. **巴西精品咖啡豆**：這類咖啡豆以莊園名稱及處理方式名稱標示來銷售。有黏度較清淡、酸質較明亮、口感溫和的水洗處理咖啡豆；也有黏度更圓潤、風味更飽滿的乾燥／天然處理法咖啡豆；也常常有出人意料之外表現的半乾燥處理法，或是黏膜天然發酵處理法咖啡豆，這種咖啡豆通常會帶有細緻的花果香調調，伴隨著甜味一起出現。就像在拉丁美洲的其他咖啡產國一樣，波旁種的咖啡豆一向都是最受喜愛的，因為這個老樹種結出的咖啡豆有著最宜人、最複雜的風味表現，但是一些較新的自然演進變異樹種如

蒙多諾渥種（Mundo Novo）以及卡圖艾種（Catuai）也是有非常不錯的杯中風味表現。

異國風情咖啡：東非及葉門咖啡
Romance Coffees: East Africa and Yemen

產自東非、亞洲、馬來群島（印尼、帝汶以及新幾內亞）的咖啡豆，是除了拉丁美洲及夏威夷州等經典咖啡以外的好選擇，為咖啡世界帶來另一股異國情調。

東非地區以及隔紅海遙望的葉門出產的咖啡豆，有著全世界最具產區特色的風味特性：活潑又撲鼻的花香、果香、紅酒般的風味，以及濃郁的酸質。東非地區的咖啡風味特性範圍很廣，從乾燥處理的衣索比亞哈拉爾摩卡（Ethiopian Harrar）、葉門摩卡（Yemeni Mocha）的莓果風味及野性風味，到水洗處理、有著乾淨花香以及柑橘風味的衣索比亞西達莫（Ethiopian Sidamo）、耶加雪菲（Yirgacheffe）以及口感較乾澀如紅酒的肯亞（Kenya），類似的果香與紅酒質感也可以在一些品質優良的辛巴威（Zimbabwe）及烏干達（Uganda）咖啡中喝到。但是也有例外的，像是以水洗處理的坦尚尼亞（Tanzania）、尚比亞（Zambia）、盧安達（Rwanda）以及馬拉威（Malawi）咖啡豆，其風味較為柔軟、飽滿、黏稠度圓潤，還有一些不知道如何描述的特性。

對於在家烘焙咖啡豆的朋友們來說，東非地區最佳的入門豆種就是肯亞的咖啡豆。肯亞咖啡產業時常生產大量、質優的咖啡豆產品，且相對於其他地區來說，肯亞的咖啡生豆較易於取得。肯亞咖啡豆是東非地區風味強勁的典範：微澀感緊接著帶出如勃根地紅酒般的酸質、中等黏稠度但是風味濃郁，有時還會帶有莓果味的調性。

衣索比亞則是阿拉比卡樹種的原生地。在衣索比亞的咖啡豆中，您可以找到世界上最豐富的風味變化性，幾乎世界上每一種咖啡豆的風味，或多或少都可以在衣索比亞咖啡豆裡找到。

每當我杯測完一支肯亞咖啡豆，就會很習慣地把一支乾燥處理

的衣索比亞咖啡豆放在它後面測試。講到這兒，筆者認為衣索比亞的哈拉爾區（Harrar）出產其中一種全世界最具產區風味特色的咖啡豆（在台灣稱作哈拉爾摩卡），這種咖啡豆風味特徵中最明顯的就是在濃郁、複雜度高的香甜水果酸味之後，一股密集的藍莓味爆發在味蕾之間。除了哈拉爾摩卡之外，衣索比亞的耶加雪菲或許應該是第二種最具特色的咖啡豆了，這支幾近無瑕的水洗處理咖啡豆，杯中表現一開始會有一般東非地區咖啡豆具有的強勁乾果及紅酒調調，之後轉變成上揚的、令人眼睛為之一亮的花香味，還有一股令人非常舒服的檸檬味。其他產自於衣索比亞偏南方的產區的水洗處理咖啡豆如利姆（Limu）或是水洗西達莫，風味的獨特性就不太豐富，表現最好時頂多是類似耶加雪菲的特徵。

　　而在較為柔軟、圓潤型的東非咖啡來說，筆者推薦各位從尚比亞出產的莊園咖啡豆入門，這種咖啡令人神往之處就跟加勒比海地區的咖啡一樣，有著香甜、柔軟，卻又迴盪不絕的深沉韻味，有時還可以隱約喝到較不明顯的莓果味。

　　最後有一點筆者必須先澄清：在英文中，對於衣索比亞以及葉門兩個產國的各個產區名稱有非常多版本的拼字型式，光是摩卡這個字，拼法就有 Mocha、Mocca、Moca 或是 Moka；而哈拉爾摩卡則有 Harrar、Harer、Harar、Harari 等拼法；季馬摩卡則是 Jimma、Djimah 或是 Jima；金碧摩卡拼作 Gimbi 或 Ghimbi；耶加雪菲拼作 Yirgacheffe 或 Yrgacheffe。

異國風情咖啡：印度、印尼以及新幾內亞咖啡
Romance Coffees: India, Indonesia, New Guinea

　　從印度東南部開始延伸出去到印度洋、印尼的蘇門答臘島（Sumatra）、蘇拉威西島（Sulawesi）、爪哇島（Java），直到新幾內亞島（New Guinea）這一整個新月形的咖啡產區，其中阿拉比卡種的咖啡豆主要分成兩大類不同的異國風味：

1. 風味濃郁中又具有深沉詭譎的感受，厚重、久久不散的黏稠感，以及帶點粗糙缺陷的風味調調。會有這種風味特性，有一部分的

原因就是在於較不講究的傳統處理法以及乾燥法，如在印尼、帝汶（Timor）以及巴布亞新幾內亞地區較傳統、落後的地區，都出產這一類的咖啡豆。

2. 中等黏稠度、香甜、有時會有著明亮的水果風味以及花香味的水洗處理咖啡豆，通常在印度、蘇門答臘島北部、爪哇島，以及巴布亞新幾內亞，都出產這一類的咖啡豆。

處理方式與亞太地區咖啡豆的關係： 在亞太地區的新月形咖啡帶中，可以找到全世界最多的不同種類咖啡處理方式。先行了解這些處理方式會帶給咖啡豆什麼樣的影響，將更有助於決定要購買的咖啡豆種類。

幾乎在所有亞太地區的咖啡產國中，都可以找到由咖啡農自行以粗糙處理手法製作出的咖啡豆，也可以找到由較大型磨坊，以精細的水洗處理法製作的咖啡豆。

由小規模農莊自行以粗糙處理方式製作的咖啡豆，不論是來自蘇門答臘島的曼特寧咖啡（Sumatra Mandheling）、林東咖啡（Lintong），來自蘇拉威西島的塔拉加咖啡（Sulawesi Toraja）、卡洛西咖啡（Kalossi），來自東帝汶的咖啡，或是來自新幾內亞的 Y 級咖啡豆，都有以下類似的風味特徵：厚重的黏稠度、低而不明顯的酸質，還有一些難以預料到的缺陷風味調調（像是討人厭的霉味，有時也會有迷人的酒釀水果風味，或是皮革味、帶甜的煙草味，或是帶甜的土壤味等等）。雖然這些出自小規模咖啡農的咖啡豆，也是用簡單的水洗方式處理的，但出口商通常會將這類咖啡豆標示為「天然處理法」或是「非水洗式處理法」等品名，以便與經過制式標準程序水洗處理的同產區咖啡豆區隔開來。

而經過制式水洗處理的咖啡豆，通常都是集中在一個大型的磨坊（即處理廠，與肯亞以及衣索比亞南部的磨坊類似），有著中等的黏稠度、非常宜人的花香以及上揚的水果香氣調性；另外在酸質的部分，從強勁、濃郁的新幾內亞咖啡豆，到會逐漸擴散的、溫和的印度水洗處理咖啡豆（或是介於以水洗處理的蘇門答臘北部與爪哇咖啡豆之間的酸質）。

對於剛開始接觸在家烘焙咖啡豆的朋友來說，購買咖啡豆時常會有著類似以下的困擾：在住家附近的精品咖啡館裡，明明喝到的就是一杯黏稠度厚重、深沉又濃郁的蘇門答臘小農出產咖啡，但是偏偏有時候買到的卻又是出自迦幼山脈（Gayo Mountain）大型處理廠的精緻水洗處理蘇門答臘咖啡豆，黏稠度薄了一些、風味很乾淨、酸質也明亮了許多。

最後，再深入報導一下此區域特殊的處理手法。這些額外的處理程序，對於咖啡風味也是有決定性的影響：在印度有一種特殊的乾燥處理方式，稱作風漬處理法（Monsooned），這個處理法是刻意使咖啡豆讓富含水氣的季風持續吹拂著；而在印尼，有些咖啡豆則是被刻意放到陳年，您可以在本書第 114 ～ 116 頁看到相關的資料。

購買以傳統粗糙處理法製作出的亞太地區咖啡豆：該從何開始呢？無疑地，您可以先從蘇門答臘島或是蘇拉威西島的傳統處理法咖啡豆開始，這些地方的咖啡豆就像是酒中的單一麥芽威士忌一樣：風味濃郁、複雜，充滿深沉、驚奇與模稜兩可的風味調性。

筆者浸淫咖啡領域多年後，終於開始有大型代理商將優秀的蘇門答臘咖啡豆發掘出來了，這使得蘇門答臘的咖啡豆價格開始有上揚的趨勢。這些新生代的蘇門答臘咖啡豆，以水洗處理的面貌出現在市面上，不過獨獨缺少了以往傳統處理法才有的缺陷風味尾韻；但是，現在要以合理的價格買到好的蘇門答臘林東咖啡或是曼特寧咖啡越來越容易了。

在蘇拉威西島上，以傳統處理法製作的塔拉加咖啡或是卡洛西咖啡，有著更令人驚訝的味覺挑戰。這些咖啡豆的風味通常有著森林土壤的氣息：土壤味、腐植土味、蘑菇味等等。

東帝汶在脫離印尼統治而獨立後，振興了頹靡已久的咖啡產業。現在東帝汶出產非常優異的咖啡豆，有著傳統的蘇門答臘／蘇拉威西咖啡豆濃郁又深沉的風味特徵，不過缺陷風味則沒那麼明顯。筆者相信，東帝汶出產的咖啡豆在市場上終究是會找到一條出路的。

最後介紹的是巴布亞新幾內亞的小農出產咖啡豆。這類咖啡豆通常有著深沉詭譎的水果風味，是亞太地區傳統處理法製作出的咖啡豆另一種典型。這一類的咖啡豆在市面上以「新幾內亞 Y 等級咖啡豆」（Papua New Guinea Y Grade Coffees），或是「合作社出產有機咖啡豆」（Organic Cooperative Coffees）等名稱行銷。其杯中表現的風迥異於較出名的水洗處理新幾內亞莊園咖啡豆（通常以 AA 級的品名行銷於市面）。

購買以水洗處理法製作出的亞太地區咖啡豆：在十九世紀末，爪哇島上的阿拉比卡種咖啡豆因為葉鏽病的因素滅絕，全島只好改種羅布斯塔種的咖啡豆，但是後來印尼當局已協助復育爪哇島上的精品阿拉比卡咖啡樹。這些復育成功的爪哇咖啡以「爪哇莊園咖啡」（Java Estate），或是「爪哇莊園阿拉比卡咖啡」（Java Estate Arabica）的品名行銷於市面。此處出產的水洗處理咖啡豆有著中等黏稠度，風味從平淡無奇到香甜圓潤到尖銳調性、複雜、花香味等等特徵都有。

目前在美國可以購得的水洗處理蘇門答臘咖啡豆，大多是來自於亞齊省（Aceh Province）的迦幼山脈處理廠，這些水洗處理的迦幼山脈咖啡豆，有著令人歡愉的圓潤及中等調性風味，不過對於偏好傳統處理法製作的蘇門答臘咖啡豆的人而言，黏稠度可能略嫌單薄，沒辦法得到口中黏滯感帶來的滿足。

新幾內亞水洗處理咖啡豆，或許算得上南太平洋咖啡產區裡最具特色的一支水洗處理式咖啡，過去的幾年來甚至曾經名列世界最優秀的咖啡豆之一。新幾內亞水洗處理咖啡豆中表現最佳者，其黏稠度非常飽滿，口感迴盪在口腔中綿綿不絕，酸質明亮、深沉詭譎的複雜變化度，介於花香調調到柑橘類偏葡萄柚味的調調之間。

印度的水洗處理咖啡豆黏稠度的表現中等，酸度低，甜度高，其中表現最佳者還會有一些花香、果香的調性。表現最好的極少數印度莊園級咖啡豆，他們的品質幾乎不會輸給世界上其他優秀的精品咖啡，有著優雅的調性（從像肯亞咖啡一般的紅酒調性，到衣索比亞水洗處理咖啡獨具雋永的花香調調）。但也有筆者在其他地區

咖啡豆中，從未見識過的一些特殊缺陷風味或是襲人的香料調性。

異國風情咖啡：陳年處理以及風漬處理咖啡
Romance Coffees: Aged and Monsooned Coffees

對於在家烘焙咖啡豆的朋友們來說，陳年處理以及風漬處理的咖啡豆，是另一類頗具異國風情的選擇。

假使將咖啡生豆存放在一個蠻涼爽、乾燥的環境中，其風味保存狀況就很不錯。但一經過陳年，咖啡豆的酸度就會緩慢地降低，黏稠度則會提升。換句話說，當我們喝著一杯當季豆（New Crop，採收後一年以內），有可能會喝到的是較明亮、酸度較高、黏稠度稍薄的咖啡；但若喝一杯過季豆（Past / Old Crop，採收後超過一年以上），便極有可能喝到較低沉、酸度較低、黏稠度較厚重的咖啡。不過，要是將咖啡生豆存放在高溫、高濕的環境下，不論是存放一年以內或更久，其風味容易嚴重流失，或是帶有麻袋的味道（baggy，有點像是輕微的發霉味或是麻繩的味道）。只是筆者此處所提的「陳年處理咖啡豆」（Aged coffees）並不是如前述的過季豆存放條件產生的，陳年豆在達到可以販賣的狀況前，必須至少放個兩年。

陳年咖啡豆可以粗略分為二種：一種是因為滯銷而長時間堆放在倉庫某個角落產生的陳年咖啡豆；另一種則是刻意以某些環境條件製作出的陳年咖啡豆。前者很少流入市面，而後者中卻在市面上炙手可熱，像是陳年蘇門答臘或是陳年蘇拉威西咖啡，都是典型的代表。通常這類陳年咖啡豆，都是先由某些出口商購買新鮮的傳統處理法咖啡生豆，然後設定某些存放條件，將咖啡生豆存放在他們位在新加坡的倉庫中，經過二到五年的陳年；倉庫必須通風，不可有直接的日曬或雨淋，麻袋必須每隔一段時間就翻面一次，以便讓裡面的咖啡生豆均勻接觸空氣中的水氣。

陳年咖啡豆表現最佳者，有著厚重的黏稠度，甜度強，同時還能保有適當的酸度，為整杯咖啡風味增添一絲多變的複雜性。大多數的陳年咖啡豆也會發展出一股溫和的塵土味調，在口中產生類

似霉味的刺激性口感，表現較差的會產生令人不舒服的空洞卻刺舌口感，表現良好的則會有令人愉悅的麥芽味，或是豐富多變的風味變化。一支塵土味相對較低的陳年咖啡豆，通常就能算得上非常優秀的單品豆；而塵土味較重、口感較粗糙的陳年咖啡豆也不是一無是處，它們在混合豆配方中也能扮演增添濃郁度、勁道及黏稠度的角色，尤其在深度烘焙下表現更是優異。

另外有個很類似陳年處理咖啡豆的就是「風漬處理咖啡豆」，這個處理法需要花費的時間比陳年咖啡豆短了許多，是由一位印度出口商所發明：首先將乾燥處理法製作出的咖啡豆存放在一間倉庫中，讓咖啡豆以流通的、富水氣的季風吹拂。數週之後，咖啡豆會漸漸變黃色，體積也會膨脹起來，風味也改變了。

雖然這種又大顆、顏色黃黃的、喝起來也很順口的風漬處理咖啡豆，在外觀上與陳年豆皺巴巴的樣子大異其趣，但在杯中的風味特徵卻非常的相近。兩者都使人在上顎的口腔觸感非常厚重、甜度很高、酸度低而細膩，帶有些許塵土味的調性，如巧克力味、麥芽味、角豆味（Carob，地中海地區的一種植物名），或是較空洞平淡的、粗糙的味道。

陳年豆與風漬豆都屬於特殊口感的咖啡豆，而歐洲人特別偏好此類咖啡豆的歷史，可追溯自十八、十九世紀。當時由於交通不便，只能以海運載送來自爪哇島的咖啡豆，到歐洲大陸往往需要很長的航行時間，咖啡豆經過漫長旅途，存放在船艙中陰暗又潮濕的環境，最後這些咖啡豆就出現了類似今日風漬豆的風味表現。

在歐洲能見到這類特殊處理法的咖啡豆，通常都是來自於印度以及印尼。因為這兩個地區自從十八世紀開始一直供應歐洲大陸此種咖啡豆的需求，現已成為傳統了。不過我們偶爾也可以在市面上看到陳年非洲豆或是陳年中美洲豆。

無論如何，各位都應該試試陳年豆或是風漬豆，可先以單品的方式品嘗，了解了它們原本的風味表現；之後再嘗試加進混合豆配方裡，這兩種特殊處理的咖啡豆在配方中的作用，可以補足了使用大量水洗處理咖啡豆配方較缺少的黏稠度以及重量感，讓整體的韻

味更顯綿長悠遠。

‧ **購買陳年處理或是風漬處理的咖啡豆**：當今市面上最容易購得的就屬印度風漬馬拉巴咖啡豆（Indian Monsooned Malabar）。在本書「相關資源」單元處，可以找到一家時常供應此種咖啡生豆的網路咖啡生豆商；而要買到陳年處理的咖啡生豆就有點困難度，不過在網路上也是可以找到購買點。

此外，在家烘焙咖啡豆的朋友們，如果您居住的地區具有溫暖、潮濕的氣候類型，也可以嘗試製作陳年咖啡豆的樂趣（詳見本書第 127 頁）。

製作混合豆配方概論

將咖啡豆混合的目的其實非常單純，便是為了讓一杯咖啡中的風味更完整、複雜度更高、喝起來更舒服宜人。而這是單品豆很難達到的目標。

調配混合豆是一項非常細膩的程序。有些烘焙者會將同一支咖啡豆的當季新豆與過季豆混合在一起，以得到該支咖啡豆更飽滿、更均衡的口感表現；要是將當季新豆或是過季豆分別烘焙，是非常難得到混合豆的效果的。在這個範例中，混合的目的只是想把單一支咖啡豆更完整的風貌呈現出來，將咖啡豆的潛力發揮得更淋漓盡致。

在大多數的情況下，調配混合豆的目的是要創造出一種全新的口味。舉例來說，世界上最古老、最出名的摩卡—爪哇配方（Mocha-Java Blend），是加入 1/3 比例的葉門摩卡咖啡豆，取其帶果香的酸質，再加上 2/3 比例基調較為深沉渾厚的爪哇咖啡豆。葉門摩卡豆為爪哇豆增添了活潑度，而爪哇豆則為葉門摩卡增添了均衡感與飽滿度。這樣便製作出了一種全新的口味了！

另外還有以文化、地域差異性為背景，而調配出當地人偏好的混合豆。像在義大利的米蘭，當地人喜歡風味細膩、甘甜，但是口感仍活潑的義式濃縮咖啡；而住在舊金山北灘（North Beach）地區的義裔美國人則偏好口感粗獷、苦味重、刺激性強的義式濃縮

咖啡。由此可見，後者的義式濃縮咖啡豆烘焙深度比前者要深，且兩者使用的混合豆內容也不盡相同。北灘地區的配方使用一些高酸度、滋味豐富的咖啡豆，而基底則是較為軟性的墨西哥豆或巴西豆；米蘭地區的配方則使用軟性風味的阿拉比卡種咖啡豆（如巴西聖多斯商標咖啡豆），與一定比例的高品質羅布斯塔種咖啡豆調配，取其甜度以及黏稠度等優點，但幾乎不使用酸度高或特色鮮明的咖啡豆。在這個情況下，「好咖啡」的定義就因文化、地域的差異而有所出入。

姑且不論調配混合豆的目的是哪一種，都是建立在同樣的出發點之上：將不同種類的咖啡豆結合在一起，互相截長補短，而不讓風味強度減弱。

以角色位置的原則調配混合豆

製作一個配方，最佳起步方式就是先行了解配方中有哪些基本角色位置，依照咖啡豆屬性來填入各個位置。以下將為各位概略分類，把世界各地著名的咖啡豆界定好屬性特徵，好讓各位都能依循這個原則製作出您自己的配方。

1. **性格強烈型咖啡豆（Big Classic Coffees）**：這類咖啡豆通常會提供給配方不錯的黏稠度、強勁的酸度、經典的風味以及香氣。這一類的咖啡豆不適合拿來當作基底，因為風格特性太過強烈，不過加在柔軟基底中，可以增添配方的強度以及活潑度。
   這個類別的咖啡豆包括：
   - 瓜地馬拉的安提瓜產區（Antigua）、柯本產區（Cobán）、薇薇特南果產區（Huehuetenango），以及其他高地產區的咖啡豆。
   - 哥斯大黎加的塔拉珠產區（Tarrazu）、三水河產區（Tres Rios）以及其他高地產區的咖啡豆。
   - 哥倫比亞咖啡豆。

2. **風味柔軟型咖啡豆（Softer Classic Coffees）**：此類型咖啡豆是非常棒的調配用咖啡豆。以這類咖啡豆製作的基底很穩固、不至於變化太大，此外也提供了配方中的黏稠度以及適當、不搶味的酸

度。將這類咖啡豆烘至深度烘焙，又能提供更棒的甜度和巧克力調性。正因這個特點，使得此類型咖啡豆成為製作配方的首選。

這個類別的咖啡豆主要產自於：

- 墨西哥的奧薩卡區（Oaxaca）、寇特別克區（Coatepec）、恰帕斯區（Chiapas）以及塔帕楚拉區（Tapachula）。
- 多明尼加共和國（亦稱聖多明哥）。
- 祕魯的強恰瑪悠區（Chanchamayo）。
- 巴西的聖多斯咖啡豆（Brazil Santos）。
- 巴拿馬。
- 薩爾瓦多。
- 尼加拉瓜。
- 印度的水洗處理阿拉比卡種咖啡豆。

3. **風味突出且別具異國風情類型的咖啡豆（Highlight and Exotic Coffees）**：這類型咖啡豆的酸質，通常具有強烈濃郁的果香及紅酒質感的酸質。突出的個性因而不太適合當作配方的基底，但這類型咖啡豆是配方中刺激變化感的最佳貢獻者。

這個類別的咖啡豆包括：

- 衣索比亞的哈拉爾產區，這一款野味十足、複雜度高的乾燥處理型咖啡豆，對於配方中的甜度、果香、莓果調調，以及濃郁的酸質有良好的貢獻。
- 葉門的摩卡豆，特性近似於衣索比亞的哈拉爾產區咖啡豆，但是在風味密集度則沒有衣索比亞哈拉爾咖啡豆高。
- 衣索比亞的水洗處理咖啡豆，如耶加雪菲及水洗的西達莫咖啡，能提供特別傑出的高強度花香、柑橘香的調調，這個味道即使將豆子烘進深度烘焙也仍會保存著。
- 肯亞這個產區的咖啡豆提供強勁有力的酸度，以及果香、莓果味、紅酒般的口感。
- 辛巴威產區咖啡豆就非常接近肯亞咖啡豆，但在強度上稍弱。
- 烏干達的布吉蘇產區（Bugisu）與肯亞咖啡豆特質接近，但強度稍弱。

· 巴布亞‧新幾內亞的 AA 級、A 級、X 級等等，可以提供強勁的酸度以及複雜的柑橘風調調。

4. **基底型咖啡豆（Base-Note Coffees）**：這一類的咖啡豆，可以為配方增添濃郁感以及黏稠度，且與其他類別的咖啡豆能搭配得很好。此外，這類別的咖啡豆有著較為不明顯、低調的酸質，可以補足第 2 類清淡、明亮型咖啡的不足之處，為整體的餘韻加分。也可以讓第 1 類及第 3 類的咖啡，在表現上增加均衡度又不至於風味呆鈍。千萬不要因為這個類別的咖啡豆帶有些許溫和的霉味、過度發酵味、或是土壤味而放棄使用，雖然這幾種風味在單品咖啡中是不太討喜的，但是在配方中卻能有不錯的面貌。

這個類別的咖啡豆包括：

· 蘇門答臘曼特寧產區、林東產區以及亞齊產區的「天然處理法」或「傳統處理法」製作的咖啡豆。

· 蘇拉威西島（舊稱席麗碧 Celebes）。

· 新幾內亞的有機咖啡豆以及 Y 等級咖啡豆。

· 帝汶。

· 印度的風漬馬拉巴咖啡豆。

· 任一種陳年處理的咖啡豆。

5. **羅布斯塔種咖啡豆（Robustas）**：羅布斯塔種的咖啡樹英文名為「Robusta」或是「Coffea Canephora species」（剛果種），在咖啡世界中惡名昭彰。筆者認為羅布斯塔種咖啡豆有兩個問題存在：一是羅布斯塔種咖啡豆本質上的特性問題；二是後置處理粗糙的問題。

單純就第二點而言，羅布斯塔種的咖啡豆是以整枝摘下的方式採收，並以堆放的方式連同果皮、果肉、羊皮等等一起曬乾，這意味著這些咖啡豆不但已經是發酵失敗（會因為果皮、果肉的腐敗產生類似堆肥的口感），另外也過度腐敗（會產生類似發霉的鞋子臭味，這是因為黴菌在腐敗的果肉上滋生的原因）。

但是這世界上也是有經過較謹慎的採收，並以水洗處理的精細處理方式製作的羅布斯塔種咖啡豆。這一類水洗處理過的羅布斯塔

種咖啡豆（其中最精緻的來自於印度），使我們得以一窺羅布斯塔真正的風味原貌，而非受到粗心處理之下產生的腐敗味道所干擾。

那麼，乾淨的羅布斯塔種咖啡豆真正的風味到底應該是如何呢？普遍來說，羅布斯塔種咖啡豆風味較空洞（沒有酸度，沒什麼變化度）、中庸、甜味呆滯、微苦，且帶有非常重的穀類氣味；換言之，水洗處理的羅布斯塔種咖啡豆，嘗起來較類似以堅果還有穀物所調製出的咖啡替代物，反而不像我們一般所認知的咖啡風味。

如果是這樣，那麼您一定會問為什麼還要將羅布斯塔種咖啡豆列在第 5 類呢？那是因為只要使用約 10% ～ 15% 的羅布斯塔種的咖啡豆，就可以為配方帶來非常好的黏稠度、濃郁度及整體變化的深度。

當然，筆者誠心建議各位少用乾燥處理的羅布斯塔種咖啡豆，尤其是越南的羅布斯塔咖啡豆。截至目前為止，尚未聽到對越南羅布斯塔咖啡豆有正面風評的。假如您想要嘗試調配出自己的義式濃縮咖啡豆配方，筆者建議不妨使用看看水洗處理的羅布斯塔咖啡豆（目前以印度的水洗羅布斯塔咖啡豆，以及帶殼羅布斯塔咖啡豆表現最佳。而墨西哥的水洗處理羅布斯塔咖啡豆雖然風味稍嫌銳利，但仍不失為一個好選擇）。

調配專屬個人的配方咖啡豆

要調配混合的配方咖啡豆，主要有兩種方式：一是如前所述的依系統按部就班來，另一種方式就是即興調配。

其中一種依系統調配配方豆的方式，就是以第 2 類的咖啡豆為基底，先長時間嘗試烘焙、品嘗這一種咖啡豆，直到您真正地了解這支咖啡豆的風味全貌；之後，加入其他的咖啡進來（可以加入第 3 類的風味突出型咖啡豆，或是加入另一支基底型咖啡豆），當您在實驗的同時，請做下筆記。另一種調配方法就是將前面四大類別的咖啡豆各選一支出來，等比例混合成一個原型配方，然後一次替換某一個類別的一種咖啡豆，以此類推，直到您找到最喜歡的味道為止。

或者，您也可以試試專業杯測師們使用的方法：咖啡湯汁混合法（Cup Blending）。首先烘焙好數款咖啡豆，然後每次取兩款出來，各自沖煮好，待冷卻到室溫之後，將咖啡湯汁互相混合，每次使用不同的比例來調配，最好能用量匙來量測，一匙這個加上一匙那個，以此類推。不斷地以這種方式實驗，直到您找到最喜歡的味道為止。之後，將那些咖啡豆分別烘焙到您實驗得來的烘焙度，並依據紀錄來混合各款咖啡豆的比例，這樣便完成了個人專屬的配方咖啡豆。您還可以將這個配方先沖煮出來，再視實際情形稍做咖啡豆的比例調整。

　　雖然混合配方豆裡的各種咖啡豆通常是烘到相近的烘焙深度，但您也可以嘗試看看，將各種不同烘焙深度的咖啡豆結合起來調配配方豆。該從何開始呢？筆者建議您可以先鎖定單一款的咖啡豆，試著烘出兩種截然不同的烘焙深度（例如一批烘到中度烘焙，另一批烘到深度烘焙），然後實驗用不同比例混合這兩批次的咖啡豆，假使您很滿意得到的結果，試著將其中一批的位置換成不同種類的咖啡豆，甚至可以加入第三種、第四種。以筆者親身的經驗來說，將每一種咖啡豆都先烘到極深焙的程度，對於簡化調配過程有相當的幫助。不過有時候極深焙的咖啡豆的味道會很容易掩蓋過其他咖啡的味道，替整個配方覆上一層單純的苦味。

　　至於第二種即興調配法，筆者就不太需要給建議了。您只需要從前述類別中任選二至三款咖啡豆，依照當時的心情喜好來決定要怎麼混合就好。但是，筆者認為用一到二款特性相近的咖啡豆，拿來當穩定的基底，再將您突發奇想的怪點子加進來調配，應該也是一項不錯的主意。

調配義式濃縮咖啡用的混合配方豆

　　調配義式濃縮咖啡用的混合配方豆，第一個碰到的課題就是：您與您的客人們都是如何飲用義式濃縮咖啡的？如果是傾向純飲、不加牛奶、只加一小撮糖，那麼您應該避免使用第 1 及第 3 類酸度較高的咖啡豆，而盡量使用第 2 及第 4 類的基底型咖啡豆。在義

大利，人們傾向以巴西聖多斯商標咖啡豆為基底，而美國西岸地區則傾向以墨西哥以及祕魯咖啡豆來當基底。另外，誠如筆者先前所述，也有少數人會使用一部分的高品質水洗羅布斯塔咖啡豆加入配方中，為純飲的義式濃縮咖啡增添順口的口感、優良的黏稠度以及濃郁度。

另一方面，假如您偏好加糖或加牛奶的飲用方式，那麼配方中可能會需要一些刺激性口感及一點苦味，用以平衡整體的甜度。您可以巴西、墨西哥、祕魯咖啡豆為基底，再加入若干比例的第 1 或第 3 類咖啡豆。加入衣索比亞哈拉爾、耶加雪菲，或是新幾內亞 AA 等級咖啡豆，通常會為配方增添較高的複雜度以及活潑度。之後再加入如蘇門答臘曼特寧或是林東咖啡、新幾內亞 Y 等級咖啡豆、印度—風漬馬拉巴咖啡，或是任何一支陳年豆，都可以為要加奶飲用的配方增加不錯的勁道。最後，或許您也會想嘗試加入一點點水洗處理的羅布斯塔咖啡豆，為您的配方增加更高的黏稠度。

當然，會影響整體風味的因素還有烘焙深度以及烘焙器材等變因存在，可參考本書第三章及第五章的內容，將會有更詳細的說明。

低因處理的咖啡豆

低因處理的步驟必須在咖啡生豆的狀態下才能進行。現今總共有三大類處理方法可以去除咖啡因：傳統的／歐式處理法（European Process）、瑞士水處理法（SWP，Swiss Water Process），以及二氧化碳超臨界處理法（CO_2 Process）。這三種方式都能非常有效地移除大多數的咖啡因，咖啡豆內只殘留原咖啡因總量的 2 ～ 3%。

歐式／溶劑式處理法（The European or Solvent Process）：溶劑式處理法有兩種變異的處理方式。第一種是直接的溶劑式處理法，首先以蒸氣打開咖啡生豆的氣孔，將溶劑直接加入咖啡豆中，待溶劑與咖啡因融合之後，再以蒸氣帶出；另一種是間接的溶劑式處理法，首先是將咖啡生豆中所有的味道都溶解到熱水之中（這是假設的狀態，並非真的將所有的化合物都溶解出來），過了一段時間，將咖啡生豆與溶有「所有」味道（包括咖啡因在內）的熱水分

離，之後在熱水中加入可以吸引咖啡因的溶劑，此時咖啡因會與溶劑結合並浮上水面，可以很容易被清除掉，之後再將無咖啡因的熱水重新與咖啡生豆結合起來，咖啡生豆會將剩餘的風味因子吸收回來。

瑞士水處理法（**The Swiss Water or Water-Only Process**）：使用這個商業化開發的高效率處理方式，共有兩大步驟。第一步就是在咖啡生豆的狀態下，將其倒入熱水之中，此時熱水會移除咖啡生豆內幾乎所有的風味因子，包括咖啡因在內，將這一批起始的咖啡生豆丟棄不用。之後將負載有所有風味因子的熱水，以活性碳濾器過濾掉咖啡因，剩餘的就是滿載純粹風味因子的熱水，這種熱水在瑞士水處理法中被稱為「風味滿載水」（Flavor-charged Water），這種水含有飽和的、咖啡生豆中所有該有的風味因子，獨缺咖啡因，這種特殊的水，就是接下來的去咖啡因處理程序中最重要的媒介。

新一批次的咖啡生豆浸泡在飽含風味因子、無咖啡因的風味滿載水之中，會釋放出咖啡生豆中的咖啡因，但卻不會釋放風味因子。如此，則咖啡生豆原本應有的風味就不會受到太多減損。顯然地，風味滿載水中的風味因子早已接近飽和，因此無法再溶出更多的風味因子，不過卻仍有非常多的空間可以溶出咖啡因。

咖啡生豆經過這種去除咖啡因、保留風味因子的程序處理之後，便直接進行乾燥並銷售出去，而吸收了咖啡因的風味滿載水，可以周而復始地以活性碳濾器去除咖啡因，重複使用。

二氧化碳超臨界處理法（**CO$_2$ Process**）：二氧化碳超臨界處理法是將咖啡生豆浸泡在液態的二氧化碳中（二氧化碳是人會自然呼出、植物會自然吸入利用的氣體），在高壓狀態下，二氧化碳呈現半氣態、半液態的狀態，這個狀態下的二氧化碳能主動與咖啡因結合，而咖啡因最後會被抽風式活性碳濾器濾除。

依照低因處理方式的不同來選擇咖啡豆

如果僅是健康因素的考量，筆者建議您只需要知道購買的是低因處理過的咖啡豆就可以了，不用理解是用哪一種方式處理，只需

要知道哪一種對你來說比較好喝就夠了。目前所有用來去除咖啡因的溶劑，其化學成分基本上在烘焙及沖煮等高溫的過程中，早已經揮發完了，假使有殘存也是微乎其微，少到不會對人體健康有任何影響。

但若是以環保的角度為出發點，那麼我們應該盡量避免使用氯化亞甲基溶劑（Methylene chloride）的低因咖啡豆，這個化合物長久以來一直被指控破壞臭氧層。您可以選擇以瑞士水處理法、醋酸鹽溶劑處理，或是二氧化碳超臨界處理法的低因咖啡豆。通常以瑞士水處理法處理過的低因咖啡豆，通常都會很清楚地標示「SWP」（Swiss Water Process），使用二氧化碳超臨界的低因處理咖啡豆，也會標示「CO_2-Decaffeinated」，當您找不到任何更清楚的低因處理方式標示時，一般來說都是以歐式溶劑處理法處理的低因咖啡豆。

低因處理與風味之間的關係

雖然咖啡因對於人體神經系統有蠻強烈的作用，但對風味卻沒有什麼特別的影響。獨立出來看，咖啡因是味道有點苦、沒有其他味道的白色粉末，理論上來說，沒有了咖啡因的咖啡，嘗起來應該沒有什麼差別。

不過，事實上將咖啡生豆浸泡在熱水中，以及將處理完的咖啡生豆弄乾卻不是個溫柔的程序，這些程序對於咖啡生豆來說是一種虐待，絕對對風味有所影響，至於影響到底有多少？這要視處理者與後來烘焙者的仔細程度而定，有時影響較小，有時影響是非常大的。

假如您曾經購買低因處理過的咖啡豆回家自己烘焙，一定會注意到：低因處理過的咖啡豆外貌不像一般生豆有著灰綠到藍綠的顏色，而是灰黃到淺褐色的外觀，這是低因處理的浸泡以及乾燥過程對於咖啡生豆外觀造成的改變。

烘焙低因處理過的咖啡豆，比起未經處理的一般咖啡生豆來說，烘焙的情形變得較難以預測。因此綜合了低因處理時咖啡生豆

流失掉的風味，以及低因處理後烘焙困難度提升兩項因素，使得一般在店家購得的低因咖啡豆品質穩定度不是很好。

在此筆者真正要說的是：購買低因處理過的咖啡生豆，必須向有信譽的商家購買才有保障，另外也必須格外仔細地烘焙它們。詳見本書第五章（第 180 頁）以及本章下一段內容中有詳細的應對方式。

您或許也會想將低因處理的咖啡豆與其他一般咖啡豆混合調配配方豆，一般咖啡豆補足了低因咖啡豆風味上的不足，同時咖啡因的總量仍然維持在蠻低的程度。不過要切記的是：低因處理的咖啡生豆必須獨立出來烘焙，不可與一般咖啡生豆混合烘焙，因為低因處理的咖啡豆烘焙速度比起一般咖啡豆要快上 15% 到 25%。

不同的低因處理法與風味的關係

哪一種低因處理法對於咖啡豆風味的衝擊最低呢？

提供筆者個人的經驗給各位參考：瑞士水處理法的低因咖啡豆通常會保有黏稠度，但酸度及明亮度會變得不明顯；歐式溶劑處理法的低因咖啡豆會保有酸度、變化度以及明亮，不過在黏稠度以及層次感方面就會降低；至於使用二氧化碳超臨界處理法的低因咖啡豆，筆者雖然曾經嘗過幾支不錯的，但是尚不足以拿來評斷這種處理法對風味上有什麼衝擊。

擁有自己的咖啡生豆收藏

對於美食主義者來說，家裡多一個咖啡豆收藏是蠻不錯的一個主意。這跟收藏紅酒的品味人士，心底的愉悅滿足感以及保有好酒的安全感是一樣的感覺。

保存咖啡生豆正確的方式是將其放在涼爽、不太過陰暗、過濕、過乾的通風良好之處。與其真的把咖啡生豆放在地窖裡，不如存放在食品儲藏室就好；在老式住宅中，廚房裡都會有一種儲物櫃，可以讓空氣流通其間，這種櫃子就非常適合拿來存放咖啡生豆。

品質好的高地栽種咖啡生豆（中美洲、哥倫比亞、東非地區的

咖啡豆），如果能在這樣的存放條件儲存，在兩年之內風味變化度很小；過了第一年的時候，這些咖啡豆的風味會變得更圓潤，甜度也會增加，黏稠度變得更飽滿，不過酸度以及明亮度都已銳減。

生長海拔較低、較溫和型的咖啡豆，在相同的存放條件下，風味流失的速度就快了非常多。像是巴西—聖多斯商標咖啡豆，其酸質可能在採收期後六個月就不見了，而過了一年左右，又會變成空洞、帶霉味的味道，專業杯測師們給這個味道起了一個名字，就叫做「麻袋味」。

另外，當您拿到一批外觀是深綠色、咖啡色，或是含水率非常高的（尤其是蘇門答臘以及蘇拉威西來的）咖啡生豆，這些咖啡豆經過若干久的存放時間，也極有可能發展出霉味，對於某些愛好者，這股厚實又像麥芽的風味是非常迷人的，不過也有些人根本完全不能接受這股味道。

打造自己的咖啡生豆收藏櫃

該將咖啡生豆存放在怎樣的容器中才適當呢？一般而言，塑膠袋較適合短期的保存，大約一個月內皆宜。若想要存放超過一到兩個月以上，可能就需要找其他較能透氣的容器，例如布料或瓦楞紙箱就都非常適合儲存。至於麻布、棉布束口袋，這類容器原本是用來裝填沙石，充作河堤，具有防洪的功能；但拿來存放咖啡生豆也非常理想。您可以在一般的工業材料行買到空袋子，雖然不是小型袋，但裝滿咖啡生豆時仍然便利攜帶。在袋口有縫上束口帶的設計，便於開關。請記得要買布料材質的袋子，不是塑膠材質的。

咖啡生豆是需要呼吸的另一種生命體，因此最好將麻（棉）袋放在以棧板架高的檯面上，或是類似的裝置，只要讓空氣在袋子下方也能循環流通就對了，且記得每隔幾個月就把袋子翻過另一面來放。假如您的生豆庫存非常多袋，多到可以堆成一座小山，那麼筆者建議每隔幾個月，就把最下方的袋子移到最上方，而原本放在最上方的，就移到最下方。

很幸運地，對於我們這些厭倦於坊間餐廳刻板樣式酒窖設計的

人來說，要設計一個存放咖啡生豆的場所，並沒有太多的建築限制，唯一的要求只不過是將袋子放在棧板上堆放的倉儲這麼簡單罷了。因此，如果您想要打造一間專門用來存放咖啡生豆的場所，可以放心地自由發揮創意與想像。

在家製作陳年咖啡豆

前面筆者已向各位說明了存放咖啡對於風味上的衝擊。在這個部分更將為各位介紹，如何在自家製作出像商家們於新加坡地區所製作的陳年咖啡豆。首先，需要創造出一個溫暖、潮濕的環境，如果您居住在熱帶地區，也許只需要將裝滿咖啡生豆的麻袋直接放在家中的停車棚裡存放（譯注 4-1-3），偶爾將麻袋翻面，如此操作後一至二年，就可以把咖啡生豆拿出來烘焙，最後喝喝看成果如何。這個例子主要是要跟各位說明，只要將咖啡生豆存放在不與雨水、濕濕的地板直接接觸的潮濕環境裡，您製作出的咖啡豆就可能會是低酸度、黏稠度厚重，且有強度不等的皮革味或粗糙的霉味。

注 4-1-3：此處當然不是建議各位同時將您的愛車與咖啡生豆放在同一個車庫裡，這樣容易使咖啡生豆吸附到汽油味及廢氣味。若要將咖啡生豆存放在車庫中，那麼這個車庫最好就不要再停放車輛了。

咖啡賞味之旅

世界知名的美味咖啡豆簡介

當您坐在搖搖椅上，拿著一張地圖幻想著正在旅行，這張地圖就是您幻想中的交通工具，帶著您四處遊歷。筆者在本節中將以地圖遊覽的方式，為各位介紹世界各地的美味咖啡豆。

在咖啡世界中，要詳細描繪出精確的地理位置是非常困難的，筆者在本書中整合了來自各處文獻、農業地圖、各地咖啡農與各個協會提供的相關資訊，以及伯納德‧羅斯弗（Bernard Rothfos）於1972年發行的《咖啡世界地圖總覽》（*Weltatlas der Kaffeeländer*）。這些文獻資料通常都交代得很模糊，細節鮮少有共通之處，因此筆者只能以自身經歷將它們整合起來，並稍作修改。假如有某一個咖啡園的位置有偏移，筆者深感抱歉，並誠心接受指正。

每一幅咖啡地圖附有一篇說明，為各位簡單介紹該產區中最耳熟能詳的咖啡豆，筆者另外也將介紹一些其實表現很出色，但知名度卻尚未打開的咖啡豆。

在本節中的介紹文字都是以精要的方式來說明，在前一節中有較詳細的、關於咖啡豆的介紹。如果您想要更深入了解關於咖啡產區及咖啡豆的知識，可以參考筆者的另一本著作《咖啡：採購、沖煮及享用指南》（*Coffee: A Guide to Buying, Brewing & Enjoying*），或是參考菲利浦‧喬平所著的《世界咖啡豆特搜》（*The Coffees Produced Throughout the World*），這兩本書目前尚無中譯版本，可在美國精品咖啡協會（SCAA）的網站（http://www.scaa.org）上購得，詳見本書的「相關資源」。另外筆者要提醒各位一件事：由於目前市面上越來越常見到以莊園名或是合作社名稱販售的咖啡豆，因此在本書中的簡易咖啡產區分類以及咖啡豆風味特質的描述，可能在未來會有些修正。

這些簡易分類與描述，說穿了就是把真實的感受以較有文化氣息的文字再作描繪罷了！您在坊間任一本咖啡書籍中，或是在咖啡

館裡有氣質的、以咖啡色紙張印刷的小冊子中看到的咖啡名稱、風味描述及評價，如果在品嘗的時候根本就感受不到，那麼這些文字對您來說根本就毫無意義。您需要做的，就是先好好體驗這些咖啡、訓練自己的味覺，並相信您自己嘗到的感覺！

最後，這部分的簡要說明並不包括人文與社會的議題，主要著眼於咖啡豆的品質、杯中口感表現，以及如何取得的資訊。消費者在購買咖啡豆時或許不單單只看咖啡豆品質的層面，如果是這樣的話，筆者建議您可以縮小範圍，從有環保概念、生態保育，或是協助貧困產國農民概念為出發點的各種咖啡豆中挑選。您可以在本書第 96 頁看到關於咖啡豆與人文、經濟、生態間的相關探討議題。

拉丁美洲

墨西哥 Mexico

墨西哥最負名氣的咖啡豆主要來自於寇特派克產區（Coatepec）、奧薩卡產區（Oaxaca）、恰帕斯產區（Chiapas，亦稱作 Tapachula，塔帕楚拉產區）。活潑（Brisk）、明亮但溫和的酸質，風味細膩，黏稠度中等，屬於非常不錯的配方用豆，深度烘焙的表現也不錯。該國有莊園咖啡豆、有機咖啡豆，以及合作社咖啡豆等選擇，另外有一部分高地產區的墨西哥咖啡，有著更飽滿的黏稠度以及更濃郁、更強勁的酸質，有點接近表現不錯的瓜地馬拉咖啡豆。

瓜地馬拉 Guatemala

在這個包羅萬象的產國中，表現最佳的高海拔極硬豆（SHB，Strictly Hard Bean）有著非常濃郁的酸質，帶有花、果氣息的香味，有時還能感受到一些香料的變化感，中等到飽滿的黏稠度，複雜度高，樸實風格的最佳代表。瓜地馬拉最負盛名的產區就是安提瓜區（Antigua），但是其他如柯本區（Cobán）、阿提朗區（Atitlan）、薇薇特南果區（Huehuetenango）以及聖馬可區（San Marcos），也出產表現搶眼的高品質咖啡豆。即使風味特徵迥異，從單純的香甜可口型到帶香料味的複雜型，再到極度爽快的高酸質型咖啡，都可

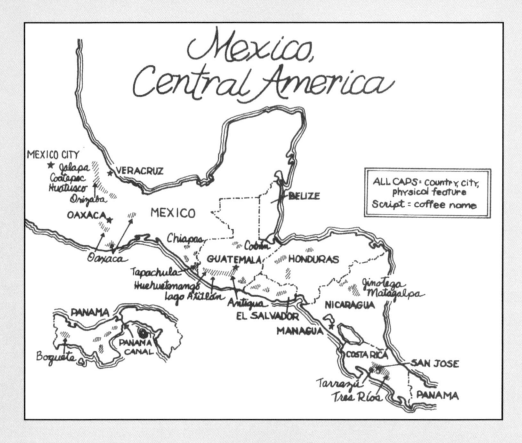

墨西哥及中美洲咖啡產國

以在瓜地馬拉這個產國中找到。瓜地馬拉與許多其他咖啡產國不同之處，在於該國非常執著於栽種傳統老樹種的阿拉比卡咖啡樹，且有非常多表現出色的莊園咖啡豆以及合作社咖啡豆。

宏都拉斯 Honduras

宏都拉斯並非一個很出名的咖啡產國，但是表現最佳的宏都拉斯咖啡豆，有著香甜、低調性、黏稠度飽滿，以及優異的豐富滋味。

薩爾瓦多 El Salvador

薩爾瓦多的咖啡豆有著溫和的酸質、細緻的風味、中等的黏稠度。其穩定性、甜度、以及討喜的均衡度表現，造就薩爾瓦多咖啡豆成為出色的配方用豆。

尼加拉瓜 Nicaragua

尼加拉瓜咖啡豆中表現最好的，一般都是出自於馬塔嘎帕區（Matagalpa）、席諾特加區（Jinotega），以及塞高維亞區（Segovia），風味特質表現搶眼：適度的酸質、飽滿卻又低調性，加上圓潤、飽滿似羹湯的黏稠度，以及非常多元化的水果調性變化感。尼加拉瓜有表現非常出色的有機認證咖啡豆以及合作社咖啡豆，其中包括許多來自規模巨大的普羅多合作社（Prodocoop）轄下的咖啡農。

哥斯大黎加 Costa Rica

哥斯大黎加咖啡豆中品質最佳者（一般都出自極硬豆等級，SHB），豆粒大，風味清澈，酸質明亮且濃郁，黏稠度飽滿。哥斯大黎加的咖啡豆主要見長於尾韻迴盪不絕且風味強勁，是這類型咖啡中的代表者，但是在複雜度以及變化度的表現上就不是那麼著重了。在哥斯大黎加所有產區中，最負盛名的就是塔拉珠區（Tarrazu）、三河區（Tres Rios），以及西谷區（West Valley，其範圍涵蓋了波阿斯火山區（Volcan Poas）。哥斯大黎加出產非常多出色的莊園咖啡豆，其中名氣響噹噹的拉米妮塔莊園（La Minita）便是一例。

巴拿馬 Panama

巴拿馬的精品咖啡豆，主要集中在靠近哥斯大黎加邊界的博柯特區（Boquete，意為芬芳），這個區域位在巴魯火山（Volcan Baru）的山坡地。大多數巴拿馬的精品咖啡豆有著細緻、香甜且討喜的風味表現，中等黏稠度、活潑又細膩的酸質，有的甚至會帶有花香、果香的調性。另外也有一些表現更強勁的咖啡豆，有著接近紅酒般強烈的酸質，表現最佳者甚至可與最好的瓜地馬拉、哥斯大黎加咖啡豆並駕齊驅。且巴拿馬有許多相當獨特的咖啡莊園。

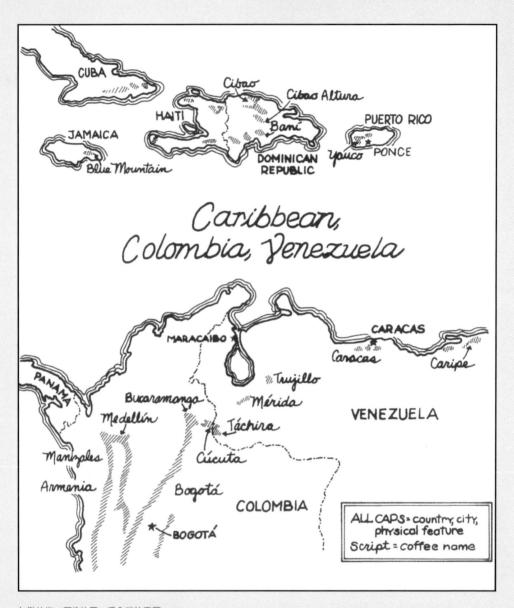

加勒比海、哥倫比亞、委內瑞拉產區

牙買加 Jamaica

正牌的牙買加藍山咖啡，都是種植在牙買加藍山地區海拔高度超過三千英呎的地方，其黏稠度飽滿、酸度適中、複雜度高卻又不失均衡感，但有時可能會因為稍微帶一點微弱不明的霉味而破壞了前面所有的優點。極少數掛著藍山名號出口的莊園級藍山咖啡豆——例如最有名的老客棧莊園（Old Tavern Estate），由其出產的藍山咖啡豆在品質表現上令人印象深刻，比起其他一般掛著藍山名號的咖啡豆優異許多。至於華倫福莊園（Wallenford Estate）出品的藍山咖啡豆，嚴格說來不能算是莊園級的藍山咖啡豆，因為掛著這個莊園名稱的咖啡豆，只是在華倫福莊園的處理廠中處理罷了！另外也有較少量在低海拔地區種植的牙買加咖啡豆，由品名可以稍微分別，像是藍山山谷咖啡（Blue Mountain Valley）、牙買加高山咖啡（High Mountain）等。這些咖啡豆的黏稠度表現中等，風味表現有的很空洞，有的卻很細膩，酸質則較為活潑輕快、不算濃郁。

海地 Haiti

以水洗處理製作的海地咖啡豆，其典型風味是甘甜、柔軟，黏稠度中等，但常會因為處理過程以及乾燥過程中的缺失，而使得風味中帶有微微的霉味或是過度發酵味（Fermented）。目前在海地已經出現一個由數千家咖啡農所組成的本土咖啡農協會（Cafeieres Natives S.A.），他們企圖要復興海地自 1990 年代禁運政策後衰退的咖啡產業，目前由該協會以海地藍標咖啡豆（Haitian Bleu）為商標在國際間行銷。

多明尼加共和國／聖多明哥
Dominican Republic/Santo Domingo

多明尼加高地產的咖啡豆，像是席寶高山咖啡豆（Cibao Altura），有著非常迷人的典型加勒比海咖啡豆的風味特質：柔軟、均衡、濃郁卻又深沉的酸質。另外也有少數的多明尼加咖啡豆，表現溫和，風味也很令人感到舒適，不過較沒有特色。

波多黎各 Puerto Rico

目前波多黎各有一個新的限量供應商標咖啡豆——克勞杜蒙（Clou du Mont，山峰之意），有著非常迷人的典型加勒比海咖啡豆的風味特質：飽滿的黏稠度、良好的均衡度，加上溫和卻不失活潑的酸質，以及深沉卻又有爆發力的複雜度表現。其他的波多黎各咖啡豆雖然也有著類似的、具有爆發力的飽滿、圓潤口感，但通常會因為些微的風味缺陷（特別是輕微的霉味）而破壞了整體的美好。

哥倫比亞 Colombia

通常沒有特殊市場商標名稱的哥倫比亞咖啡豆，都出自哥倫比亞國家咖啡農聯盟（National Federation of Colombia Coffee Growers）。這個聯盟是一個非常龐大的、橫跨哥倫比亞全國的咖啡農合作社協會，向來以其品管嚴密、積極推動社福計畫著稱，近來更成功將胡安・法爾德茲（Juan Valdez）肖像的行銷商標推上國際舞台。在哥倫比亞咖啡豆分級制度裡，特級（Supremo）是最高的行銷等級，優選級（Excelso）則是豆粒較小顆、較為普通的等級。這些大宗的哥倫比亞咖啡豆，風味表現都是均衡、酸質濃郁、具有獨特的風味特性，黏稠度也屬於相對飽滿的；有時還會帶有一點紅酒的韻味，或是令人讚賞的水果風味（這個味道可能是因為發酵時間短而產生，不過有許多咖啡飲用者非常喜愛這種味道，但專業的品嘗家則為此哀悼，認為咖啡豆的本質應該要再有更好的表現）。

其他不是出自該聯盟的哥倫比亞咖啡豆，風味表現上則更具特殊性，雖然不見得品質比較好，而且在這些咖啡豆中，可能還有一小部分是出自於老樹種帝比卡種或是波旁種，會以所屬的特定莊園名、處理廠名，或是合作社名行銷於市面上。

委內瑞拉 Venezuela

該國咖啡豆大都用在供應內需，如果我們買得到，其海岸邊的產區咖啡豆是以卡拉卡斯（Caracas）的商標行銷於市面，風味近

似於典型的加勒比海咖啡豆風味特性：溫和、深沉、低調性、甘甜。
而委內瑞拉西部高地出產的塔奇拉商標咖啡豆（Tachira）以及美利
達商標咖啡豆（Merida），風味特性則較偏向哥倫比亞的風味。

厄瓜多 Ecuador

在北美的精品咖啡市場中，厄瓜多的咖啡豆是非常少見的。風
味與一般拉丁美洲地區出產的咖啡豆近似。

玻利維亞 Bolivia

雖然玻利維亞種植咖啡的歷史由來已久，但是該國精品咖啡豆
的發展卻是最近才開始的。玻利維亞的精品咖啡豆事業，主要是由

南美洲咖啡產區

一群追求理想化的專業人士發起，協助玻國高地的咖啡社群進行精品種植。玻利維亞的精品咖啡豆有著無可比擬的清澈度，均衡又甘甜，滋味非常美妙。

祕魯 Peru

總地來說，祕魯的咖啡豆表現出細緻到活潑的酸度、中等的黏稠度，以及甘甜、圓潤的杯中表現。一般而言，祕魯的有機咖啡豆是表現最佳的，尤其是新鮮的當季豆表現更是細膩：圓潤、令人滿足的甘甜，不知不覺中就能感受到它的勁道，整體表現是迷人的溫和感。祕魯的咖啡種植區分為三大塊：北部為北產區（Northerns），中部有強恰瑪悠區（Chanchamayo）、愛亞庫卓區（Ayacucho），南部是庫茲克省及馬丘比丘省的烏魯邦巴區（Urubamba）以及庫茲克區（Cuzco），其中最具名氣的要屬強恰瑪悠區。祕魯有為數眾多的優質咖啡合作社。

巴西 Brazil

在過去，巴西由於使用粗糙的採收及大批處理法，大量製造低價劣質的阿拉比卡咖啡豆，因而有著很差的風評；但是即使如此，巴西咖啡中表現最好者，仍有著一貫的溫和、甘甜、中等黏稠度以及相對較柔和的酸質，這使得巴西的阿拉比卡咖啡豆一直受到義式濃縮及深焙咖啡豆愛好者的喜愛；而品質中上的巴西咖啡豆中最耳熟能詳的便是巴西聖多斯商標（Santos）咖啡豆。以這商標為名的巴西咖啡豆，一般都是經過乾燥處理的程序而製作出的，以往巴西的小傑瑞斯州（Minas Gerais）以及聖保羅州（Sao Paulo）等產區，都將咖啡豆運送到聖多斯港集中出貨。

但是，現在有越來越多的巴西咖啡莊園，開始積極地要將他們精心生產的高品質咖啡豆，推廣到北美的精品咖啡豆市場。而其以莊園為單位行銷於國際市場上的巴西咖啡豆，主要有三種處理方式：

1. 水洗處理法（Wet/ Washed Process）。

2. 乾燥／天然處理法（Dry / Natural Process）。

3. 黏膜天然發酵處理法（Pulped Natural）。

　　一般典型而言，經過水洗處理的咖啡豆，有著所有巴西咖啡豆中最明亮、清澈的口感，而且還有著最獨特的酸質；而中上品質的乾燥處理巴西咖啡豆，則有著更為飽滿的黏稠度以及更高一些的複雜度，不過酸度較低；黏膜天然發酵處理法製作出的巴西咖啡豆，其風味介於前兩者之間：風味清澈中帶有果香，均衡度表現佳，酸質細膩但卻濃郁。巴西的咖啡莊園也有標榜老樹種的行銷方式，通常都聲稱莊園內的咖啡豆是出自波旁種的咖啡樹。比起新樹種來說，波旁種的咖啡豆雖然不見得絕對比較好，但通常都會有較獨特的風味表現。巴西咖啡豆與祕魯咖啡豆一樣，在新豆時期烘焙，杯中表現的風味最好；若存放超過一年，通常多數的巴西咖啡豆風味會減弱許多，甜度也會跟著降低。

東非及葉門

葉門 Yemen

　　葉門的摩卡咖啡豆中表現最佳者，是以傳統的乾燥處理法製作出的傳奇咖啡豆：酸質中帶有著濃郁、密集的水果及紅酒調調，中等到飽滿的黏稠度，以及詭譎多變的野性、自然特徵。在北美精品咖啡市場中可以見到的葉門咖啡豆，多數是以馬他力（Mattari，在葉門為一個咖啡產區，同時也是咖啡豆的品名）、山娜妮（Sanani，是一款混雜首都沙那附近許多小咖啡園產的混合咖啡豆）為主。這兩者相比，山娜妮咖啡的均衡度表現較好，而馬他力咖啡則有著較高的酸度以及獨特性。另外一款名為伊詩邁麗（Ismaili，亦為一咖啡產區名，同時也代表阿拉比卡種的其中一個樹種名），這款咖啡豆顆粒小，狀似豌豆，有著更具代表性的葉門咖啡豆風味特徵。葉門咖啡豆的風味流失速度非常快，最佳賞味期限也是在新豆期間，尤其是每年的秋冬之交那幾個月份。

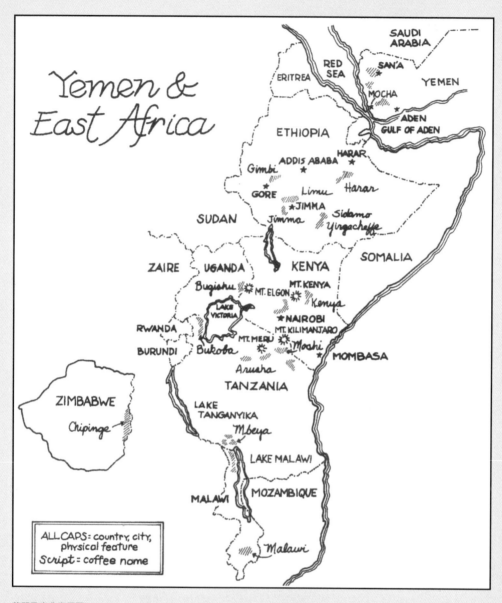

葉門及東非產區圖

衣索比亞 Ethiopia

衣索比亞的乾燥處理咖啡豆中，哈拉爾摩卡（Harrar，亦名為 Harer、Harriar 或是 Harrer）是當今世界上最好的咖啡豆之一，均衡的風味中帶有爆炸性的香氣，隱約帶有藍莓及紅酒的調調。通常哈拉爾摩卡會被用於調配摩卡─爪哇配方，替代葉門摩卡豆的位置。而金碧摩卡（Gimbi，亦名為 Ghimbi）以及另一款乾燥處理的季馬摩卡（Jimma，亦名為 Djimah 或是 Jima）、乾燥處理的西達莫摩卡等等，則是衣索比亞中品質略遜的等級，不過同樣都有著野性風味以及紅酒調性，黏稠度的表現則較為單薄，風味的質感上也較為粗糙。

而衣索比亞的水洗處理咖啡中，耶加雪菲（Yirgacheffe，亦名為 Yrgacheffe）是當今世界上最具風味獨特性的其中一款咖啡豆：有著強烈撲鼻的花香、檸檬香，酸質濃郁卻柔軟宜人，口感刺激度中等，中等偏單薄的黏稠度。而標上利姆（Limu）、水洗處理西達莫（Washed Sidamo）以及水洗處理季馬（Washed Jimma）等品名的衣索比亞咖啡豆，風味非常近似耶加雪菲，但在花香及獨特性表現上風味的密集度略顯不足。

肯亞 Kenya

肯亞著名的小農咖啡業（Small-grower coffee industry）目前正從以往較多弊端的集中管理銷售模式，轉換成較具市場競爭力的開放式管理模式。雖然管理模式的改變造成了許多困擾，但肯亞仍然持續不斷地生產出高品質、表現穩定的好咖啡豆：酸質濃郁、強勁，帶有果香以及莓果的調調，為中等黏稠度、層次深沉的肯亞咖啡增添了一股活力。一般而言，肯亞咖啡豆最高的等級是「AA 級」，但並不是所有的 AA 級肯亞咖啡豆風味表現都很接近，事實上在政府拍賣場中銷售的 AA 級、不同出口商以及盤商所標示的 AA 級，都有風味表現上以及品質的落差。有些人深怕肯亞咖啡豆的品質，有可能會因為改種生命力更強的新樹種而下滑，不過即使有這種可能性，到目前為止卻都尚未發生品質下滑的現象。

坦尚尼亞 Tanzania

坦尚尼亞咖啡中表現最佳者，主要都是產自於吉力馬扎羅火山（Mount Kilimanjaro）以及美麓山（Mount Meru，靠近肯亞的邊界上）的山坡地，主要有三種商標：阿魯沙（Arusha）、莫西（Moshi）以及吉力馬扎羅（Kilimanjaro）。這塊區域的坦尚尼亞咖啡豆，有著近似肯亞咖啡般如紅酒質感的酸質。其他坦尚尼亞南部產區、靠近恩貝亞鎮（Mbeya）的水洗處理咖啡豆，則有著近似於衣索比亞次等級水洗處理咖啡豆的風味特性：柔軟、討喜的低調酸度，圓潤的口感，以及中等的黏稠度。而位在坦尚尼亞西部、靠近布科巴鎮（Bukoba）的產區，出產乾燥處理的廉價阿拉比卡種硬質咖啡豆（"Hard" Arabicas），在北美精品咖啡豆市場則完全見不到這種咖啡豆的蹤影。

馬拉威 Malawi

目前在北美精品咖啡市場中可以找到的馬拉威咖啡豆，其風味表現近似於坦尚尼亞水洗處理咖啡豆，風味柔軟、黏稠度飽滿。

烏干達 Uganda

烏干達的布吉蘇商標（Uganda Bugisu）咖啡豆有著近似於肯亞咖啡豆的風味特徵。

尚比亞 Zambia

目前正興起一股風味特性較柔軟、飽滿度較好的高品質東非咖啡豆，而這類咖啡豆主要出自於尚比亞。其中表現最獨特的，風味中結合了圓潤的甜味以及肯亞咖啡豆特有的莓果韻味。尚比亞出產的咖啡豆多來自於大名鼎鼎的樹種，其中最受重視的波旁種亦在此列。

辛巴威 Zimbabwe

辛巴威咖啡豆是東非咖啡豆中，另一種酸度強勁、帶果香紅

酒香調調的風味典型。該國東部靠近莫三比克邊界的奇濱吉區（Chipinge），出產了辛巴威最高品質的咖啡豆，該區的產量也是辛巴威之冠。辛巴威咖啡豆等級最高者為「053 級」，其分級依據是咖啡豆的顆粒大小。辛巴威也有許多出色的莊園咖啡豆。但是辛巴威目前有個隱憂：以往由家族經營的咖啡園，其原本的經營者被驅離，咖啡園則落入無產階級的農民手中。

亞洲

印度 India

印度的咖啡產區主要集中在南方的卡爾那塔卡邦（Karnataka）、塔米爾‧納度邦（Tamil Nadu）以及基瓦拉邦（Kerala）。印度的水洗處理咖啡豆，最常見的便是「Plantation A 等級」，以麥索（Mysore）這個商標為名行銷到市面上。其風味表現非常宜人，低調性的酸度、甘甜、中等黏稠度，有時還可能帶有花香及帶巧克力調調的果香味。來自於雪伐洛伊區（Shevaroys）以及尼利基里區（Nirigiris）的咖啡豆則有著明亮度較高的表現。而印度的莊園咖啡豆時常有出人意表的優秀表現，有的帶濃濃的酒味，有的帶著細膩的香料風味，有的則具有爆發力，酸度低調、風味濃郁。印度咖啡豆的最佳賞味期亦是趁新豆時期盡早烘焙、飲用。

印度風漬馬拉巴咖啡豆（Indian Monsooned Malabar）的製作過程，是將一支乾燥處理的咖啡豆，存放在特殊設計的倉庫中，受富含水氣的季風吹拂，一般都是在印度的東南部沿岸地區才能製作這種咖啡豆。風漬處理過的馬拉巴咖啡豆有著非常獨特的風味特徵，在上顎可以感受到一股厚重的怪異低調酸度，通常是帶著霉味的調調，在配方混合豆中扮演非常稱職的末段風味（Bottom-note）角色。

印度水洗羅布斯塔咖啡豆是以精細處理方式製作出的羅布斯塔咖啡豆，其中以皇家水洗羅布斯塔咖啡豆（Kaapi Royale），與帶殼羅布斯塔 A / B 等級（Parchment robusta A / B grade）最為著名，在羅布斯塔種咖啡豆缺乏風味變化的世界中，前兩者的表現可以說是

最佳典範：沒有酸度，類似穀類及核果類的調調，互相協調的甜味與苦味，以及非常深沉、渾厚的黏稠度（這正是為何高檔配方混合豆中會使用它們的主因）。

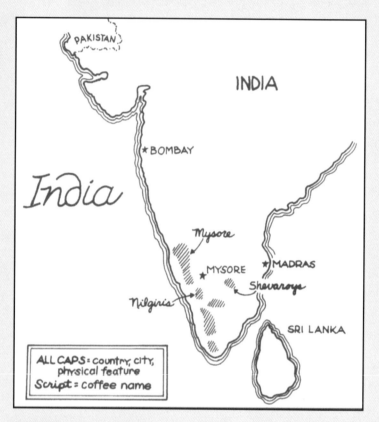

印度產區圖

蘇門答臘島 Sumatra

以傳統處理方式製作的蘇門答臘咖啡豆，其中表現最佳者，也是世界上最具產區風味獨特性的咖啡豆之一，包括以天然處理法或是乾燥處理法製造的曼特寧咖啡豆（Mandheling）、林東咖啡豆、安哥拉咖啡豆（Ankola）、阿切咖啡豆（Aceh）以及迦幼咖啡豆（Gayo，譯注 4-1-4）。但是這些咖啡豆同時也是世界上最令人困擾的咖啡豆，因為它們的品質變動幅度非常劇烈，風味也太偏向

注 4-1-4：「迦幼咖啡豆」與下文的「迦幼山脈咖啡豆」是兩款完全不同的咖啡豆。

刺舌的霉味。這些以傳統處理方式製作的蘇門答臘咖啡豆，通常都被標示為「天然處理法」或是「乾燥處理法」的處理方式類別，但是實際上卻是以一種在自家後院就可進行的簡易水洗處理法來製作的，而乾燥程序也是用非制式的方法進行，這兩項因素便造就出蘇門答臘咖啡豆的獨特：有著悠遠、深沉的帶果香酸質，飽滿的黏稠度，以及帶有濃郁缺陷風味的尾韻。

　　林東咖啡豆產自於靠近托巴湖（Lake Toba）的小區域，是所有以傳統處理方式製作的蘇門答臘咖啡豆中，最具獨特性的咖啡豆。而曼特寧咖啡豆則是產自於除了林東產區以外所有環繞托巴湖的區域，知名度僅次於林東咖啡豆。而阿切咖啡豆以及迦幼咖啡豆則是產自於蘇門答臘島最北端碧華湖（Lake Biwa）周圍的盆地區域，這兩款咖啡豆的名氣都遠不如前二者。但在這些產區裡都可能找到相當傑出的咖啡豆。此外，咖啡豆到底出自於哪一個產地，在包裝麻袋上是完全無從分辨的。

　　蘇門答臘也出產以水洗處理方式製作的咖啡豆，其黏稠度表現略薄一些，酸質的調性較高，複雜度的表現也比傳統處理方式製作的咖啡豆略遜一籌。不過水洗處理的蘇門答臘咖啡豆，品質穩定度就非常可靠。最常見的就是迦幼山脈水洗咖啡豆（Gayo Mountain Washed），是出自亞齊省（Aceh Province）的碧華湖區域。

蘇拉威西島／席麗碧島 Sulawesi/Celebes

　　以傳統處理方式製作的蘇拉威西咖啡豆，表現最佳者有著近似於高檔次蘇門答臘咖啡豆般深沉、濃郁的風味特質，但是其缺陷風味的尾韻表現則更甚之，像是土壤味、濕氣的味道、蘑菇味、皮革味以及煙草味等等；有的也許會有更噁心的味道，像是非常濃郁的霉味或是堆肥發酵中的味道。但是對於有技巧、洞察力敏銳的國際咖啡生豆採購者來說，挑選出好的傳統處理蘇拉威西咖啡豆，要比挑選全世界其他精品咖啡豆來的容易許多。以水洗處理方式製作的蘇拉威西咖啡豆，其清澈度較佳，黏稠度表現稍微薄弱些，但品質穩定度也比傳統處理方式的蘇拉威西咖啡豆還可靠，但從另一方面

來看，則是少了那麼一點點驚喜的機會。蘇拉威西島上幾乎所有的精品等級咖啡豆，都產自於塔拉加產區（Toraja，舊稱 Kalossi，卡洛西）。

爪哇島莊園級阿拉比卡種咖啡豆 Java Estate Arabica

爪哇島上所有的阿拉比卡種咖啡豆都是以水洗處理的方式製作。其中表現最佳者有著稍微厚重到中等的黏稠度，以及相對而言較細膩的酸質（通常帶有花香以及高調性的水果風味）。不過另一方面，爪哇島的阿拉比卡種咖啡豆，因為處理程序中的乾燥及存放條件缺失，常有不穩定的缺陷風味表現，而蒙上一層惡名。國有莊園共有五座，其中最出名的有珍彼特莊園（Jampit）以及布拉旺莊園（Blawan），另外島上也有若干私有的莊園。

帝汶 Timor

在帝汶對抗印尼政府進行獨立運動之前，其以傳統方式製作的咖啡豆，在風味清澈度以及乾淨度兩方面，比起蘇門答臘以及蘇拉威西島出產的咖啡豆來得好一些，不過仍然保有亞太島嶼咖啡產區的風味優點：層次深沉、低調卻濃郁的酸質，在口中的變化感從果香味到麥芽味、霉味、皮革味以及煙草味調調。目前觀察看來，獨立成功的帝汶應該是即將要再將頹靡已久的咖啡業振興了，而以往具有那麼多優秀風味特質的帝汶咖啡豆，也將重新面世。所有自帝汶出產的咖啡豆都將繼續保持合乎有機認證的栽種及製作方式。

巴布亞‧新幾內亞 Papua New Guinea

在這個一直以來未受重視卻又充滿驚奇的產國中，主要出產兩種不同風味走向的咖啡豆類型：

1. 出自大型農莊或莊園的經典水洗處理式咖啡豆，如西格里莊園（Sigri）以及亞羅那莊園（Arona）。
2. 出自較小型農莊、採類似蘇門答臘以及蘇拉威西地區的自家後院簡易水洗處理法（即傳統處理法）的咖啡豆，這類咖啡豆有著非

印尼、新幾內亞及夏威夷產區圖

常不尋常的風味特性。

新幾內亞的中、大型莊園，一直以來都出產出色又獨一無二的水洗處理式咖啡豆。其酸度雖然高，但又不失均衡感，另外還有非常豐富的高調性風味變化，包括花香以及類似葡萄柚的柑橘類調性。而小型咖啡園生產的咖啡豆，一般都以「有機認證合作社」或是「Y等級」等標示行銷於咖啡豆市場上，杯中表現類似表現優異的蘇門答臘／蘇拉威西傳統處理式咖啡豆，除了有著濃濃的果香味，黏稠度飽滿、風味深沉，有著介於霉味—過度發酵味之間的風味毛邊。

澳大利亞 Australia

在北美精品咖啡豆市場中，偶爾可以見到來自澳大利亞的莊園咖啡豆。截至目前為止，由筆者親口測過的澳大利亞咖啡豆，黏稠度表現普遍都不錯，甜度也恰到好處，但是缺乏風味獨特性以及複雜度。

夏威夷 Hawaii

世界最知名的可娜咖啡豆就是產自於夏威夷大島（Big Island）的西側沿岸地帶，其風味的特徵較近似於拉丁美洲咖啡豆的感覺，反而不像鄰近的亞太島嶼咖啡豆（如印尼或新幾內亞）。可娜地區出產的咖啡豆，都有著非常不錯的清澈度以及均衡度，其中表現最佳者，在酸質的表現上更是突出：濃郁、高調性；還有果香味調調、中等到飽滿的黏稠度，以及非常複雜的香氣表現。可娜產區在咖啡世界的地位，就好比那帕山谷（Napa Valley）在紅酒世界的地位一般崇高，越來越多出色的小型咖啡莊園競相爭取遊客以及咖啡愛好者的認同。

在夏威夷其他的島嶼上，則是有較大型的咖啡農莊生產咖啡豆，但相對於可娜區來說，其他島嶼種植咖啡樹的海拔高度都較低，因此其咖啡豆的酸度表現較為中庸，不過風味仍屬有趣，也不斷地在進步當中。來自摩洛凱島（Molokai）上的咖啡豆主要

有兩種，一是水洗處理方式的「馬魯拉尼莊園咖啡豆」（Malulani Estate），另一個則是乾燥處理方式的「摩洛凱穆雷斯金納咖啡豆」（Molokai Muleskinner），兩者都有著特別迷人的香料—煙草—麥芽風味變化。產自卡瓦伊島的咖啡豆風味則變化較少，但其甜度以及濃郁的口感表現都還不錯。

Chapter 5

如何開始
烘焙咖啡？

烘焙器材、烘焙方式，以及關於烘焙的問與答

在筆者出版本書的第一版時，市面上並沒有任何為在家烘焙咖啡豆而設計量產的家用烘豆機。在當時，若想要在家烘焙咖啡豆，你必須在毫無準備的情況下開始；不過到了今日，市面上各式家用咖啡豆烘焙器材已是琳琅滿目，個個都期望能成為家用咖啡豆烘焙機中的巨星，同時也為本書讀者群——也就是各位衷情於咖啡烘焙的玩家們——帶來娛樂的效果。

事實上，就目前來說，最「完美」的家庭用咖啡烘焙器材仍未出現，不過「完美」就某個程度而言其實是很索然無味的。此外，目前市面上可見的各式烘焙器材，都結合了自動化的效率、提供人們足夠的烘焙練習，以及在烘焙時讓我們偶爾能感受到一股咖啡的浪漫氣息。

附帶一提，除了這些量產的機器之外，當然也還有許多其他比較原始、入門的家庭烘焙方式。對於某些很有耐心、且不需要擁有「離線自動化工作又兼顧安全性」的咖啡愛好者而言，這類較原始的烘焙方式不僅提供了他們一些家用烘豆機無法提供的利基，同時也讓人們享受到更多 DIY 的滿足感。這類型的烘焙器材比起家用烘豆機便宜許多。談到價格，目前市面上的家用烘豆機價位區間在 70 美元到 580 美元之間不等；而這些較原始的烘豆器具，從製作到完成的花費卻不到 30 美元。

接下來的頁面，將為各位讀者介紹包含各式家用烘豆機以及原始型的烘豆器材，分析各自的優點以及器材之限制，並提供其烘焙要點，供各位參考。以期能讓大多數人，不論用哪一種烘焙器材，都能得到很好的烘焙結果。接著，各位也將看到關於溫度控制、

烘焙色度、冷卻、銀皮及煙塵處理方式的建議要點，另外還特別為了更熱情的玩家們提供了烘焙記錄表，讓各位能更有系統地烘焙咖啡。

　　為了省時起見，各位讀者可以隨手寫下筆記，或是往後再翻個幾頁，本章所提的各個重點實用資訊都可以在第 186 ～ 224 頁的「在家烘焙咖啡豆的器具選擇以及操作程序快速導覽」中看到，筆者將以要點式的方式來說明。

烘焙咖啡要件

　　為了便於往後的介紹，讓我們先複習一次烘焙咖啡豆時必須注意的事項：

· 咖啡豆必須經過華氏 460 ～ 530 度的高溫烘焙（約為攝氏 240 ～ 275

阿拉伯的咖啡儀式。「儀式」（Ceremony）一詞大概始聞於歐洲的評註者，由於該儀式近似於著名的日本「茶道」（Tea ceremony），故評註者以此命名。咖啡儀式比起茶道中的陣仗（有茶桌等設備）較沒那麼講究，但在技術層面來說卻相對較複雜，因為在這個儀式中，不僅是要沖煮以及飲用咖啡，還要加上烘焙及研磨的步驟。圖中見到的是已烘焙好的咖啡豆正被放在木製研缽裡搗碎的情形。同時，沖煮咖啡用的水也在前方的開放式火坑中加熱著，烘焙咖啡豆用的長柄匙以及攪拌咖啡豆用的刮刀被整齊地放置在火坑邊的一角。此圖是依二十世紀初期的一張照片所繪成。

度），若在咖啡豆周圍的空氣流動速度較快時，這些測得的溫度值有可能更低，例如熱風式〔（Hot-air），或稱氣流式（Fluid-bed）〕的烘豆機裡即是如此；反之，若在咖啡豆周圍的空氣流動速度較慢時，測得的溫度值則會更高，例如家裡使用的瓦斯爐。

· 咖啡豆（或是其周圍的空氣）必須保持流動狀態，以避免烘焙不均勻以及烤焦的情形。

· 烘焙必須停止在適當的時機（以下簡稱為「下豆點」），且必須立即冷卻（立即且有效率的冷卻是常被忽略掉，但卻又偏偏是咖啡烘焙中很重要的元素）。

· 必須預先為排放煙塵做好準備工作。

以下將為各位介紹一些機器以及使用方法，讓各位在家中烘焙咖啡豆時也能很容易達到以上的目標。

烘焙方式及烘豆機概論

烘豆機以三種主要的傳導方式將熱能傳到咖啡豆上：

· 對流熱：以快速流動的熱空氣將熱能傳導到咖啡豆上。

· 傳導熱：直接接觸已受熱的烘焙室，將熱能傳導到咖啡豆上。

· 輻射熱：烘焙室壁面或熱源直接散發出輻射熱來加熱。

此外，筆者推測即將會有一台出色的微波咖啡烘焙系統問世，這種系統將是以微波與輻射結合起來做為主要熱源。

雖然現今沒有任何一種烘焙方式或是機器，是同時兼具這三或四種原理的熱傳導功能，但市面上的這些機器，已讓我們知道從何開始，也能更了解各種家庭用烘豆機背後的科技原理，對最後所喝到的杯中物有何影響。

熱風式或氣流式烘豆機

這類型的烘豆裝置幾乎全以對流熱為主要的熱源。快速流動的一陣陣熱空氣在咖啡豆周圍翻騰不息，同時翻攪並加熱咖啡豆。目前體積最小、最便宜的家庭用烘豆裝置就是以這種原理設計的，例如被拿來當作咖啡烘焙入門使用的熱風式爆米花機。這類的烘豆

注 5-1-1：小型家用機種一般僅稱作熱風式，而氣流式這個詞，常指營業用的較大型、熱風回收效率高的機種。但本書之所以不作分別，乃僅著眼於其加熱的方式，並未針對其他的裝置、設計作探討；另外，本書原作者的切入角度是家用機種的操作，並以較淺顯易懂的方式來描述。

機直接將烘焙過程中產生的煙塵吹出，並且以最有效率的熱傳導方式，使整個烘焙過程非常的快速。以這方式烘焙出來的咖啡豆，喝起來風味相對較為明亮、乾淨，且較尖銳；甜度及酸度的表現相對於其他烘焙方式會較為突出，而黏稠度則會相對稍嫌單薄。目前市售的熱風式（或稱氣流式，譯注 5-1-1）烘豆機包括有 Fresh Roast（第51 頁及第 187 頁）、Brightway 生產的 Caffe Rosto（第 156 頁及第187 頁）、Hearthware Gourmet Coffee Roaster（第 187 頁）。

對流較緩和的烘豆機

使用一台 Zach & Dani's Gourmet Coffee Roaster（第 51 頁及第190 ～ 192 頁）烘焙咖啡豆，此時咖啡豆同時受對流熱加溫，且又受到烘焙室中央螺旋式攪拌器的機械式攪動，這台烘豆機由於有著

右圖為 Sirocco 家用烘豆機，在 1970 到 1980 年代間由德國製造並進口至美國，是一台小型的氣流式烘豆機。它的咖啡豆冷卻流程由計時旋鈕來控制，是一項非常方便的設計；在玻璃烘焙室上方有一金屬製的銀皮收集器，在其內有紙製過濾器，可以有效控制烘焙過程產生的煙塵。目前 Sirocco 烘豆機已停產。

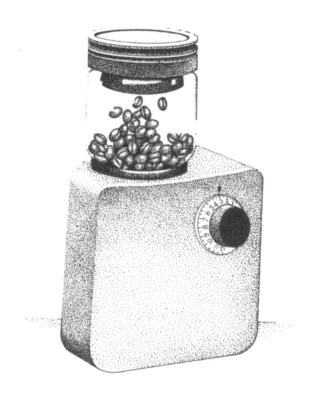

較為緩和的對流熱源，因此在烘焙時間上，相較於一般的純粹氣流式烘豆機而言，顯得較為從容、緩慢。

另外，使用家中烤箱來進行烘焙的克難烘焙法，也歸類在這一類烘焙器材中。此種烘焙法主要是將咖啡豆置於有孔的鍋中，再將這個鍋移入加熱效率高低不等的各種烤箱中烘焙咖啡豆（一般普通的烤箱其熱風加熱效能較低，而另外有一種對流熱功率可調式烤箱則提供了較高的熱風加熱效能）。

使用這一類型的烘豆器具，烘焙出來的咖啡豆，與純粹氣流式烘豆機的成果相比，其風味喝起來屬於沉穩、酸度及甜度較不明亮、黏稠度則是相對較厚重些許。

微波式烘豆器具

時下最新奇的家用小批量烘焙的妙點子，就是微波烘焙科技（Wave-Roast technology）。用微波爐來烘焙咖啡豆這個點子實在是很巧妙，咖啡豆被包裝在一個特殊設計的硬紙板製的袋子或是圓錐筒裡，在烘豆袋內緣有熱反射內襯的設計，咖啡豆是以微波及這種內襯散發出的輻射熱來烘焙。烘焙過程中產生的煙塵大多受阻於烘豆袋中，而這種紙製的烘豆袋一方面來說也扮演著過濾器的角色。目前還有一種最新的圓錐筒構想，是設計一種可重複使用，且可在微波爐內以電池驅動、促進咖啡豆翻滾的圓錐筒，這麼一來烘出來的咖啡豆就更均勻了。目前使用的硬紙板烘豆袋有個缺點，就是使用者必須時常打開微波爐將烘豆袋翻攪均勻，以這種烘豆袋烘焙出來的咖啡豆均勻度還是不盡理想。

在此所提及的這兩種微波烘焙設計都尚未正式上市，原因是缺乏金援。此外值得質疑的是，紙製的烘豆袋即使在日後科技更發達的時代，其方便性應該也不會比圓錐筒設計來得好，因此筆者較看好後者的未來發展可能性。

用微波式烘焙出來的咖啡豆，嘗起來的風味較沉穩，黏稠度非常厚實。推測有可能是因為在烘豆袋內的咖啡豆，將釋出的水氣及煙味回吸所致，以至於酸度、甜度及層次變化度都不明顯了，在複

注 5-1-2：原因同注 5-1-1，
Alpenrost 和 Hottop Coffee
Roaster 的工作原理及結
構與真的鼓式機種並不全
然相同。通常鍋壁厚度
大、具持溫性，且由軸心
轉動的密閉烘焙室稱作
「鼓式」；此兩款家用機
種並沒有完全符合這些條
件，因此譯者在此僅稱這
兩款機器為「滾筒式」。

雜度的表現上則是很混濁難辨的。但是，微波烘焙科技有它自己的一條路，在深焙豆的表現上，它烘出的咖啡豆仍能保有極佳的甜度，並避免了深焙的碳味及焦味，深焙風味中表現出的是深沉的、香料的風味，而不是苦味及苦辣的銳利感。

鼓式烘豆機

　　這是最貼近傳統的家用烘焙方式，咖啡豆在佈滿孔洞的滾筒中翻滾攪動，同時受到滾筒壁的幅射熱、傳導熱以及鼓風機帶動的緩慢對流熱來進行烘焙。目前以接近（譯注 5-1-2）此種原理而設計的市售家用滾筒式烘豆機有兩種：Swissmar 的 Alpenrost（第 158頁），以及 Hottop Bean Roaster（第 193 頁）。

　　以 Alpenrost 的緩慢對流熱，以及相對較長的烘焙時間烘焙出的咖啡豆，其風味走向較偏向圓潤、低沉、黏稠度飽滿、酸度較不明亮，其複雜度的表現也較偏向後段的變化，前段的變化較不明顯。而使用 Hottop Bean Roaster，其較輕快的空氣對流以及具關鍵影響的冷卻系統設計，烘焙出的咖啡豆嘗起來風味有著極佳的清晰度及均衡度、中等的黏稠度、不錯的甜度，以及清亮但卻不會太尖銳的酸度。

卡式爐、瓦斯爐上的烘豆器材

　　這類型的烘焙方式，完全是以幅射熱以及金屬的直接傳導熱來進行，咖啡豆裝盛在鍋狀的烘焙室中，在家中的瓦斯爐（或是卡式爐）火源上加熱，在該器材的頂端有一曲柄延伸出來，搖動這個曲柄可以帶動烘焙室內的攪拌棒，將烘焙室中的咖啡豆攪拌均勻。使用這種器材進行烘焙，烘焙時間較長，且烘焙過程中產生的煙塵不易排出，圍繞在咖啡豆周圍，容易影響到最後的烘焙成果。用這種器材烘焙出的咖啡豆，其口感較圓潤、低沉，酸度較不明亮，複雜度的表現也集中在後段的變化。

　　目前以這種原理進行烘焙的器材有 Aroma Pot 半磅咖啡烘焙器及 Whirley Pop 爆米花機（前身稱為 Felknor Theatre II）。前者是較

傳統、陽春型的裝置；後者則經過改良，設計中多了一處可以放置探針式指針溫度計的位置（第 203 頁以及第 210 頁）。這個器材目前有專為烘焙咖啡豆而設計的版本，可在某些網站上郵購。

哪一種烘焙方式是最好的？

要如何從這麼多種類的烘焙方式中，選擇一個最適合自己的呢？這個問題必須從以下各項考慮因素中，找出一個折衷的選擇：

・取得方便性：瓦斯爐為火源的爐上烘焙器材是最容易取得的。

・咖啡豆烘焙量：鼓式烘豆機、爐上烘焙器材，以及烤箱式的烘焙方式，每批次烘焙量都遠比氣流式、微波式，或是 Zach & Dani's 烘豆機來得多。

・排煙量大小：目前來說以 Zach & Dani's 烘豆機煙量最小，而煙量最大的是兩種鼓式烘豆機以及爐上烘豆器材。

・個人風味表現偏好：依明亮程度排列，依序為明亮、乾淨、清亮但不尖銳、低沉到圓潤。

・對某些朋友來說，浪漫情懷以及傳統由來可能是考慮買一台烘豆機的因素。以這為主要考慮重點的話，或許 Hottop 烘豆機以及 Aroma Pot 爐上烘豆器材可能是首選。

・價格：越原始的器材理所當然是越便宜的，最低 30 美元就可以自己動手做出一台；最貴的滾筒式烘豆機價位則在 280 美元到 580 美元之間，其他類的烘豆機則介於此兩種價位之間。

在第 186 ～ 224 頁的「在家烘焙咖啡豆的器材選擇以及操作程序快速導覽」單元中，將針對各式不同的烘焙器具、方式，為各位做一個初步的優、缺點分析。

氣流式烘豆機介紹

再一次說明：氣流式或是熱風式的烘焙方式，是以強勁的風力加熱並翻動咖啡豆，就像熱風式爆玉米花機的原理一樣。

烘焙咖啡專用氣流式烘豆機

在文中提及的三種目前市面上可找到的家用氣流式烘豆機，其

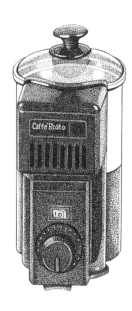

圖為 Caffe Rosto 氣流式家用烘豆機。工作原理是由機器底部馬達吹送空氣經過加熱線圈，再將熱空氣吹入烘焙室，同時加熱並攪動烘焙室中的咖啡豆。機器前方的時間旋鈕可控制烘焙的時間長短，並可以自動進入冷卻階段。在機器頂端有一個透明的玻璃上蓋，讓操作者可以由上而下觀測豆貌的顏色變化。烘焙過程中產生的銀皮，都被吹送到旋鈕開關上方的銀皮收集器中。

注 5-1-3：銀皮、皮屑若停留在烘焙室中，容易燃燒。因此產生的煙味、焦味，將會吸附在咖啡豆表，影響整體風味。

基本工作原理以及功能是大同小異的。

· 每一烘焙批次的咖啡生豆量都較少（大約 3 ～ 4 盎司重），以強勁的熱空氣翻動並同時烘焙咖啡豆，大約 4 ～ 10 分鐘之間就完成一批次的烘焙流程。

· 每一台都有時間旋鈕的設計，可以自動由烘焙加熱的階段轉換到冷卻階段，風扇在加熱器關閉時不受影響繼續運轉，將同室溫的冷空氣吹送到咖啡豆上加速進行冷卻。

· 每一台都可以讓你目視整個烘焙過程的外觀變化。

· 每一台都可以隨意增加或減少烘焙時間，甚至在烘焙過程中間也可以自由調整時間的增減。

· 每一台的烘焙室頂端都有收集銀皮的裝置，不但能攔阻銀皮，還能攔住更細小的皮屑，防止銀皮在烘焙進行時四處飛散，堆積在廚房的死角或是飛到菜餚之中。

克難的熱風式爆米花機

結構合適的某些熱風式爆米花機，也是一種很有效率的入門家用烘豆器材，使用某些類型的爆米花機還能稍做修改，增加可以放置溫度計的位置，如此便可以觀察烘焙咖啡豆時的溫度變化。整個修改的流程耗時不到五分鐘的時間，多了這道程序，您便可以增加一項「監測溫度變化」的參考指標，而不是單單以外觀及顏色變化，來判別咖啡豆的烘焙程度，這部分的詳細說明請參考第 203 頁內容。不過，使用這類熱風式的爆米花機來烘焙咖啡豆，比起專門為烘焙咖啡豆而設計的其他幾款機器來說，您將需要更加小心謹慎地操作。比方說若要強制中斷烘焙，您可能必須要拔掉插頭，且必須將烘焙完成的咖啡豆以另外一個裝置進行冷卻的步驟。

再者，爆米花機還有另一項困擾，就是烘焙過程中產生的銀皮、皮屑不受阻攔。往好處來想，熱風式烘豆器材在烘焙進行時，可以將銀皮、皮屑吹離烘焙室（譯注 5-1-3）；而往壞處來看，爆米花機不像那些專為烘焙咖啡而設計的機器一樣，有可以收集銀皮的裝置。因此每次烘焙時，銀皮、皮屑都會如雪花紛飛，徒增清理

上的困擾。但是一些有塑膠製導風口設計的爆米花機（請見第 208 頁），則可以另外做一些修改，就可以改善這個問題。

　　銀皮造成的另一項潛在危險，就是會導致某些款式爆米花機的燒毀，因此，建議各位朋友選用第 206 頁所介紹的這些款式來烘焙咖啡豆；換句話說，就是盡量選擇烘焙室周圍有漩渦式出風口，並可以將在烘焙室底部的豆子以漩渦狀吹動的設計；不要使用底部是網狀或窄縫出風口設計的爆玉米花機。因為這些設計，容易使銀皮掉落進到加熱線圈附近堆積，日久將容易造成火災的危險。

　　另外一點請特別注意：若您為了烘焙咖啡豆而選擇自行修改爆米花機，您就喪失了這台機器的製造商保固權益，因為修改機器的目的已不符合該機器原先的用途。在本書中建議使用的機種同時兼具經濟、耐用、烘焙耐受度廣（從淺焙、中焙到深焙皆可）的優點，但是若您喜好更深烘焙度的咖啡（如義式、法式重烘焙），那麼或許您還是買一台專門設計來烘焙咖啡豆的機器較妥當。

　　在本書的第 205 ～ 210 頁，有針對熱風式爆米花機的完整烘焙操作建議，此外您可能會需要的加裝溫度計的修改建議，也可見於該篇幅中。

Zach & Dani's 烘豆機

　　這款新型的家用烘豆機與現今市售的其他烘豆機非常不一樣，其獨特性有二：

· 這款機器是以對流熱為主要熱源，但翻攪的功能卻是由機械結構帶動，這個機械結構體呈螺旋狀，位於烘焙室的中央，具有攪動、將咖啡豆往上方帶、之後又落下等等周而復始的功能。

· 特殊的觸媒轉換器設計，能將烘焙過程中產生的煙塵非常有效地過濾，這是其他家用烘豆機完全無法匹敵的創新設計。

　　Zach & Dani's 烘豆機的熱風速率以及加熱效率，比起其他的家用氣流式烘豆機來說相對緩和許多，因此用這一台烘豆機烘焙，所需的總烘焙時間是相對較長的，一般來說每批次的烘焙需耗時 20 ～ 30 分鐘（含冷卻時間）；另一方面，Zach & Dani's 烘豆機每

一批次的烘焙量，比起其他純粹的氣流式烘豆機稍大一些。由於整個烘焙過程是較緩慢的，因此烘焙出的咖啡豆，其風味的層次清晰分明，但是跟烘焙速度飛快的氣流式烘焙（如 Fresh Roast 或 Hearthware Gourmet 烘豆機）成果相比，Zach & Dani's 烘豆機烘出的咖啡豆屬於較低沉、酸度較低、甜度較高。

　　Zach & Dani's 烘豆機的操作方式是屬於電子式的，而非機械式的。操作方式是按鈕，而不是以彈簧驅動的時間旋鈕；我們只需讀取數位屏幕上的時間倒數，就可以知道何時會結束烘焙。而且在烘焙進行中，如果想要臨時增加烘焙時間，也可以自由設定、調整。綜觀前述各項功能，Zach & Dani's 烘豆機可以說是目前市面上所有家用烘豆器材裡，操作方式最具彈性且最精密的一台機器。

　　價格上來說，Zach & Dani's 烘豆機價位（含磨豆機約為 200 美元）落在一般結構簡單的家用氣流式烘豆機以及批次烘焙量較大的鼓式烘豆機之間（前者價位在 70 ～ 150 美元間，後者則是 280 ～ 580 美元間）。您可在本書第 51 頁看到 Zach & Dani's 烘豆機的圖片及解說；在第 190 ～ 192 頁則可以找到這台機器的詳細資料以及操作建議；在「相關資源」處可查詢到購買這台烘豆機的資訊。

家用滾筒式烘豆機

　　在目前的市面上，有兩款家用滾筒式烘豆機的選擇：Swissmar 製造的 Alpenrost 烘豆機，以及 Hottop 烘豆機。兩者的烘焙方式都很接近傳統式的專業鼓式烘豆機，因此對於浪漫情懷有特殊要求的人，這兩款機器都很符合他們的要求。

　　此外，這兩款機器每一批次烘焙量都可以達到 8 ～ 9 盎司，明顯比其他家用機種高出許多。但在另一個角度來說，這類機器每批次的烘焙時間比起氣流式的小機器慢很多，而且在烘焙時的煙塵量也大很多，這是很容易理解的，因為烘焙量大，煙塵量自然也大。再者，這類型的機器價格上也比其他家用機種高出一大截：Alpenrost 一台要價 280 美元左右，Hottop 則是 580 美元左右。最

後看到體積問題，這兩款機器跟 Zach & Dani's 烘豆機一樣很佔空間，而家用氣流式則是很迷你又不佔空間。

雖然這兩款機器的烘焙原理相同，烘焙量及烘焙時間也接近，且都是以數位控制的方式操作，但它們仍有許多不同之處：

· Hottop 烘豆機設計有一個透明的玻璃觀豆窗，便於觀察咖啡豆的顏色變化；Alpenrost 則是完全不透明，只能以按鈕按下烘焙時間，然後必須配合歷經多次失敗累積來的聽音、聞味等技巧，才能大致判斷約略的烘焙深度。

· 使用 Hottop 烘豆機冷卻烘焙完成的咖啡豆，是將咖啡熟豆排出烘焙室外的冷卻盤上，這是其設計上先天的優點；而 Alpenrost 的設計則是讓烘焙完成的咖啡豆，在烘焙室中以一股接近室溫的冷空氣進行冷卻。

· Hottop 烘豆機的外觀上較為傳統，而 Alpenrost 烘豆機則看起來較具科技感。Alpenrost 的外部設計比起市面上其他各款家用烘豆機，在烘焙進行間觸摸其機殼表面不會燙手，但是 Hottop 的外殼就非常容易造成燙傷，該機器的製造商承諾未來將會針對這個缺點改良，讓機殼有隔熱的功能。

下頁是 Alpenrost 的圖片及說明，您可在第 194 頁找到這一版本的 Hottop 烘豆機圖片，在第 192 ～ 196 頁有這兩台機器的詳細介紹以及使用建議，並可在「相關資源」處查詢購買這兩台烘豆機的資訊。

微波爐式烘豆器材

僅僅使用微波加熱咖啡豆是行不通的，但是有一群不信邪的天才技師們，現已發展出一套能使用微波爐進行烘焙咖啡豆的有效方法，而且是令人難以置信地成功了！

順便一提，在撰寫本文的同時，一間名為 Smiling Coffee 的商家有提供以微波爐預先加熱過一次的半熟咖啡豆，買回家以後必須再以微波爐烘烤一次。雖然名為新鮮烘焙，但事實上非常諷刺且無意義！筆者蠻希望這種怪異的烘焙方式能從世界上消失，假使將來

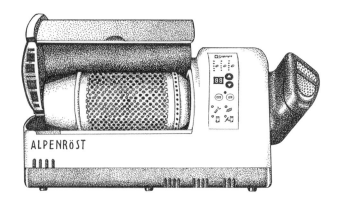

右圖為 Swissmar 製造的 Alpenrost 烘豆機。咖啡豆在佈滿孔洞的滾筒中烘焙，其外為一可掀起的保溫罩，其加熱裝置是電熱管，位在滾筒底部。烘焙進行時保溫罩是完整包覆住滾筒的，藉以穩定烘焙室內部的溫度，並阻絕來自內部的熱度，使外殼保持不燙手的溫度。右方延伸出來的元件可以旋轉，自由調整出煙口的方向，可導向排氣風扇或是空氣流通的窗口。

這種方式仍存於世上，也希望各位在家烘焙者盡量不要選用這種烘焙法。

然而，同時又有另外一間名為 Wave Roast 的商家，旗下的技師們發展出一套真正能在微波爐中直接烘焙生咖啡豆的技術。訣竅在於包裝生咖啡豆的袋子設計，有能轉換部分微波為輻射熱能的內襯，輻射熱針對咖啡豆表面烘焙，而微波熱則針對咖啡豆內部烘焙。

在撰文同時，筆者並不清楚未來 Wave Roast 這家公司設計的各款微波烘豆烘豆袋，能否量產並推廣到市面上。該公司的設計概念就是在一個烘豆袋內裝著生咖啡豆，能夠使咖啡豆在微波爐中進行烘焙，這種袋子雖被封口，但其材質卻是硬質、多孔的紙板，烘豆袋可以過濾掉大部分在烘焙進行時產生的煙塵，在烘焙完成後，打開烘豆袋時只會逸出一小朵的煙霧。但為了避免烘焙不均勻，在聽到咖啡豆第一爆開始時（第一爆象徵咖啡豆開始由生轉熟），必須將微波爐電源關閉，取出非常燙手的烘豆袋並翻動攪拌均勻，由此種方式烘焙出的咖啡豆仍然是不均勻的，在杯中的表現也很類似以普通烤箱烤出的咖啡豆一般，不是味道非常「複雜、層次雜亂」，就是如泥水般混濁不清，端看各位如何解讀了。

在新一代的 Wave Roast 烘豆袋設計中，針對前述的缺失已有顯著的改進。這種新的烘豆袋設計為圓筒狀，在微波爐中可藉由一

個特殊的翻滾裝置，進行不斷的滾動，使得袋中的咖啡豆能夠持續的翻攪，進而改善了均勻度不佳的問題。其中一種這類型的翻滾裝置，可在本書第 198 頁中看到相關的圖示及說明，該裝置是以電池驅動的。另外還有一項正在試驗中的烘焙咖啡專用小型微波爐，希望能將翻滾裝置內建在微波爐之中，不用電池驅動。

假使最後製作出來的成品能如本書中介紹的一般有效運作，那麼這種以圓筒式烘豆袋來進行的微波烘豆法，將會是世界上最簡便的咖啡豆烘焙法！此外，雖然以此種方式烘出的中深焙咖啡豆，味道喝起來有點略為平淡、混濁；但在更深度烘焙的表現上，Wave Roast 卻是效果極佳，嘗起來比其他各種烘焙方式製造出的咖啡甜度更好，味道更深沉，複雜度更高。

不過還是要看看是否有人願意投資這種商品，才能將這種烘焙法引進市面。而就算最後真的上市，消費者也要願意支付這種特殊烘豆袋的費用（這個費用是連同生咖啡豆一起計價的，比起單純購買生咖啡豆多出一些金額）。舉例來說：包裝在前一代烘豆袋內的，每二盎司的生咖啡豆大約 1 美元，而包裝在圓筒狀烘豆袋內的，每二盎司的生咖啡豆大約 2 到 3 美元；相對地，除去這些烘豆袋的費用，等量的生咖啡豆價值大約只要 0.5 美元左右。不過筆者仍希望更多人支持圓筒狀烘豆袋設計的產品，一方面來說這是一種很有趣的烘焙方式，另一方面來說則是給發明這種烘焙方式的靈思一些實質上的鼓勵，讓這種烘焙方式能夠繼續生存下來。

爐上烘焙器材

在火爐上以鍋子炒咖啡豆，是自古以最早的一種烘焙方式，至今在世界上許多不同地方，仍然使用著這種方式來烘焙咖啡豆。在衣索比亞以及厄利垂亞一帶，使用的烘焙器具是一種金屬製淺鍋，火源則是炭火。在拉丁美洲鄉間以及印尼，烘焙器具則是一種大型的圓底陶缽，在其底部通常可見一層因烘焙咖啡豆而產生的油脂薄膜。

雖然我們在家裡也可以用淺鍋或是鑄鐵製的長柄燉鍋，烘焙出

還可以接受的咖啡豆，不過筆者建議要用這種方式烘焙的話，最好是把上蓋蓋上，如此其熱度聚集才好。這在第二次大戰前的歐陸是普遍遵循的咖啡烘焙原則。這些奇特的小器具，看起來有點像是很重的燉鍋（帶長柄有蓋的深烹調器皿），外部有一個自內延伸出的曲柄。將生咖啡豆從其上的一個入口倒入後，以手轉動曲柄，如此便可攪拌鍋內的咖啡豆。

使用 Aroma Pot 半磅烘豆器烘焙

由於堅固耐用的 Aroma Pot 出現，復興了歷史悠久的爐火式烘焙法。除了改用不鏽鋼材質替代原本的鑄鐵製造，Aroma Pot 完整地重現了十九世紀到二十世紀初期的的典型爐火式烘豆法風貌。

在某方面來說，這或許是挺不幸的，因為這類傳統的烘豆法有一些缺陷，比方說烘焙室內的溫度必須經過不斷地實驗及失敗，才能大概抓準合適的溫度模式。另外進豆口是一個非常小的入口，在烘焙進行中可以將這個進豆口打開，觀視咖啡豆的著色變化，不過此時要打開這個入口有點困難度（因為很燙，且烘焙時的煙塵會影響視線判斷）。烘焙器設計是封閉式的，因此若是攪動葉片損毀或是偏移，便無法修理；更重要的是，攪動葉片只能將內部的咖啡豆橫向推移，而不是混合或攪拌均勻，因此若想得到烘焙度較一致的咖啡豆，烘焙者必須將整個烘豆器提起甩一甩，促進咖啡豆間的換位，而非讓某一部分的咖啡豆持續在鍋底烘焙，這會造成咖啡豆過度烘焙。

不過，只要您禁得住長時間站立在爐火前、數分鐘內不斷地搖轉曲柄、不時地將整個烘豆器拿起來甩動，那麼或許您可以單純地盡情享受 Aroma Pot 的優點——烘焙量大、簡單又懷舊的設計。

在網路上購買一整組的 Aroma Pot 套裝烘豆器材及附件，大約要價 140 美元，您可以在「相關資源」處查詢購買這兩台烘豆機的資訊，在本書第 199 ～ 201 頁處可以看到 Aroma Pot 烘豆器的詳細資料以及操作建議。

使用 Whirley Pop 爆米花器烘焙

爐火式烘焙法的第二項選擇，就是 Whirley Pop 爆米花器。這是一種老式的爆米花器材，外觀看起來有點像是加蓋的平底深鍋，只是上方或是側邊多了一個由內延伸出來的曲柄，這個曲柄的作用就是帶動烘焙室中的一對攪拌葉片，而攪拌葉片的作用則是在鍋底處不斷地翻攪，讓咖啡豆不致烤焦。

市面上有非常多種類的爐火式爆米花器材，但是筆者試驗過之後，認為 Whirley Pop 爆米花器是其中最適合烘焙咖啡豆的。該款器材的價格約為 25 美元，操作建議以及本處的烘焙器材導引，以及第 202 ～ 205 頁處的內容，都是由筆者本人親身操作 Whirley Pop 爆米花器的經驗之談，供各位讀者參考。

順道一提，千萬不要使用外觀看起來很類似 Whirley Pop 的 West Band 電熱板式爆米花機 Stir Crazy 烘焙咖啡豆。此款爆米花器對於烘焙咖啡豆而言，其熱力不足以將咖啡生豆烘熟，頂多僅能達到烘乾的效果。

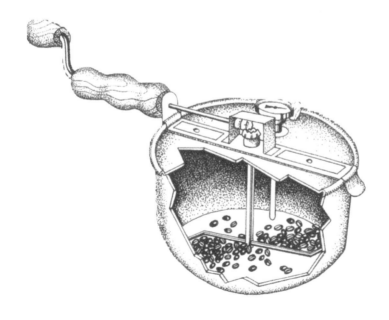

這是加裝了指針式探棒溫度計的 Whirley Pop 爆米花器，可以監測烘焙室內部的溫度變化。

雖然 Whirley Pop 爆米花器的主要用途是拿來製作玉米花的，但比起其他傳統爐火式的烘焙器具如 Aroma Pot 來說，Whirley Pop 爆米花器在以下兩方面的表現特別突出：

・可以在烘焙進行中輕易目測到咖啡豆的著色變化。Whirley Pop 爆米花器在烘焙時，其上蓋有一半是保持開啟的狀態，相對地便於將咖啡豆倒出冷卻，或是觀測豆色變化。

・另一項優點就是 Whirley Pop 爆米花器可以稍微修改一番，在其上蓋處加裝一個便宜的指針式探棒溫度計（一個大約 5 美元）。使用這種溫度計雖然只能讀取粗略的溫度數值，但是由於可以監測烘焙室內溫度的變化，我們便能藉由讀取到的溫度高低來調整爐火的大小，使能維持在最適當又安全的烘焙溫度。在 Whirley Pop 爆米花器上加裝一個指針式探棒溫度計，是一項非常簡單的工程，只需要一個電鑽、一個鑽頭、一些螺帽以及當作間隔器的墊片，再加上只要兩分鐘左右的實驗便可完成。目前網路上有商家提供了已修改加裝溫度計的 Whirley Pop 爆米花器，是更方便的好選擇，詳見「相關資源」。

注意：Whirley Pop 爆米花器的機身是以鋁打造的，因此與其他輕巧的鋁製烹煮器具一樣，在長時間高溫燒烤之下，很有可能會熔化，更何況 Whirley Pop 爆米花器是很簡陋的。若仔細閱讀完筆者在本書中所寫的操作建議，Whirley Pop 爆米花器可以是非常耐用的一種烘豆器具；反之，若是漫不經心地閱讀這些建議，那麼筆者必須先簡要地提醒您：使用電熱式的爐具時絕對不要把爐火開超過中火，而使用瓦斯爐則不要開超過小火，而且千萬不要在烘焙進行過程中離開爐邊！

以筆者親身使用的經驗來說，個人認為 Whirley Pop 爆米花器在烘咖啡豆上的表現是非常出色的，在較深度烘焙時更是傑出！筆者曾經數次拿以 Whirley Pop 爆米花器烘焙的咖啡豆，與其他專業烘豆機烘出的同期、同一種類咖啡豆放在一起杯測，發現前者烘出的咖啡豆通常表現都比後者的還要好，即使是烘得最差的一把也只是在濕香氣及酸度上的表現較差一些罷了。不過「在家烘焙咖啡

豆」在新鮮度上的優勢，使得前述的缺點變得微不足道。此外，
Whirley Pop 爆米花器一批次的烘焙量有半磅之多，因此您並不需
要時常不情願地站在爐火前面搖著曲柄烘豆子！

　　Whirley Pop 爆米花器的詳細操作說明在本書第 202 ～ 205
頁，圖示位在本書第 163 及第 203 頁。若您尋遍萬水千山也找不到
Whirley Pop 爆米花機的購買點，請參閱「相關資源」處便可找到，
其中亦包括販售已加裝溫度計版 Whirley Pop 爆米花器的網路商家。

瓦斯火式烤箱及對流式烤箱烘豆法

　　這類的烘豆器材共有三種：最普通的就是家裡廚房用的瓦斯
火式烤箱（Gas Range）、電灶（Electric Range，同時結合了對流
熱以及傳統的加熱功能），另一個就是電熱式旋風烤箱（Electric
Convection Oven）。微波爐則只適合用 Wave Roast 公司發明的微
波爐烘豆特殊烘豆袋或圓筒型烘豆袋（見第 197 ～ 199 頁的內容）。
最好別用烤麵包機式，或是沒有熱空氣對流設計的傳統型電熱管式
烤箱來烘焙咖啡豆，烘出來的咖啡豆保證讓您愁眉不展！

以瓦斯火式烤箱烘豆

　　將咖啡生豆密集平鋪一層在佈滿小孔洞的烤盤上，放進烤箱中
烘焙。這些小孔洞的作用是讓瓦斯火加熱後，產生徐緩的熱空氣，
以熱空氣吹拂咖啡豆，烘焙出的咖啡豆是非常均勻的。

　　有些咖啡豆烘焙起來的著色度是較深的（譯注 5-1-4），但筆
者不太確定這對結果會有任何影響（對於許多專業人士而言，這聽
起來彷彿像是異端）。事實上，由於在同一杯咖啡中，若是由較多
種不同烘焙深度的咖啡豆組合而成，往往會帶來更好的複雜度，且
通常對整體風味有顯著的加分效果。在筆者個人的數次親身實驗
中，曾使用瓦斯火式烤箱烘出幾把其貌不揚的咖啡豆，但都意外地
嘗起來風味出眾，是一種包羅萬象卻又深沉的風味，從未在專業烘
豆機烘出的咖啡豆中喝過這樣的味道！

　　但也不能否認，要使用現成的瓦斯火式烤箱來烘焙咖啡豆，必

注 5-1-4：指相同火力、相
同溫度、時間下，咖啡豆
表得到較深的烘焙色。

須要承受多次耐心實驗及失敗的洗禮，才有機會能烘出一把尚可接受的咖啡豆。而使用這種方式烘焙咖啡豆，若要求精準的控制烘焙模式，幾乎是不可能的任務；換句話說，對於要求每次都能烘出淺焙、或是每次都要烘出深焙的朋友來說，使用瓦斯火式烤箱來烘咖啡豆並不是很好的選擇。原因是使用這種方式烘出的淺焙咖啡豆，有些豆子可能根本就沒熟，而若是要烘出深焙咖啡豆，則有些豆子可能根本就已經被烤成焦炭。但是如果只是要烘出中度到中深度來說，這種方式烘出的咖啡豆，杯中表現是很飽滿、複雜度又高的，在味覺上常有驚豔的表現，這是自己在家烘焙者才有可能經歷到的。

使用這種方式烘焙咖啡豆，監測烘焙過程的困難度頗高，因為烘焙過程中產生的煙塵，以及裂解作用開始時產生的爆裂聲都被烤箱門阻隔住了，因此若是您想要瞧瞧烤箱內咖啡豆的著色變化，可能必須使用一支手電筒來輔助。

但是，瓦斯火式烤箱提供的溫度精準度以及可調整性，正是它的優點，加上它有個排煙口的設計，使得烘焙間產生的煙塵有處可排放。大多數的瓦斯火式烤箱每批次烘焙量可達一磅或是更多，且筆者必須再次強調，使用烤箱式烘豆器材烘出的咖啡豆，結果可能是非常令人驚豔的！

詳細資料以及圖示說明、器材操作建議在本書第 210 ～ 216 頁處可以找到。

使用電熱式旋風烤箱烘豆

一般的電熱式烤箱通常不會有足夠的風力設計，因此無法均勻地烘焙咖啡豆，但是現在有許多的旋風烤箱，工作原理是以受熱的空氣進行烘烤，這種方式恰好很適合用來烘焙咖啡豆。

目前市面上的旋風烤箱，預設的最高目標溫度值大多為華氏450 度／攝氏 232 度，這樣的溫度足以將咖啡豆烘焙到適當的烘焙度。而一些較小型的旋風烤箱，看起來比較像是烤吐司用的電熱管烤箱，它們的最高目標溫度值並沒有達到華氏 450 度／攝氏 230 度，

因此若要使用這類小烤箱來烘焙咖啡豆，可能會稍嫌熱力不足。另外也有少數的旋風烤箱將最高目標溫度設定在華氏 500 ／攝氏 260 度，甚至更高。這類的烤箱在烘焙咖啡豆的表現上更好。

在使用您自家的烤箱烘咖啡豆之前，請先以烤箱專用的溫度計測量這台烤箱的最高輸出溫度值，您可以在本書第 216 ～ 219 頁找到針對烤箱溫度值測量的簡明評估要點，此外還有詳細的旋風烤箱烘豆操作說明。若您想找一台專門用來烘焙咖啡豆的旋風烤箱，建議盡量找最高目標溫度超過華氏 500 度／攝氏 260 度的型號，最好是配備有易於直接目測烤箱內烘焙情形的未染色玻璃。

雖然這些旋風烤箱的最高目標溫度足夠用來烘焙咖啡豆，但一般說來，用這種方式烘起咖啡豆是很耗時的，動輒需費時 18 ～ 25 分鐘。以這麼「從容的」步調烘焙出的中焙咖啡豆，杯中表現出較柔順、低酸度、濕香氣下沉、不明顯；而以這種方式烘出的深焙咖啡豆，杯中表現出更輕柔的風味特性，甜度更高。某些原本就不愛在咖啡中加糖加奶的黑咖啡飲用者，可能會特別偏好以旋風烤箱烘出的柔軟風味，而非以其他方式烘出酸質較亮、複雜度較高的風味。另外還有一些平時就習慣純飲義式濃縮咖啡的飲用者，可能也會愛上旋風烤箱烘出的深焙咖啡豆輕柔、順口風味。不過，換個角度來看，對於深究咖啡的一群愛好者來說，以旋風烤箱烘焙的咖啡豆，口感可能略嫌貧乏。

使用兼具傳統電熱以及對流熱的電烤箱烘豆

某些設計更先進的電熱式烤箱（即電灶）只要按下一個按鈕，就可以輕易地將原本的傳統電熱管加熱，轉換成熱風對流加熱模式。這類的電烤箱也容許讓這兩種加熱模式同時運作，這對於咖啡豆烘焙來說是最適合的。本書第 210 ～ 219 頁中有針對這些用途廣泛的設備烘豆完整操作建議，其中也介紹其他一般烤箱的烘豆操作建議。

更高價位的專業烘焙設備

　　對於認真看待咖啡這回事的玩家們而言，相對較高價位的專業咖啡樣品豆烘焙機或是店內咖啡豆烘焙機，是他們心目中的另一項好選擇！一般較小的專業型烘豆機可分作兩個種類：

・咖啡樣品豆烘焙機（Sample Roaster）：此類烘豆機最典型的每批次烘焙量是 4 盎司到 1 磅咖啡豆之間。

・桌上型咖啡豆烘焙機（Tabletop Roaster）：此類烘豆機每批次烘焙量由 1 磅到 5 或 7 磅間不等。

　　事實上，在本書前面提及的許多家用烘豆裝置，在樣品豆烘焙的表現上已經非常傑出了，尤其在為了評比咖啡豆而進行的樣品豆烘焙表現更是如此。其中又以氣流式快速完成烘焙的 Fresh Roast，以及 Hearthware Gourmet 兩台機器，特別適合將其烘焙出來的咖啡豆，拿來評比咖啡生豆的優劣。因為使用此種方式烘焙，咖啡豆的風味特質層次較為分明，不會有干擾味覺的煙味或是烘焙的火燒味。另外加裝了溫度計的爆米花機，也是一種非常合適的樣品豆烘焙機（在第 203 ～ 204 頁可見到如何在爆米花機上加裝溫度計）。比起一些沒有加裝溫度計指示的專業烘豆機，加裝了溫度計的爆米花機，多了可以觀測溫度變化的優勢，使得判別烘焙深度更為準確，且也更有效提升烘焙的穩定度。

　　而且，這些以鑄鐵及黃銅打造得堅固無比的專業鼓式樣品咖啡豆烘焙機，比起小型的家用烘豆機多出了許多優點──款式、烘焙機操作變因（如火力、氣流大小等）的調整，以及相當的耐久性。

　　這些外觀精美的專業烘豆機設備之中，最陽春的一台價位由 4,200 美元起跳，是單一滾筒的型式。您可以在第 37 頁見到這種目前最陽春卻又最廣泛被使用的烘豆機圖示，此類烘豆機大都屬 Jabez Burns 的型式，而 Probat、CoffeePER、Quantik 這三個品牌的咖啡樣品豆烘焙機改良了傳統鼓式烘豆機，兼具以往機種的所有優點，因此在烘焙表現上比起 Jabez Burns 型式的機種來說更為突出。此三品牌的機種都具有調節烘焙室內氣流強弱的功能，此外還能調整烘焙火力的強弱。哥倫比亞製造商 Quantik 生產的烘焙機，在烘

焙室中內建有一溫度探針的設計（雖然探針測溫位置並不是埋在咖啡豆中的某一點），可以在外部的數位顯示器上讀取溫度數據。而在 CoffeePER 設計的咖啡樣品豆烘焙機上，則可以自由選擇是否要增添一個可埋入咖啡豆層中的溫度探針。Probat 及 Quantik 的機器目前都只需要以家用電源即可驅動，其他廠牌的機器有的是以瓦斯，有的則必須以 220 伏特的電壓來驅動。

每批次可烘焙至少一磅以上的桌上型咖啡豆烘焙機，在規格選擇上較多元，在此不費篇幅贅述。包括一台操作簡單、耐用、相對較便宜的全自動化氣流式一磅烘豆機 Sonofresco（零售價約 4,000 美元）；其他一般標準規格的鼓式烘豆機的價位約從 4,000 到 8,000 美元不等，視功能多寡與批次烘焙量大小而有所不同；還有一台 Sivetz Coffee 設計的氣流式烘豆機（零售價從 2,000 到 10,000 美元的機種都有），在技術上看起來是很傑出的設計，但實際上卻有很多不便操作的地方。相關細節在「相關資源」處可以找到。

該烘得多深？

對於不同喜好的人，適合的烘焙深度就不同。有些人喜好極淺度、活潑輕快的、幾近茶一般的口感；另外有些人則偏愛烘得極深、油油亮亮、接近燒焦的味道。在這二種極端之間，又存在著各種不同偏好的族群，有些獨鍾甜中帶酸的中度烘焙豆，有些則是非濃稠均衡的 Espresso 不愛。這些描述烘焙深度以及相關的口感都有一些專有名詞，您可以在本書第 80～81 頁的名詞解釋圖表中稍作參考。

對於在家烘焙咖啡豆的各位來說，最大的課題莫過於「找到最適當的下豆冷卻點」，找出適合自己的烘焙深度，並維持住每次都能烘出接近這樣的烘焙深度。最原始的方法就是，先在烘焙商或咖啡館找尋最適合自己口感的熟咖啡豆（通常指單品豆，而非綜合豆），買一些回家不斷嘗試，看看如何才能烘出接近這款咖啡豆的味道。但對於想探索在家烘焙堂奧的朋友們而言，就必須好好探討以下的課題：

· 多做烘焙實驗。

- 學習如何品嘗咖啡。
- 有系統地抓出每一次烘焙數據，研究其與咖啡豆風味之間的相互關係，藉以找出適合自己的固定烘焙模式。
- 研究各種咖啡生豆在各種烘焙深度的表現情形。

您可以在本章最末處看到如何進行這些烘焙實驗的要點建議。

如何控制烘焙深度？

接下來的這個小節，將為各位介紹該如何控制咖啡豆的烘焙深度。在下一章還有延續本節內容、針對各式不同家用烘豆機的詳細烘豆程序建議，可供一併參考。

不論目前您使用的是哪一種烘焙方式，只要專一、持續地使用，久了一定會對時間點的掌握更得心應手。再一次特別強調：這裡提供的烘焙技巧建議，之所以會讓你覺得比煎蛋、烤牛肉的建議還難懂，唯一的原因就只有「不熟練」！

以時間、不斷的嘗試與錯誤來換取成功的烘焙

其中一種控制烘焙深度的方式（尤其是針對剛從店裡買來的陽春型烘豆機的使用），就是調整機器上的時間旋鈕，或是其他製造商建議烘焙到中度烘焙的控制方式，先嘗過前幾次烘焙出的成果，然後依據需求斟酌時間或是烘焙度的增減。若這一次烘好的咖啡豆對您來說，嘗起來太明亮、太酸，或是太多麥芽味，下次烘焙時便可以試著延長一些烘焙時間；假使這一次烘好的咖啡豆對您來說，嘗起來味道太刺辣、太苦、太焦，或是喝起來太平淡、太低沉，那麼試著在下一次的烘焙縮短一些時間，以增加明亮度以及活潑度。

使用這個方式唯一的缺點就是「無法套用到每一種咖啡豆上」，必須針對每一支不同的咖啡豆作一次次的沙盤推演，找出最適合的烘焙時間點及烘焙深度。

此外必須牢記一點：您記錄下的所有數據，只對您使用的這種烘焙器材有意義，並不適用其他不同的烘焙器材，不要被別人口中「最適當的烘焙曲線」給迷惑住了。比方說，某些小型氣流式烘豆

機可以在3到4分鐘內烘焙完成一把漂亮的烘焙豆，但若是想要在鼓式烘豆機上套用這種時間曲線，絕對只會糟蹋掉那一把咖啡豆！對於各種不同的烘焙器具，最適當的烘焙時間最短的是3到4分鐘，最長的也有達到30分鐘的。

以目視、聲音以及氣味變化控制烘焙深度

　　人類的五感是用途最廣泛且最佳的判斷工具。以感官來控制烘焙深度，就像一齣戲有劇情的轉折點，到了該結束的時機，我們自然就知道了。烘焙咖啡豆便是如此，當氣味、聲音、外觀色度都到了某個程度時，就會知道這個烘焙深度是您所要的！

　　筆者回想起以前有人提過，烘焙就是透過目測（外觀由淺褐色一下子便轉成接近黑色）、聽音（「第一爆」與「第二爆」），以及聞味（烘焙時製造出的大量芳香氣味），來與咖啡豆進行對話。雖然外觀色度以及煙霧味道都是很有用的烘焙階段指標，但兩階段的爆音才是最明顯、最具意義的參考指標。

　　筆者在以下將烘焙咖啡豆比擬成一齣戲，而戲中各個場景就代表著每一階段不同的烘焙風味。若要看到更詳細的說明，請翻至第80～81頁。

・**序章**：這時咖啡生豆靜默地轉變為黃褐色，烘焙氣味聞起來像是烤麵包或是粗麻袋。此時絕對不要停止烘焙，因為尚未開始真正的烘焙步驟。

・**第一幕**：咖啡豆轉變為淺褐色，並開始冒出些微白煙，聞起來的烘焙氣味更像咖啡了！最重要的一點就是，咖啡豆開始會發出像爆米花一般的爆裂聲響，這就是所謂「第一爆」階段的起點，也由此正式進入最重要的烘焙階段。

・**第二幕**：咖啡豆由淺褐色轉變為較深一點的褐色，而第一爆的聲音也逐漸地密集。若您想要喝到一杯風味似茶或麥味、略帶酸甜的咖啡，那麼到了一爆密集這個階段就可以停止烘焙了。

・**第三幕**：一爆聲逐漸轉為零星，咖啡豆轉變為中度的褐色；當爆聲完全停止時，煙霧會開始變濃，聞起來的烘焙氣味也將變得更

甜、更飽滿。若您想要喝到一杯明亮、酸度高、像早餐咖啡、家常咖啡那樣的中度烘焙咖啡，請在這個階段停止烘焙。

・**第四幕**：另一陣完全不同於第一爆的、音調較低沉的爆裂過程開始。第一爆的聲音與爆米花的聲音很相近，而第二爆的聲音則很類似搓揉紙張的聲音。在進入第二爆之前，烘焙煙霧量越來越大，聞起來的氣味越來越甜，且帶有更刺激的味道。若您想要喝到一杯圓潤、甜度高，但依然保有明亮酸質的咖啡，一般被稱作「深城市烘焙」或「維也納式烘焙」，請在第二爆的起點停止烘焙。

・**第五幕**：到了這個階段，我們正式進入深度烘焙的領域。第二爆的聲響越來越密集，烘焙煙霧變得更濃、味道更嗆，咖啡豆表面顏色轉變為深褐色。若您偏好沒有酸味、味道均衡、黏稠度飽滿、略苦不焦、有點嗆但又甜甜的深烘焙咖啡，那麼請在第二爆轉密集的階段停止烘焙。

・**結局**：當第二爆的聲響達到最密集的階段，此時烘焙煙霧最濃厚，聞起來甜味更重，這個階段就是烘焙的最末章，千萬別再繼續下去！若您特別愛好極深度烘焙，一般稱作「法式重烘焙」，請在此處停止烘焙。法式重烘焙的咖啡嘗起來是帶焦味、黏稠度低的，同時還隱約可以感受到些微的甜味以及少許的層次變化。

・**戲真的已經演完了**：前一步驟已經是所有烘焙度中最深的一種了，若再烘深一些，咖啡中的香氣就完全消散了！此時的咖啡豆顏色是焦黑的，烘焙室也佈滿了咖啡油脂，鄰居會誤以為失火了而呼叫消防隊。如果不怕舌頭受到虐待，那麼就喝喝看吧！相信您會覺得那像是燒塑膠的味道。

・**絕對要注意的事**：假使您的烘豆機沒有自動冷卻裝置或是計時旋鈕的設計，那麼在烘焙進行中請千萬不要離開！尤其是以爐火式烘豆器材以及普通爆米花機烘焙時，這一點就必須特別注意。使用這些器材來烘焙咖啡豆，在機器完全關掉或是烘焙尚未完成之前，您是絕對不可以離開的。如果您離開正在烘焙的咖啡豆，時間一長，裡面的咖啡豆被烤焦了，就變成易燃的焦炭，請特別留意！

以電子儀器、設備來控制烘焙深度

此處所指的電子儀器或是設備，就是像溫度探針或是溫度計之類的工具。將溫度計測溫點完全埋入咖啡豆中，便能量測到烘焙中咖啡豆表的溫度。溫度計量得的溫度數值是粗略的參考數字，在專業度量衡的範疇來說並非絕對準確的。豆表溫度數值可以當作烘焙深度的參考資料（詳見第 80 ～ 81 頁的圖表），當溫度計上的數值到達烘焙者設定的目標值時，烘焙者就知道該結束烘焙了。

但很不幸的是，在不同的烘焙器具上量測得到的溫度數值，是不能相互對應參考的。像價格便宜的指針式探棒溫度計，原本是用來量測製作糖果、油炸鍋溫度，很適合用在熱風式的爆米花機上，只要花二分鐘左右就可以修改完成您的爆米花機（詳見第 202 ～ 203 頁）。但對於其他類型的烘豆機來說，這一類的溫度探棒就很難伸入適當的量測點。

可以使用哪些冷卻步驟？

在家中烘焙咖啡豆其中一個最重要的關鍵就是「如何快速且有效率地將燙極了的咖啡豆冷卻」。因為即使移開了熱源，咖啡豆仍然會繼續以先前吸收的熱能進行自焙作用。烘焙完成後，自然冷卻的咖啡豆所沖煮出的咖啡味道，會比烘焙完成後強制冷卻的咖啡豆還要平淡、乏味。

以烘焙咖啡豆專用烘豆機上附加的冷卻裝置冷卻

幾乎所有專為烘焙咖啡豆設計的烘豆機中，都有以吹送室溫冷空氣冷卻咖啡豆的裝置（其中只有 Hottop Coffee Roaster 例外）。這些烘豆機的冷卻方式在技術上來說根本就是個餿主意，它是讓咖啡豆在烘焙室中冷卻，這意味著由外抽入的空氣必須同時冷卻烘焙室內部以及咖啡豆。不過由於每批次的烘焙量並不大，對於咖啡風味的影響也不是那麼嚴重，所以對這個缺失也毋須那麼斤斤計較了。

以自製冷卻裝置冷卻

大多數使用克難式烘焙器具小量烘焙咖啡豆的玩家們，由於每批次烘焙量只有幾盎司，所以在烘焙完成後只需將咖啡豆倒進一個金屬製洗菜籃中稍作攪拌，就足以有效地冷卻咖啡豆了。不過這個冷卻步驟最好是在水槽上或是戶外進行，如此一來，銀皮與皮屑才不會飛得室內到處都是。

要是您家中廚房有裝往下方排除廢氣的抽油煙機，那就真的太幸運了！這時只需把洗菜籃冷卻器放到這個抽油煙機的下方，邊搖邊攪，大約只要一到二分鐘，咖啡豆就冷卻到不會燙手的溫度了。

許多抽油煙機的風扇也能充當冷卻用的工具，只需要將洗菜籃冷卻器拿到抽風口正下方（請注意，若抽風口沒有加蓋設計，請小心不要太靠近風扇葉片，以策安全），風扇就會將咖啡豆散發的熱氣快速抽出，通常以此方式冷卻的時間只需短短的一、兩分鐘。

另外您也可以使用水霧冷卻法，這種冷卻裝置在某些專業的烘豆機上可以見到。這個裝置是以幫浦或是扳機驅動的噴霧器，配備有可調整水霧粗細度的噴頭（在第 221 頁有相關的圖示），這種冷卻方式是非常有效率的。只要在噴霧器中裝滿過濾水或是生飲水，在剛下豆攪拌冷卻運作的同時，適量地噴灑短短幾秒的細水霧。這個方法只能用在剛剛出爐、表面溫度仍然非常高的咖啡豆上，而且必小心不要過度噴灑水霧，噴太久或水霧太粗都可能毀了這一鍋咖啡豆。詳細的水霧冷卻法說明可以在第 221 ～ 223 頁找到。

為什麼要使用水霧來冷卻呢？有兩個原因：

· 當批次烘焙量大於半磅，使用克難式的洗菜籃來冷卻這麼多的咖啡豆是較沒有效率的，因為咖啡豆的量越多，冷卻速度就越慢。

· 依筆者親身經驗發現，正確地使用水霧冷卻的咖啡豆，在風味上比起單純使用攪拌、搖晃冷卻的咖啡豆要來得更為豐富。

但再一次強調，如果您想嘗試水霧冷卻法，請不要過度噴灑，最好依照本書第 221 ～ 223 頁的水霧冷卻法來進行，並仔細、小心地注意每個要點。當然還有一點也請留意，當咖啡豆還在一個電子設備中時，是絕對不能接觸到水的，因此您必須先排除這個困擾，

才能進行水霧冷卻法。

冷凍庫冷卻法

在家烘焙咖啡豆的朋友之間，還流傳著一種頗受歡迎的冷卻咖啡豆的方法，那就是將剛剛烘焙完成的燙手咖啡豆，整個放進冰箱冷凍庫裡冷卻。使用這種冷卻法必須特別注意，要在咖啡豆結冰之前及時取出冷凍庫。這種冷卻法與水霧冷卻法，都能非常快速地將咖啡豆冷卻下來，有助於保留更多的香氣。

如何解決銀皮造成的問題？

「銀皮」看起來像是紙屑一樣，在烘焙過程之中如變魔術一般地突然就跑出來了。但事實上銀皮並非憑空出現，而是在脫去外層果肉，經過水洗處理程序、脫除硬殼後，仍然附著在咖啡豆表面的一層薄膜，因為烘焙而脫落下來的。

對於設計專門用於烘咖啡豆的機種來說，銀皮問題都已有解決方法。您所要做的一件事就是遵循烘豆機操作指示的步驟，且在每一批次烘焙完成後，都將銀皮收集裝置中的銀皮、皮屑清理乾淨即可。

使用自製器具來清除銀皮

當使用不同的烘焙方式、器具時，就必須選用不同的自製銀皮清理工具。

使用熱風式爆米花機來烘焙咖啡豆，最大的困擾就是在烘焙中，銀皮脫離了咖啡豆表面，但卻不受任何阻攔地吹出來四處亂飛，您無從得知細小的銀皮會堆積在哪些角落，甚至飛到您剛煮好的佳餚之中。在下一章的烘焙操作建議中，針對銀皮問題，筆者也為各位準備了解決的方法。

除了熱風式爆米花機以外，使用其他非專門器材烘豆時，銀皮都會混雜在咖啡豆之中。因此首要解決的問題，就是「如何把銀皮從咖啡豆之間清除掉」。但是很幸運地，其實在搖晃、攪拌冷卻的

過程中，大部分的銀皮就已經被篩除或是吹掉了，最後剩下來的銀皮量，對於整體咖啡風味的影響微乎其微。除非銀皮量實在太多了，才會稍微左右了咖啡的風味，但仍不致造成太大的差異。

事實上，筆者建議在家烘焙咖啡豆的朋友們毋須在銀皮問題上花太多心思，如果想要解決這個問題，只要翻到本書的第 223 頁，照著上面的步驟來做，就可以很有效地解決頑固的銀皮問題了！

烘焙煙塵怎麼辦？

最後要解決的就是烘焙過程中產生的煙塵問題了。往好的地方看，烘焙時產生的煙，味道還蠻好聞的。對某些人而言，這個味道即使在過了兩小時之後還是很好聞，但是對絕大多數的一般人來說，其實聞久了會膩，甚至覺得很厭煩。

當今所有專門為烘焙咖啡豆設計的烘豆機之中，僅有一個機種有解決烘焙煙塵問題的設計，那就是 Zach & Dani's Gourmet Coffee Roaster。這台烘豆機上有獨家專利的觸媒轉換器，可以有效地降低煙塵排放量。而其他的機種不是要在廚房抽油煙機底下操作，就是要在靠窗的開放空間才行。Zach & Dani's Gourmet Coffee Roaster 可以在任何地方使用，天氣好的時候甚至在戶外的走廊、陽台上都能用。其機動性之高，幾乎等同於那不勒斯家用烘豆器（Neapolitan，由 Eduardo De Filippo 發表的一種家用烘豆器具，在本書第一章中有提到）。但在氣溫低於華氏 50 度／攝氏 10 度的情況下，就不建議在戶外操作，因為在這麼低的環境氣溫下，烘豆機的升溫會受到嚴重影響，甚至達不到第一爆或第二爆的溫度點。

相形之下，使用瓦斯火式烤箱或是嵌入式旋風烤箱烘豆的朋友，在這方面就幸運多了。因為這兩類器材通常都會搭配有抽風機或是自動排出廢氣的功能，可以很有效地把烘焙產生的煙塵排到戶外。不過若是使用熱風式爆米花機、爐上烘焙器材，或是桌上型旋風烤箱的朋友，就仍然需要在有抽風機或是半開放空間進行烘焙。

對於喜好中、淺度烘焙咖啡的朋友來說，煙塵問題所造成的困擾，不若愛好深度烘焙咖啡的朋友來得大。因為咖啡烘得越深，煙

量就越大、越濃！此外，批次烘焙的咖啡豆量越多，製造出的煙量也會越多，因此對於烘焙豆量低的朋友來說，煙塵問題也還好。總而言之，對於喜歡一次烘超過半磅咖啡豆、又烘得很深的朋友，筆者會建議您事先做好排煙的工程，以免到時觸動火災警鈴。

烘焙完成後休息一下

在此處講的「休息」，並不是要經過數分鐘專注於烘焙的您去休息，而是讓剛剛烘焙完成的咖啡豆休息一下子。新鮮烘焙好的咖啡豆，通常在烘焙完成後第四小時到一天之間是賞味的最佳時機。剛出爐的新鮮烘焙咖啡豆喝起來非常美味，所以千萬別剝奪讓自己嘗試這種人間美味的機會！

有系統地進行烘焙：各種變因的控制

大多數在家烘焙咖啡豆的朋友幾乎都是藉由多次的實驗、失敗，累積了非常足夠的經驗，這樣的經驗讓我們能夠一次比一次更清楚地知道，要如何烘出自己喜歡的咖啡。但另外也有些人則是以有系統、詳盡記錄數據的精準方式，烘焙出美味的咖啡。或許這種有條有理的做法，是能更深入了解烘焙與咖啡風味之間關係的最佳途徑。

在這種有系統的烘焙實驗中，必須掌握住下面四種變因：

- 咖啡豆烘焙量。
- 烘焙室內部溫度變化情形。
- 咖啡生豆相關資訊：其中特別以生豆的概略含水率最為重要。
- 烘焙區間之時間配合。

一般而言，不管使用的是哪一台家用烘豆機，前兩項都是無法由我們控制的變因。因為機器能烘多少咖啡豆已被限制住，且機器的預設目標溫度也是固定的；但是後二項就可以由自己控制。因此對於在家烘焙咖啡豆的朋友們來說，這就是變因控制實驗中的著手之處。

當然，此處筆者是假設各位都是以同一種烘焙器材來進行實

驗，變因的控制才有意義（使用烤箱就一直用烤箱實驗，使用熱風式爆米花機就一直用它進行實驗）。若您使用同一份數據套用在另一種不同的方式上，那麼得到的烘焙結果差異是會非常大的。

如果夠仔細，您就會注意到當控制住其中三項變因時，第四項變因會隨著針對前三項變因的操作，而有固定的變化模式。且每種不同變因組合烘焙出來的咖啡豆，風味不同之處也是需要詳盡記錄的。在本書第 184 ～ 185 頁中有一烘焙記錄表的樣張，可供各位做烘焙實驗的參考。

• **再次提醒：** 您可以完全控制的兩項變因，就是咖啡生豆的相關資訊以及烘焙區間的時間分配。換個角度來看，當您想要比較兩支不同的咖啡生豆之差異，或是兩款不同的混豆配方差異之處，您就必須將除了咖啡生豆這個變因以外的其他三樣變因固定下來，像是烘焙深度要烘到幾乎一樣的地方、在某一個時間點要達到某一個烘焙溫度等等，都必須維持一致。另一方面，若您想要探索單一支咖啡生豆，在不同烘焙深度之下有什麼不同的風味表現，很顯然地您必須使用相同的咖啡生豆，僅從每一批次烘焙的時間、曲線配置來調整，看看不同的烘焙深度下的單支咖啡豆風味表現有何差異。

細觀四項變因

接下來要針對這四項變因做更深入的說明，請切記：這要在使用同一種烘焙器材的情況下，這些變因數據才有參考意義。

• **批次烘焙量：** 每批次烘焙的咖啡豆量越大，相對來說升溫的速度就越慢。因此若您每次的烘焙豆量都不一樣，那麼得到的各項數據基本上是沒有交叉參考比對的價值的（包括外觀烘焙深度及嘗起來的風味的比較）。特別是氣流式烘豆機或是熱風式爆米花機這類的器材，對於這方面的要求更是嚴格。因為一旦烘焙豆量改變了，烘豆機提供的上衝熱風與咖啡豆重量就不是平衡的狀態了，對於結果影響更大。而對於爐上烘豆器材或是烤箱烘豆法，烘焙豆量這個因素帶來的影響就小得多了，何況使用這類器材的朋友們對於咖啡豆的要求僅止於「有沒有烘熟」、「顏色對不對」而已。但是對於

斤斤計較的烘焙玩家而言，這個變因是需要非常小心控制的。

使用電子秤來量測烘焙豆量，比起用量匙量測體積還來得可靠，因為每一支豆子其實密度都不太一樣；不過對於在家烘咖啡豆這回事來說，其實以體積來量測豆量就已綽綽有餘。

· **烘焙室內部溫度變化：**對於專業的烘焙師傅而言，這項變因是所有變因裡最重要的一項，因為這對於細微風味走向的控制影響最甚。但對於目前市售的家用烘豆機來說，在未做任何修改的情況下，要做到如此複雜的精準控制幾乎是不可能的任務。

所有市售的專用烘豆機或是克難用來烘咖啡豆的其他器材，基本上對於烘焙室內部溫度變化這項變因是完全沒有控制的能力。舉例來說，家用氣流式烘豆機或是熱風式爆米花機是「預設目標溫度」的設計，而爐上烘豆器材對於溫度的掌控能力更是力不從心，另外若是使用旋風烤箱烘豆的，雖然有可以改變溫度高低的火力按鈕，但是其實最適合用來烘焙咖啡豆的火力只有一段，就是烤箱的最大火力，所以那些火力調整也是沒多大意義的。在所有的器材裡，僅有瓦斯火式烤箱這種烘焙方式才可主動調整烘焙室溫度，並可以量測到烘焙室內的溫度數值。

總而言之，最佳的在家烘焙方式只有一個原則，就是讓每一批次烘焙的溫度維持在同一點，而要增減烘焙深度時，就純粹以增加或減少烘焙時間的方式來控制即可。假如您使用的烘焙器材是可以控溫的（例如可以加裝指針式探棒溫度計的入門級爐上烘豆器材，或是瓦斯火式烤箱），便可以先從起始溫度設定華氏 500 度／攝氏 260 度這個點開始玩起。假如在這個設定值之下，還要等 8 到 10 分鐘才開始有熱解作用的跡象（也就是烘焙氣味變化以及爆裂音等等），那麼就把溫度設定調高到華氏 520 度／攝氏 270 度，再試烘一把；但如果原先的設定值使熱解作用太早發生，一般來說只要低於 4 分鐘，那麼建議您將溫度設定調低到華氏 475 度／攝氏 245 度，再試烘一把；使用這類器材絕對不要以低於華氏 460 ／攝氏 238 度的設定值起始烘焙。若您使用爐上的爆米花器烘豆，最高溫度絕對不要超過華氏 520 度／攝氏 270 度。使用瓦斯火式烤箱，則最高溫

度不要超過華氏 550 度／攝氏 290 度。一旦決定好適當的起始溫度設定（意思就是熱解作用在烘焙啟動後的第 4 分鐘到第 8 分鐘之間開始反應，不會過快也不會過慢），在學習烘焙的期間，烘焙時最好都待在烘豆器材前，並隨時注意各階段的變化，這對於經驗的累積是非常有幫助的。

• **咖啡生豆相關資訊：**不同的生咖啡豆種類，烘焙的方式也必須以稍微不同的模式來烘焙，有的甚至要以非常不同的模式才能烘好。若您正在進行烘焙實驗的練習，想要了解各種烘焙深度、各種烘焙模式下產生的不同風味，建議您一定要掌握這個變因，在每一批次的烘焙實驗中，都使用同一種類的咖啡生豆或是同一批混合生豆。

咖啡生豆的含水率或是密度越高時，烘焙時升溫的速度會較緩慢。且與其他含水率或密度較低的咖啡生豆相比，這一類咖啡生豆要達到相同的烘焙深度，需要烘焙到更高的溫度點，吸收更多的熱能。專業的烘焙師傅通常都會在烘焙前，先量測咖啡生豆的密度，並隨之調整烘焙室的溫度控制。直覺更敏銳的專業烘焙師傅，則又會依據不同的咖啡生豆烘焙經驗，分別記下各支咖啡生豆的烘焙紀錄，在拿到一支當季新豆時，便可先依照以往烘焙過的歷史紀錄試烘。

但是對於一般的在家烘焙者來說，使用未改機的家用烘豆機是無法做到上述二點的。因為未改機的家用烘豆機，是無法自由調整烘焙室溫度高低的。使用未改機的烘豆機烘焙，唯一能做的只有觀察某一支咖啡生豆的烘焙歷程有多快、多慢，並針對口味需要，做出粗略的修正方式。下面為各位整理出一些在家烘焙咖啡豆的概要注意事項，其中最後一點對於想嘗試低咖啡因生豆烘焙的朋友或許助益更大：

• 從生長海拔高處（如瓜地馬拉、哥斯大黎加、肯亞，以及哥倫比亞咖啡）採收後一年內的新鮮當季（New Crop）咖啡生豆。通常其生豆含水率以及硬度都較高，烘焙升溫速度相對來說較緩慢。

• 蘇門答臘以及蘇拉威西出產的咖啡生豆，含水率特別高，總烘

焙時間必須延長，甚至需要烘到相對較高的溫度，才能達到適當的烘焙度。經過風漬處理或是陳年處理的咖啡生豆，一般來說在各個烘焙點的特徵較難以判別，且烘焙難度相對較高。

· 過季生豆（自生豆處理程序開始算起超過一年的咖啡生豆，一般稱作「Past Crop」，陳年處理的咖啡生豆亦屬過季生豆）以及生長海拔較低的咖啡生豆，烘焙升溫速度相對較快，有時甚至異常地快，這是與生長海拔較高、較新的咖啡生豆相比而得到的結論。

· 經過低因處理的咖啡生豆，對於烘焙的反應較為敏感，因此在烘焙時升溫的速度比起普通咖啡生豆要快得多（以達到相同溫度點所需花費的時間來比較，低因處理的生豆比普通生豆所需的時間少了 15 ～ 25% 之間）。因此在烘焙低因處理過的咖啡生豆時，在聞到烘焙氣味開始轉變或是聽到爆音開始，您就必須全神貫注地觀察咖啡豆的外觀顏色變化，適時停止烘焙。

· **烘焙區間之時間配置：**這個變因是四項變因之中最容易控制的，也是在家烘焙咖啡豆最重要的一項變因。若您小心翼翼地控制好前三項變因，且都使用同一種烘焙器材，那麼接下來就是要注意烘焙區間的時間配置，與熟豆烘焙著色度、烘焙深度以及杯中表現之間的相互關聯性。在家烘焙咖啡豆是很難達到真正的穩定烘焙表現的，因為家用烘豆器材受到氣溫、大氣壓力變化的影響非常大，在在牽動了烘焙時間的長短，不過也不是天淵之別。雖然使用在家烘豆器材無法完全重現每次的風味、烘焙深度，但也相去不遠了！

烘焙記錄

接下來幾頁，將可以看到筆者提供給各位參考的烘焙記錄表格，別被琳瑯滿目的欄位名稱給嚇到了！其實對於大多數已經熟悉在家烘焙的朋友來說，這表格裡面的許多欄位是可以不理會的；假使您已經能夠穩定控制烘焙室溫度變化、批次烘焙咖啡豆量、冷卻方式等變因，那麼您只需要填寫其中的五到六項欄位，這項烘焙記錄就算完成了。其中最必要填寫的欄位如下：

· 咖啡生豆相關資訊。

- 烘焙日期。
- 停止烘焙的溫度點（下豆點）：此欄位僅適用於允許量測到下豆點溫度的烘焙器材。
- 烘焙時間長短。
- 熟豆外觀顏色。
- 杯測表現及口感描述。

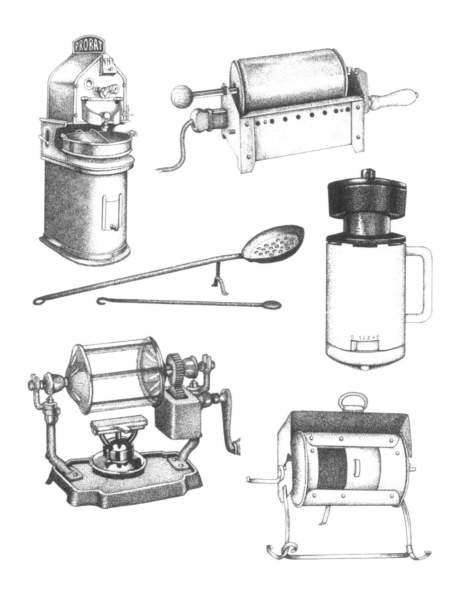

或許您並不在意咖啡生豆的新或舊，或許您使用的器材無法量測到烘焙室溫度變化，甚至您認為在烘焙實驗中並不需要改變任何的控制變因。那都沒關係，因為如果您使用的烘焙手法、變因控制都非常固定，那麼每一批次中熱解作用或是第一爆的起始位置就會很接近。

　　對於想要更有系統地學習品嘗及杯測咖啡的朋友來說，在本書第 66 ～ 67 頁中您可以找到品嘗咖啡專用術語解說，此外在第 238 ～ 244 頁中則可以找到更深入的杯測程序說明。

烘焙記錄表

表格使用注意：一旦您使用了這張烘焙記錄表，那些「把它烘到變咖啡色就好」的道聽塗說對您來說就了然於心。此外，在這份烘焙記錄表中，並不需要填滿每一個欄位的內容，使用不一樣的烘焙器材，僅填寫您所需要注意的欄位即可。另外您要先有個心理準備：不論每批次將各個變因控制得多穩定，得到的成果還是或多或少會有點差異，畢竟在家烘豆的器材不是專業的器材，受外在因素影響是較大的。

如果要進行更有系統的記錄，那麼還可以增列大氣壓力變化、咖啡生豆密度、熟豆杯測口感描述、熟豆表面出油狀況等項目，在此提供的範例僅為示範如何填寫烘焙記錄表之用，您可視個人實際需要增列或減少記錄項目。

烘焙記錄表（範例）

生豆種類	生豆年份	烘焙器材	烘焙日期	烘焙豆量	預設目標溫度	達到一爆時間	下豆溫度	總烘焙時間	冷卻方式
肯亞AA	一年內當季豆	Fresh Roast 氣流式烘豆機	06/03/2003	3oz.	N/A	2 分鐘	N/A	3 分鐘	氣冷
巴西聖多斯	新豆	熱風式爆米花機加裝指針式探棒溫度計	06/03/2003	4oz.	N/A	4 分鐘	450°F/230°C	9 分鐘	水冷
蘇門答臘曼特寧	超過一年過季豆	Whirley Pop 爐火式爆米花器加裝指針式探棒溫度計	06/03/2003	8oz.	500°F/260°C	5 分鐘	N/A	8 分鐘	水冷

烘焙記錄表（空白）

生豆種類	生豆年份	烘焙器材	烘焙日期	烘焙豆量	預設目標溫度	達到一爆時間	下豆溫度	總烘焙時間	冷卻方式

在家烘焙咖啡豆的器材選擇
以及操作程序快速導覽

　　本節內容是針對目前市面上可找到的烘豆器材，作較為詳盡的烘焙方式建議。首先將從專為咖啡烘焙設計的家用烘豆機開始說明，之後再為各位說明其他較克難式的烘焙法操作要點。在本節最末一段（第 221 ～ 223 頁），還有針對克難式烘焙法的另外二項專題說明：水霧冷卻法以及銀皮清理法。在本節結尾處亦有針對低咖啡因生豆，以及其他特殊處理方式生豆的簡要烘焙建議（第 223 頁）。

　　在本章前述內容中，有針對此處提及各式烘豆機的背景資料以及概述。若您還想知道，到底還能為已烘好的咖啡豆多做點什麼事，那麼您將將可以在第六章「烘焙完成後的香料調味」看到所需資訊。

專為咖啡烘焙設計的家用烘豆機

　　相較於克難式的各式烘豆器材，市面上所有專為咖啡烘焙設計的家用烘豆機，由於使用的控制方式是一個計時旋鈕，可以自動從烘焙加熱階段轉換成冷卻咖啡豆的階段，相對來說是可以讓使用者更輕鬆的設計。此外，這些咖啡烘焙機也有專門為解決銀皮飛散的問題，而設計一些特殊的集塵裝置。這部分的烘豆機從價格最低、烘焙量約 3 盎司的 Fresh Roast 氣流式烘豆機（65 美元上下），到閃亮亮的、價格最高的 Hottop 滾筒式烘豆機（580 美元上下），一次烘焙量約半磅咖啡，批次烘焙時間約為 15 分鐘（譯注 5-2-1）。

家用氣流式咖啡烘焙機操作要點

　　氣流式烘焙法的原理，是將空氣導向加熱源受熱後，以受熱的強勁氣流同時攪動及烘焙咖啡豆。

注 5-2-1：本書中提及之各式烘豆機操作建議，主要是針對未改機的情況下而言。對於剛入門想嘗試自己烘咖啡豆的朋友是非常有幫助的。依照筆者提供建議的方式來操作您的烘豆機，將可以感受到自己在家烘焙咖啡豆的趣味所在。對於想要深入探索烘焙咖啡豆的朋友而言，本書後之附錄部分，亦提供了改機資訊以及操作要點等內容，供想深入研究的同好們參考、交流。

優點

· 與克難式的烘豆器材相比,自動化的設計使用起來較為簡便。

· 相對於其他烘焙方式,氣流式烘焙法可以在較短的批次烘焙時間裡,烘焙出較穩定的、豆貌一致的咖啡豆。

· 體積小,儲放不佔空間,且攜帶方便。

· 與家用滾筒式烘豆機相比,價格非常低廉。

· 與家用滾筒式烘豆機相比,烘焙過程中的煙塵量較小。

缺點

· 與家用滾筒式烘豆機、爐上烘豆器材或是烤箱式烘焙法相比,批次的烘焙豆量相對少很多。

· 目前的售價比起克難式烘豆器材來說仍然有點高,不過還是比家用滾筒式烘豆機便宜。

市售機種

· Fresh Roast Original:批次烘焙豆量約 2.7 盎司(75 公克),售價約為 65 美元。Fresh Roast Plus 的批次烘焙豆量約 3.5 盎司(100 公克),以容積計約 5.5 盎司,每台售價約為 80 美元(譯注 5-2-2)。

· Hearthware Gourmet Coffee Roaster,別名 Home Innovation Coffee Roaster:批次烘焙豆量以重量計約 3.5 盎司(100 公克),以容積計約 5.5 盎司。建議售價約為 100 美元,但通常都可以更低的價格買到(譯注 5-2-3)。

· Brightway Caffé Rosto CR-120:批次烘焙豆量以重量計約 3.5 盎司(100 公克),以容積計約 5.5 盎司。建議售價約為 150 美元,但通常都可以更低的價格買到。

家用氣流式咖啡烘焙機大評比

· Fresh Roast Original 是所有機種中,批次烘焙速度最快的,但烘焙豆量也是最小的。

· Hearthware Gourmet 烘豆機以及 Brightway Caffé Rosto CR-120 的

注 5-2-2:目前還有 Fresh Roast plus 8(批次烘焙量以重量計約 3.5 盎司/100 公克,以容積計約 5.5 盎司,售價約為 70 美元)。

注 5-2-3:現在還有另一種 Hearthware I-Roast 烘豆機(批次烘焙豆量以重量計約 5.3 盎司/150 公克,售價約為 190 美元)。

Hearthware Gourmet Coffee Roaster 是最早推出到市面上的家用咖啡烘豆機種之一，操作簡便性及耐用性非常優異。Hearthware Gourmet 烘豆機配備有最標準的氣流式烘焙功能：藉由從機器底部吸入的空氣，經過加熱裝置後，形成一股強勁的熱氣流吹送到烘焙室中，同時攪動並烘焙咖啡豆；機身前面的計時旋鈕控制，可以自動轉換到冷卻咖啡豆的模式；另外，透明玻璃製的烘焙室，方便使用者目測烘焙過程中咖啡豆的外觀顏色變化；烘焙室頂端有一個銀皮收集裝置的設計。

批次烘焙速度相對較緩慢，但烘焙豆量也較大。

‧三個廠牌的機種烘焙室設計，都可以讓使用者直接目測觀察烘焙情形，其中以 Brightway Caffé Rosto CR-120 由上往下目測的方式最為理想，不過這台機器要將烘好的咖啡豆倒出來較不方便。

‧Hearthware Gourmet 烘豆機是其中噪音最大的，容易讓使用者聽不清楚烘焙過程中的爆音，因此對於聽音的判別方式最為不利；Fresh Roast 烘豆機則是其中最安靜的。

‧Fresh Roast 烘豆機的銀皮收集器是最容易清理的，而 Brightway Caffé Rosto CR-120 的銀皮收集器是最難清理的。

‧Fresh Roast 烘豆機的烘焙室最容易因受搖晃而掉落，因此烘焙室的折損率頗高。

‧Hearthware Gourmet 烘豆機比起其他二者，在批次烘焙豆量上有些微的增幅空間，可以稍微再增加一些豆量；而 Fresh Roast 及 Brightway Caffé Rosto CR-120 如果增加了豆量，風力就不太夠，因此會造成攪動不均，其中又以 Fresh Roast 最為嚴重。

口感概述

• 一般而言，氣流式烘焙法烘出的咖啡豆，在中度烘焙來說較強調明亮度及酸度的表現；而在深度烘焙來說則偏向辛辣的表現，較少燒焦的炭味。整體的風味與家用滾筒式烘焙、鼓式烘焙、爐上烘焙器材或是烤箱式烘焙出的咖啡豆相較，氣流式烘焙的咖啡豆風味較為乾淨、甜度佳、輪廓較清晰分明。

• 三個廠牌的家用氣流式咖啡烘焙機，所烘出的咖啡豆也可以在某些細微的地方分辨出來。像是烘焙速度最快的 Fresh Roast，烘出的咖啡豆風味明亮度非常高，甜度明顯且乾淨；但其他兩款烘焙速度相對較慢的機種，烘出的咖啡豆雖然明亮度也還蠻高的，不過與前者相較起來就顯得低沉一些，口感較圓潤些，黏稠度也較高一些。

• 可以藉由稍微減少一些烘焙豆量的方式（大約減少 20%），些微地改變一些口感，在中度烘焙時可以增加一些明亮度，在深度烘焙時則可以再把辛辣的口感強度稍微提升。

烘焙必備要件

• 找到一台適當的氣流式烘豆器材，並配合操作建議。購買資訊請見「相關資源」處。

• 咖啡生豆。

開始烘焙 123

家用氣流式咖啡烘焙機在操作細節上，可能會稍微有些不同之處，在開始進行烘焙之前，請先詳細閱讀過隨機附上的操作說明及注意事項，筆者在下方將提供給各位一些額外的建議，多加注意將對您的烘焙過程有所助益。

• 剛開始嘗試烘焙咖啡豆，請依照各機器製造商之建議烘焙豆量（重量或容積），先不要更動這個變因。豆量過少可能會造成升溫不足，以致無法烘出理想的烘焙深度；豆量過多則風力可能不足以吹動咖啡豆，或是造成攪動困難，而使得咖啡豆的烘焙深度不

均勻。啟動烘豆機之後，請仔細觀察咖啡豆的滾動情形，至少要能稍微順利地推動咖啡豆，假使這一批次的烘焙中，風力不足以吹動咖啡豆，那麼請在下一批次的烘焙時減少一些豆量。

・使用 Hearthware Gourmet 烘豆機以及 Brightway Caffé Rosto CR-120，可以藉由稍微減少一些烘焙豆量的方式（大約減少 20%），些微地改變一些口感，在中度烘焙時可以增加一些明亮度，在深度烘焙時則可以再把辛辣的口感提升一些。

・假若您想要再精準地控制咖啡豆的烘焙深度；若想烘淺一些，可以試著在烘焙進行中，強制將計時旋鈕轉到「COOL」提前冷卻；想烘深一些，就把計時旋鈕再往後轉，延長烘焙的時間。此外，您可以在本書第 170 ～ 173 頁找到利用聽音、聞味、觀色等技巧來控制烘焙深度的方法。

・每一批次烘焙完成之後，一定要把銀皮收集器清理乾淨！如果沒有這麼做，您的烘豆機可能會減短壽命。

・烘焙完成後，待冷卻的程序結束了，請馬上將咖啡豆從仍然熱得發燙的烘焙室中倒出。如果繼續放在裡面，咖啡豆的風味將會散失得更快，您喝到的味道就更少了。

Zach & Dani's Gourmet Coffee Roaster 家用烘豆機操作要點

Zach & Dani's Gourmet Coffee Roaster 是以對流的熱風來烘焙咖啡豆，但是攪動咖啡豆的功能，則由一個位於烘焙室中間的機械式螺旋裝置來負責。這台烘豆機還有一項獨家的煙塵過濾裝置設計，可以有效濾除烘焙過程中產生的煙塵及皮屑，不過我們仍能聞到烘焙氣味的變化。

優點

・Zach & Dani's 烘豆機的最大批次烘焙豆量，比起現有市售的家用氣流式咖啡烘焙機來說，足足多出 40%。

・裝配有精密設計的空氣過濾裝置，可以有效過濾掉烘焙過程中產生的煙塵、皮屑。

・操作控制設計精良，使用方便，且對不耐於長時間待在烘豆機前盯著看的朋友來說，這台機器提供理想的自動化控制模式，同時也具有全手動操作的模式可供使用。

・價格比起家用滾筒式烘豆機來說是相對低廉的。

缺點

・批次烘焙豆量比起家用滾筒式烘豆機、爐上烘豆器材、烤箱式烘豆法來說，相對少很多。

・批次烘焙時間比起家用氣流式咖啡烘焙機來說是相對較長的，每批次約需 20 到 30 分鐘。

・比起家用氣流式咖啡烘焙機的體積來說相對大了些，不過若與家用滾筒式烘豆機相比又算蠻好攜帶的。

・價格比起克難式的烘焙器材或是家用氣流式咖啡烘焙機，還要高出一些，但比家用滾筒式烘豆機便宜。

市售機種

・Zach & Dani's Gourmet Coffee Roaster：批次烘焙豆量──中度烘焙豆以重量計約 5 盎司（140 公克），以容積計約 7 盎司；深度烘焙豆以重量計約 3.5 盎司（100 公克），以容積計約 5.5 盎司。含磨豆機、咖啡生豆及隨附操作注意事項的組合，市售價格約 200 美元。

口感概述

・以此種烘豆機烘焙，過程較長而緩慢，其烘焙出的咖啡豆杯中表現較為低沉、圓潤、層次複雜，相較於氣流式烘豆機烘出的咖啡豆來說，酸度及甜度都少一些，不過其黏稠度則高了一些。

烘焙必備要件

・Zach & Dani's Gourmet Coffee Roaster 及隨附操作說明。

・咖啡生豆。

詳閱隨附的操作使用說明，再加上筆者此處提出的幾點注意事項，將對您操作方面有所幫助。

• 雖然看起來 Zach & Dani's 烘豆機可以比家用氣流式咖啡烘焙機烘更多的豆量，不過其實這台機器的最佳烘焙量，最好也不要超過製造商建議的豆量（以重量或以容積計算）。

• 將烘焙豆量減少約 1 盎司（或是減少 20%），在中度烘焙咖啡豆的表現上，可以加快烘焙的速度，並烘出風味較為明亮、甜度較高一些的咖啡豆；而在深度烘焙咖啡豆的表現上，也能較快完成烘焙，風味表現則更為飽滿。

• 假若您想要再精準地控制咖啡豆的烘焙深度，想再烘淺一些時，可以試著在烘焙進行中強制按下「COOL」鍵提前冷卻；想烘深一些，就按下三角形的「UP」鍵，延長烘焙的時間，每按一下就延長 1 分鐘。詳見隨附於烘豆機上的操作建議。

• 由於這台烘豆機在運作時噪音較大，因此要藉由聽音判別烘焙深度是有點困難的，不過好在這台烘豆機的烘焙步調很緩慢，加上透明的烘焙室易於使用者直接目視觀察咖啡豆的顏色變化，因此要判斷烘焙深度，還能使用計時、觀色法。您可以在本書第 170 ～ 173 頁找到利用觀色技巧來控制烘焙深度的方法。

• 每一批次烘焙完成之後，一定要把銀皮收集器清理乾淨！

• 烘焙完成後，待冷卻的程序結束，請馬上將咖啡豆從仍然熱得發燙的烘焙室中倒出。如果繼續放在裡面，咖啡豆的風味將會散失得更快，您喝到的味道就更少了。可以使用厚布手套或是其他輔助工具取下烘焙室，盡量拿取機體的塑膠部分，避免接觸到非常燙的金屬或是玻璃部分。

家用滾筒式烘豆機操作要點

這一類烘豆機是專業型鼓式烘豆機的精簡版。

優點

• 與市售其他家用烘豆機種的烘焙豆量相比，這類機種的烘焙豆

量大很多。

· 與其他家用機種或是克難型烘豆器材相比，這類機種更添一些咖啡的浪漫情懷以及專業權威感。

· Hottop 烘豆機是市售家用烘豆機種之中，唯一設計讓咖啡豆可以在烘焙室外冷卻的烘豆機，在烘焙室外進行冷卻咖啡豆是較有效率的冷卻方式。

· Swissmar 的 Alpenrost 烘豆機在烘焙進行中，不小心碰觸到它的外蓋也沒關係，其特殊的外蓋表面材質可以完全隔絕熱的傳導，是唯一具有防燙傷貼心設計的家用烘豆機。

缺點

· 與家用氣流式咖啡烘焙機，或是熱風式爆米花機的烘焙速度相比，這兩台機器的烘焙速度都很緩慢。Hottop 烘豆機在正式開始烘焙之前，需要熱機 5 分鐘，而在烘完第一批次的咖啡豆之後，要隔 10 分鐘讓烘焙室冷卻，才能再烘第二批次。

· 雖然兩台烘豆機都配備有煙塵管理的裝置（Alpenrost 配備有一個方向可調整的通風裝置，可以將烘焙室內的煙塵導引到外部，再由外面的抽風機或是半開的窗戶帶走煙塵；Hottop 則是配備一個纖維製過濾裝置），不過由於烘焙豆量比起其他家用機種還大很多，因此烘焙時產生的煙塵量仍然很大。除非您家中有裝設抽風效率夠好的抽風機，或是計畫將來會在戶外或是窗台邊烘豆子，否則請不要購買這兩款烘焙煙量大的烘豆機。

· 機體較大，佔用空間多。

· 與其他小型的家用機種或是克難式烘豆器材的價格相比起來，這兩台烘豆機的價位較不那麼平易近人。

· Hottop 烘豆機名如其實，在烘焙進行中，烘焙機外殼表面是非常容易燙傷人的，且在烘焙完成之後，尚需要蠻長一段時間才能冷卻。製造商自我期許在不久的將來能再改良，生產具有隔熱設計的新一代烘豆機。

· Alpenrost 烘豆機在烘焙進行中無法觀測到咖啡豆的顏色變化；

不過 Hottop 烘豆機則有著觀豆窗的優秀設計。

市售機種

・Swissmar Alpenrost 烘豆機：批次烘焙豆量以重量計約 8 盎司（225公克），市售價格約為 290 美元。

・Hottop 烘豆機：批次烘焙豆量以重量計約 9 盎司（ 250 公克），市售價格約為 580 美元。

家用滾筒式烘豆機大評比

・Hottop 烘豆機價格比 Alpenrost 烘豆機貴。

・Hottop 烘豆機有透明觀豆窗，在烘焙進行中可以看到咖啡豆顏色變化；Alpenrost 烘豆機則無此項設計。

・Hottop 烘豆機在烘焙進行中以及烘焙過後很長一段時間，機殼表面仍容易燙傷人；Alpenrost 烘豆機則有貼心的外殼隔熱設計，即使在烘焙中碰觸也沒有燙傷的疑慮。

右圖為 Hottop 家用滾筒式烘豆機。這台烘豆機結合了傳統的滾筒式設計，還有烘焙室外的機械式攪拌加風扇冷卻盤，另外還有專為家庭使用者設計的簡易操作介面。透明的烘焙室觀豆窗，以及自動化烘焙控制電腦晶片，對於稍有經驗的烘焙者來說，也可以轉換成手動控制。

• Hottop 烘豆機的冷卻盤設計，可以讓烘焙完成的咖啡豆有效率地冷卻，這是先天設計上的優點；Alpenrost 烘豆機的冷卻就相對較沒效率，因此烘出的咖啡豆風味較為低沉、酸度及甜度也不明顯。

• Hottop 烘豆機在烘焙進行中的聲音較小，因此有助於以聽爆音的方式辨別烘焙深度。

• Alpenrost 的簡明操作面板設計，對於第一次嘗試烘焙咖啡豆的朋友較為便利；Hottop 烘豆機的操作介面較為複雜，另外又具有透明觀豆窗的設計，使得在烘焙過程中可以得到的參考資訊較完整，也能對烘焙深度作更細微的控制，使用上的彈性也較高。

• 兩台滾筒式烘豆機的外觀都很別致：Alpenrost 烘豆機外觀俐落、具現代感；Hottop 烘豆機則是傳統的復古風味設計。

口感概述

• Swissmar Alpenrost：杯中表現風味低沉，黏稠度飽滿，酸度及甜度較為不明顯。

• Hottop 烘豆機：比起前者，杯中表現風味較明亮，黏稠度較低，酸度及甜度較明顯，整體而言是一杯非常優秀的咖啡，更勝於以 Alpenrost 烘出的咖啡豆表現。不過相較於以家用氣流式咖啡烘焙機烘出的咖啡豆風味而言，則是更圓潤、飽滿一些。

烘焙必備要件

• 一台家用滾筒式烘豆機，加上隨附的操作說明。您可以在「相關資源」處找到烘豆機的購買資訊。

• 咖啡生豆。

開始烘焙 123

詳閱隨附的操作使用說明，再加上筆者此處提出的幾點注意事項，將對您操作方面有所助益。

• 雖然 Hottop 看起來烘焙豆量可以再增加一些，不過筆者建議各位還是不要裝入超過建議值的咖啡生豆。若想稍微改變一下最後的

烘焙風味表現，可以依建議烘焙豆量再酌減 20%。在中度烘焙咖啡豆的表現上，可以加快烘焙的速度，並烘出風味較為明亮、甜度較高一些的咖啡豆；而在深度烘焙咖啡豆的風味表現則更為辛口。

• 使用 Alpenrost 烘焙，是無法以目測咖啡豆顏色變化的方式判別烘焙深度的。若您想學習藉由聽音或是聞味的方式來判別烘焙深度（本書第 170 ～ 173 頁），請在啟動時就設定到「HIGH」或「DARK」的火力—時間設定，在達到了某一個您想要的烘焙點（聞到某氣味或是達到第一爆或第二爆），就轉到「COOL」強制冷卻，這是因為 Alpenrost 在烘焙進行間，是無法自由增減烘焙時間的。對於已經稍具經驗的烘焙者來說，您可以在 Swissmar 的官方網站找到相關的進階操作說明（Swissmar Alpenrost Experienced Roasters Guide，http://www.swissmar.com/exproast.shtml）。

• Hottop 烘豆機則可以讓使用者在烘焙進行中任意一點停止烘焙，或是增加烘焙時間，每一次增加的幅度都是 10 秒鐘。另外還有時間警示器，當烘焙接近尾聲時，警示音響起，您就可以來看看是否需要增加或減少烘焙時間。操作前請先詳細閱讀隨機附上的說明。

• 每一批次烘焙完成之後，一定要把銀皮收集器清理乾淨！並且要依照說明書上的指示，定期清理烘豆機內部。

• 千萬小心，在烘焙過程進行中以及烘焙完成之後，不要碰觸到 Hottop 烘豆機的外殼，因為外殼是非常燙的。

微波式烘焙法操作要點

在正式介紹這種烘焙法之前，先向各位提醒一下，由一間名為 Smiles Coffee 公司所出品的微波烘焙咖啡豆，實際上那並不能算是在家烘焙方式的一種，因為在烘豆袋內的咖啡豆已經被先行烘焙過一次了，消費者購買回家之後唯一做的動作只有「加熱」，而不是烘焙；或許 Smiles Coffee 的這種烘焙豆有某些獨到之處吧！不過筆者到目前也還找不到那個獨到之處。所以，筆者希望各位不要將 Smiles Coffee 的這種烘焙豆，與下方將為各位介紹的微波爐烘焙法相提並論，後者的工作原理真的是非常傑出，值得推薦！

接下來就是要介紹即將問市的 Wave Roast 微波式烘豆系統，這套烘豆系統中有兩款烘豆包裝的設計，一款是較為簡易、低廉的陽春型烘豆袋，另一款是設計較為精良、稍貴一點的圓錐筒烘焙包。

陽春型烘豆袋的內容物有：2 盎司的咖啡生豆、一個支撐烘豆袋空間的硬紙板，以及一個儲水器。為什麼要有一個儲水器？因為水能夠將微波爐產生的過多的能量吸收起來，避免讓咖啡豆過度烘焙，此外還能吸收微波爐內因烘焙產生的煙霧，減低煙味及煙量。在烘焙過程中，一旦聽見第一爆的聲音，就代表咖啡豆已經開始轉熟了，此時使用者必須不時地把微波爐打開，將裡面的烘豆袋換面搖晃，重複幾次，以烘出更均勻的咖啡豆。咖啡豆外觀顏色變化可以藉由烘豆袋上的一個小觀豆窗觀測到，全部的烘焙過程僅耗時 4 分鐘左右。

圓錐筒式烘豆袋則是以硬紙板製成的圓錐筒為包裝材主體，將大約也是 2 盎司的咖啡生豆置於其中，整體烘焙時間也大約是 4 分鐘。不過與前者不太相同的地方在於，圓錐筒式烘豆袋在烘焙進行間可以藉由一個經過巧思設計的電池驅動搖晃器，不斷進行翻滾攪動的動作，這個搖晃裝置可以放在一般家用微波爐的內部轉盤上工作。另外也有設計出一種較小台、專為微波烘焙咖啡豆而設計的小型咖啡烘焙用微波爐，內建有這種搖晃裝置，圓錐筒式烘豆袋直接放進去就可以烘焙咖啡豆了。但不論是使用一般微波爐或是專用微波爐來烘焙，圓錐筒式烘豆袋中有一種電子感應器，可以指示烘焙深度變化，易於使用者觀察。

不論是陽春型烘豆袋或是圓錐筒式烘豆袋，兩者都是不可以重複使用的。製造商計畫每一個陽春型烘豆烘豆袋定價將為 1 美元，圓錐筒式烘豆袋則將以套裝組合的方式出售，一套為 40 美元，內含七個圓錐筒式烘豆袋、咖啡生豆、搖晃裝置，以及一台螺旋槳式砍豆機；若要單買圓錐筒式烘豆袋，預計大概是每個 1.75 元到 3.50 美元之間，價格依內裝咖啡豆等級、種類而有異。

優點

- 使用便利性上來說，圓錐筒式烘豆袋很不錯，但陽春型就較不

方便了。

・佔用空間上來說，陽春型烘豆烘豆袋幾乎不需要什麼操作空間，而圓錐筒式烘豆袋只有搖晃裝置需要佔用到一點點的操作空間。

・幾乎不需要額外花費在特殊的烘豆機器上。

・烘焙進行中幾乎不會產生煙霧，只有在烘焙完成後，將烘豆袋打開時才會冒出一縷清煙。

缺點

・烘焙豆量相對來說非常小。

・使用陽春型烘豆袋烘出的咖啡豆不太均勻（使用圓錐筒式烘豆袋則均勻度還不錯）。

・以長久經濟因素考量，微波烘豆烘豆袋的單價是非常貴的，因為每個烘豆袋都只能使用一次。

・陽春型烘豆袋在使用時必須隨侍在側，要一直觀察各階段的變化；圓錐筒式烘豆袋則方便多了，不需要人工翻攪。

・以浪漫的觀點來看，微波烘豆法大概是最不浪漫、最不傳統的烘焙方式了。

口感概述

・陽春型烘豆袋：由於烘焙的不均勻，因此帶出很高的複雜口感

右圖為目前 Wave Roast 暫定的微波烘豆設計模式。這種以可回收硬紙板製作的圓錐筒式烘豆袋，裡面裝有少量的咖啡生豆。在烘豆袋內緣有專利設計的內襯，可以將部分的微波能量轉換為幅射熱，如此一來，幅射熱負責烘焙咖啡豆外部，微波熱則負責烘焙咖啡豆內部。圓錐筒式烘豆袋在烘焙進行間，可以藉由一個經過巧思設計的電池驅動搖晃器，不斷進行翻滾攪動的動作，以確保每批次的烘焙均勻度。

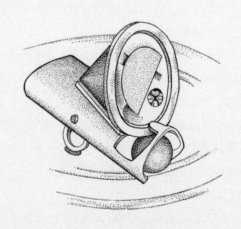

以及口感深度，以此方式烘焙的咖啡豆，其烘焙深度差異很大。總體而言，酸與甜度較不明顯，黏稠度非常高。在中深度烘焙（大約在 Full City 的程度）及深度烘焙之間的表現上較好。

· 圓錐筒式烘豆袋：在中度烘焙及中深度烘焙之間的表現，黏稠度飽滿，酸及甜味較不明顯。使用這種烘豆袋烘咖啡豆的最佳表現點就是深度烘焙，在這種烘焙深度下，咖啡風味保有這個烘焙深度下的應有特色，甜度高，但卻不會滿口苦味與焦味。

· 這份口感概述是以未上市版本的微波烘豆袋為烘焙器材而寫的，若未來開發完成新型的微波烘豆袋或是器材，也許口感上的表現就會不太一樣。

爐上烘豆器材──Aroma Pot 操作要點

這個器材是仿古歐美傳統式的爐上烘豆法而來，在網路上某些商店可以購得整套的咖啡烘焙組合（詳見「相關資源」）。其外觀看似一個上蓋附有延伸攪動曲柄的平底鍋，必須在瓦斯爐或電熱板上才能使用。曲柄的作用就是帶動鍋內的兩片攪拌葉片，烘焙進行間這兩片葉片負責攪拌鍋內的咖啡豆。

優點

· 以批次烘焙豆量來說，與氣流式烘豆機相比起來，Aroma Pot 的烘焙豆量大很多。

· 機動性高，且便於收納。

· 偏好浪漫情懷的人們，會覺得 Aroma Pot 的造型很復古而有吸引力。

· 沒有馬達或是控制裝置，因此沒有當機或是停擺的疑慮。

缺點

· 與氣流式或是滾筒式烘豆機相比，Aroma Pot 烘焙均勻度較差。

· 烘焙進行間不太容易觀測到咖啡豆的外觀變化。

· 在烘焙過程中，需要不間斷地轉動曲柄，並配合不時地甩鍋搖晃才能稍微提升烘焙均勻度，冷卻咖啡豆時也必須這麼麻煩。

- 若攪動葉片變形了，開始出現卡豆情形，要想伸入將攪拌葉片折回原位是非常困難的，除非整台拆開，否則幾乎是無法可解。
- 烘焙過程中會產生非常可觀的煙塵量，因此必須配合抽風效率高的抽風機使用，不然就是得在靠窗的位置進行烘焙。

市售機種

- Aroma Pot 1/2 磅咖啡烘焙器：目前可以在 Coffee Project 這家網路商店購得（詳見第 255 頁），該店是以套裝烘焙組合的方式販賣，整套器材包括 Aroma Pot 烘豆器、冷卻器材、熟豆儲存容器，以及初學者練習用咖啡生豆，定價約 140 美元。

口感概述

- 使用 Aroma Pot 烘豆器烘焙出的咖啡豆風味屬較低沉的、黏稠度飽滿，酸、甜及複雜度都較低。

烘焙必備要件

- 一台 Aroma Pot 1/2 磅烘豆器（與網狀洗菜籃冷卻器以及噴霧冷卻瓶搭售），購買資訊請見「相關資源」。
- 咖啡生豆。
- 額外條件：每次烘焙都要先烘一把對照用的樣品豆。

開始烘焙 123

　　詳閱隨附的操作使用說明，再加上筆者此處提出的幾點注意事項，將對您操作方面有所助益。

- 先從中等火力開始練習，若熱解作用（就是第一爆）在小於 3 分鐘的時間就開始了，那就是火力太強，這一鍋最好就不要試，準備以較小的火力再烘下一鍋；若熱解作用在開始烘焙後超過 5 分鐘還沒開始，就是火力太小，這一鍋可以加大火力繼續烘完，或是乾脆不要再烘，準備以較大火力再烘下一鍋。當您抓到概略的火力設定，讓第一爆能在 3 到 5 分鐘之間開始，請將火力調整的地方做一

個標示，將來烘焙就不用再重新抓火力。周遭環境室溫高時，到達熱解作用的速度也會變快，此時或許需要將火力稍微調小一些比較好。

• 烘焙中，搖動曲柄的頻率不必太快，您也可以偶爾離開一下火爐，但最重要的就是搖動的動作必須持續做，不能停頓。若是停止搖動曲柄超過 1 分鐘，很顯然的下層的咖啡豆一定會燒焦。注意：必須偶爾將鍋子提起甩一甩，促進攪動，讓受熱更均勻。

• 烘焙完成後，將 Aroma Pot 移開火源，馬上將咖啡豆倒到洗菜籃式冷卻網中急速冷卻，若沒有快速的冷卻咖啡豆，其風味將會流失殆盡。

爐上烘豆器 ── 搖柄式爆米花器操作要點

優點

• 烘焙進行間可以輕易觀測到咖啡豆外觀顏色變化。

• 與烤箱式烘焙法或是 Aroma Pot 相比，這種烘焙器材的烘焙均勻度較好一些。

• 機動性高，且便於收納。

• 以批次烘焙豆量來說，與氣流式烘豆機相比起來，搖柄式爆米花器的烘焙豆量大很多。

• 單價比任何一種專用烘豆機還要低廉。

缺點

• 與氣流式或是滾筒式烘豆機相比，烘焙均勻度較差。

• 在烘焙過程中，需要很謹慎、不間斷地轉動曲柄。

• 使用這類爆米花器須先進行一些改裝後，才適合烘焙咖啡豆。

• 烘焙過程中會產生非常可觀的煙塵量，因此必須配合抽風效率高的抽風機使用，不然就是得在靠窗的位置進行烘焙。

口感概述

• 若操作得當，使用 Whirley Pop 爆米花器烘焙出的咖啡豆風味屬

較低沉的、黏稠度飽滿，而酸、甜及複雜度都較低。

烘焙必備要件

關於烘焙過程的必備要件：

· 經過稍微修改的 Whirley Pop 爐上爆米花器（6 夸脫容量），加裝一根指針式探棒溫度計（如右圖所示），目前也有供應商販售已加裝溫度計的 Whirley Pop 爆米花器了，詳見「相關資源」。

· 咖啡生豆（每批次可烘焙的豆量，以重量計大約 9 盎司，以容積計大約 12 液量盎司）。

· 洗菜籃式冷卻器（容量必須比烘焙豆量大至少兩倍）。

· 廚房抽風設備或是開放式的窗台邊，以備抽出烘焙煙塵。

· 烤箱用隔熱手套。

· 額外條件：每次烘焙都要先烘一把對照用的樣品豆。

關於改裝爆米花器的必備要件：

· 指針式探棒溫度計只要是有金屬外殼，溫度測量範圍最高值到華氏 400 度／攝氏 205 度或更高的就可以使用。在「相關資源」處提及的各大品牌指針式探棒溫度計都很適合：Cooper、Springfield、UEI 的 T550 型、Comark、Pelouze 或是 Taylor。

· 大部分的指針式探棒溫度計，需要以金屬螺帽或金屬墊片鎖住固定，但螺帽與墊片的孔徑必須夠大，最好能讓探棒穿過，而且螺帽厚度最好能佔滿探棒部分的 1/2 到 1 英寸左右。下面幾款溫度計則不需要這樣的改裝，因為探棒長度小於 5 英寸：UEI、Pelouze、Comark 550F 型等等。

· 1/4 英寸的鑽頭與高速電鑽。

改裝步驟 123

改裝 Whirley Pop 爐上爆米花器，詳見下方圖示及說明，在本書第 180 頁有詳細的改裝方式可供參考）。

· 在爆米花器上蓋鑽一個 1/4 英寸的孔，這個上蓋是分成兩個半圓形摺葉的，要鑽孔的是那個能夠開關的摺葉，從這個摺葉的中心點

鑽孔。鑽完孔之後請細心地清除掉鑽下的鋁屑。

· 將溫度計探棒上的固定夾先取下，依據溫度計的長短，套上厚度不等的螺帽或是墊片，使探棒尖端能夠與烘室底部相距大約 5/8 到 3/4 英寸的高度（詳見右方圖示及說明）。

· 將已套上螺帽或墊片的溫度計裝上 Whirley Pop 爐上爆米花器的上蓋，有螺帽、墊片的部分必須位在上蓋的外緣。

· 將固定夾由內部再裝回探棒上，固定在爆米花器上蓋的內緣。

· UEI、Pelouze、Comark 550F 型的溫度計探棒部分都較短，因此不需要加裝螺帽或是墊片，且這些溫度計沒有附固定夾，因此裝上 Whirley Pop 爐上爆米花器時，溫度計是沒有完全固定住的，雖然使用起來會晃來晃去，不過大體上來說讀取到的數據都還蠻正確的。

開始烘焙 123

· 不要使用太強的火力來加熱爆米花器。使用電熱板加熱器先將火力開大，之後再轉成中火；使用瓦斯爐則以小火開始。

· 若沒有加裝溫度計，就不要使用這種爆米花器來烘焙咖啡豆。

· 使用爆米花器烘焙咖啡豆，在烘焙中絕對不要離開，爆米花器的耐熱度是有限的。

· 烘焙開始前先確認冷卻網以及隔熱手套都有準備好。若您覺得想嘗試看看水霧冷卻法，請準備一個噴霧瓶（詳見第 221 頁）。

· 使用電熱板加熱時，在一開始先將火力設定到中火，進行預熱爆米花器的程序；使用瓦斯爐加熱，則以小火預熱。仔細觀察溫度計表頭上的讀數變化，溫度指針會飆升得非常快，當指針指到接近華氏 400 度時，適度調整火力，直到溫度數值固定在華氏 475 ～ 500 度之間（某些指針式探棒溫度計的最高讀取溫度也許只能到華氏 400 度，不過這類溫度計就算量到破表也還能正常運作。舉例來說，當您要量測的溫度數值大約在華氏 500 度時，指針會繞完華氏 400 度一圈，再多跑到華氏 100 度的位置；當您要量測的溫度數值大約在華氏 450 度時，指針繞完一圈最後到大約華氏 50 度的位置，

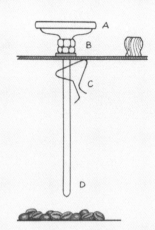

上圖為 Whirley Pop 爐上爆米花器改裝時，正確的溫度計固定位置。加裝溫度計可以增加一個參考數據，讓我們更清楚烘焙前跟烘焙進行中的烘焙室溫度變化。在本書第 210 頁，您可以找到如何加裝溫度計到熱風式爆米花器的圖解及說明。(A) 是溫度計的表頭；(B) 是用來固定溫度計探棒部分的螺帽或是墊圈，探棒尖端至少要離內鍋底部 5/8 到 3/4 英寸高；(C) 是溫度計附的固定夾，固定夾的位置必須放在 Whirley Pop 爐上爆米花器上蓋的內緣，如此便能牢牢地固定溫度計。(D) 是溫度計探棒的尖端，必須距離烘焙室底部有一定的高度，避免被內部攪拌葉片或是咖啡豆碰觸到，而影響了讀數的準確性。

以此類推。當您抓到這個火力時，請做下標記。若您是使用瓦斯爐為熱源，那麼請用簽字筆或是一小段膠帶做下記號，這些標記或記號將是未來烘焙起始火力的參考位置。

• 將咖啡生豆倒入爆米花器，關上上蓋。

• 用手開始搖動爆米花器的曲柄，搖動頻率不需要非常快，也可以偶爾移開火源一下子，但最重要的還是要持續地搖動，不能停。若是停止搖動曲柄超過 1 分鐘，很顯然的下層的咖啡豆一定會燒焦。有時候有些豆子會把攪拌葉片卡住，使曲柄無法很順利地轉動，此時您只需要反方向轉動曲柄即可，如果再不行，請參閱下方的「疑難雜症看過來」部分，將有針對這個問題的詳細探討。

• 當咖啡生豆倒入爆米花器中的剎那間，溫度計讀取到烘焙室的溫度會驟降，如果降到低於華氏 325 度，就稍微將火力調大一些。

• 接著烘焙室的溫度便會漸漸回升，一般到了華氏 350 ～ 375 度之間就可穩定不要再升溫（這段溫度是正常的烘焙進行溫度，不過通常在烘焙室底部的鍋面實際溫度會更高些）。

• 在第一爆開始後的 1 分鐘（淺度烘焙）或是 2 分鐘（中深度烘焙），可以打開爆米花器上蓋檢視一下咖啡豆的著色程度。您可以在本書第 170 ～ 173 頁找到以咖啡豆著色度、氣味變化，及爆裂音來判別烘焙深度的方法。也可以把第一把烘好的樣品豆拿來對照著色度。

• 以聽音的方式或是目測咖啡豆著色度的方式，不斷地觀察、監測咖啡豆已烘到什麼深度了，當咖啡豆外觀著色度已經跟樣品豆接近或是稍淺一些時，就可以移開火源迅速將咖啡豆倒進冷卻網裡。

• 拿著冷卻網到水槽上或是戶外，邊搖邊攪，將咖啡豆冷卻到室溫，並同時將大部分黏附的銀皮脫除。在本書第 221 頁有提供更快速的水霧冷卻法，第 222 頁則有針對解決銀皮問題的更詳細說明。

疑難雜症看過來

假使曲柄轉動有困難，在烘焙室攪動葉片附近的咖啡豆可能會向上膨脹，進而把攪拌葉片的行進路線卡住。若要解決這個問題，

就必須先等到爆米花器完全冷卻下來，以一根長的湯匙或是長的鈍器將攪拌葉片向下壓實，照同樣的步驟把另一片攪拌葉片也壓實，爆米花器的鍋底也會因此而稍微變形，永遠也無法恢復。如此一來攪拌葉片就再也不會受到咖啡豆阻礙而造成曲柄無法轉動了。爆米花器的鍋底若被您的神力弄到變形，請不要太在意，因為我們要的是效果！

使用筆者推薦的熱風式爆米花機烘焙操作要點

優點

· 比起其他克難式烘焙法相對來說更簡單操作，不過使用起來仍然比烘焙咖啡豆專用烘焙機還需要更多的專心與注意。

· 比克難式烘焙法烘出的豆子更穩定、更均勻。

· 可以加裝一個指針式探棒溫度計，便於監測烘焙過程中的溫度變化與烘焙深度。

· 機動性高，且便於收納。

· 價格比起烘焙咖啡豆專用的烘焙機來得便宜許多。

缺點

· 與烘焙咖啡豆專用的烘焙機相比，熱風式爆米花機在操作時需要花費更多的注意力，不論在烘焙進行中或是烘焙完成後。

· 只有 206 頁圖示中的烘焙室設計適合用於烘焙咖啡豆（請見第 206 頁圖示），若以其他種類的設計來烘焙，危險性可能會很高。

· 相對於家用滾筒式烘豆機以及爐上烘豆器材、烤箱等烘豆法來說，熱風式爆米花機的批次烘焙豆量是很小的。

· 時常使用熱風式爆米花機烘焙到表面出油程度的咖啡豆（一般是指烘到義式極深焙或是法式重烘焙而言），會縮短機器的使用壽命。不過熱風式爆米花機要用來應付普通深焙的咖啡豆（一般指維也納式烘焙或是 Espresso 式烘焙，第二爆之後的 30～50 秒左右下豆）是綽綽有餘的。詳見本書第 80～81 頁的「烘焙深度參考指標」。

圖中為三種主要的熱風式爆米花機烘焙室設計，其中只有最右方的款式設計才能用來烘焙咖啡豆，這種設計就是讓熱空氣從烘焙室周圍吹出，而非烘焙室底部吹出。圖中第一、第二款設計都是熱風從烘焙室正下方吹送出的方式，非常不適合用來烘焙咖啡豆。

口感概述

· 熱風式爆米花機烘焙出的咖啡豆，中度烘焙的甜味與酸味表現特別突出，在中深度烘焙的表現則是辛口感增加，但不會有煙焦味。與家用滾筒式烘豆機、爐上烘焙法、烤箱烘豆法等等烘焙出的咖啡豆風味特性相比，熱風式爆米花機烘焙出的咖啡豆較為乾淨、甘甜、輪廓清晰。前三種方式烘焙出的咖啡豆風味則較偏向高複雜度、層次變化更深沉。

烘焙必備要件

· 筆者建議的熱風式爆米花機種一台（請見上方圖示）。使用其他款式的爆米花機來烘焙咖啡豆，可能會導致火災或機器燒毀的危險。

· 一個用來收集銀皮的大缽、臉盆。

· 咖啡生豆（依照製造商建議烘焙的玉米花量，不要超過建議量，通常每批次的烘焙豆量是 4 個液量盎司）。

· 一個容量至少是烘焙豆量兩倍以上的冷卻籃。

· 一雙隔熱手套。

· 額外條件：每次烘焙都要先烘一把對照用的樣品豆。

開始烘焙 123

· 到廚房抽風機下方或是空氣流通的開放式窗台旁烘焙，以便讓

烘焙過程中產生的煙塵快速排出室外。當然也可以在室外烘焙，不過只限於平靜無風的天氣。戶外氣溫過低時（低於華氏 50 度／攝氏 10 度），可能會無法達到烘焙咖啡豆所需要的溫度。

‧ 依照製造商建議烘玉米花的量，烘焙相同份量的咖啡生豆就好，千萬不要超過。

‧ 開始烘焙前，要再確認一次烘焙室上方的塑膠蓋已套上，沒有套上便不要開始烘焙。這個上蓋的作用，是為了維持烘焙室溫度穩定、不逸散。

‧ 在塑膠上蓋的出口準備一個用來收集銀皮的大缽或是臉盆（見 208 頁圖示）。

‧ 在熱風式爆米花機的旁邊放置已烘焙好的樣品豆，以供比對參考烘焙深度及著色度。確認冷卻籃以及隔熱手套要先準備好，放在方便取用的地方。若想使用更快速的水霧冷卻法，可在本書第 221 頁中找到，您必須先準備好一個噴霧瓶。

‧ 打開電源開關。

‧ 在開啟機器後 3 ～ 4 分鐘左右，開始會聞到烘焙咖啡的氣味轉變，此時咖啡豆大概就開始第一爆了。若您是在室內烘焙，此時就可以打開抽風機了。

　‧ 在第一爆開始後 1 分鐘（淺度烘焙或中度烘焙）或是 2 分鐘（中深度烘焙到深度烘焙），以隔熱手套稍微翻開奶油杯，開始觀測內部咖啡豆的著色度；假如您的熱風式爆米花機並沒有奶油杯的設計，那麼就請把整個塑膠上蓋拿起來，或是乾脆以第一爆、第二爆的聲音來判斷烘焙深度，以聽音的方式來判別烘焙深度也是一種非常可靠的方法，您可以在本書第 170 ～ 173 頁中找到。

‧ 使用熱風式爆米花機烘焙咖啡豆，速度是非常快的，通常 5 ～ 6 分鐘就能完成中度烘焙，7 ～ 8 分鐘能完成中深度烘焙，9 分鐘就是深度烘焙了。

‧ 在烘焙接近目標烘焙深度之前，可以以聽第一爆、第二爆聲音的方式來判別現在的烘焙深度，但到了接近目標烘焙深度時，就要以目測的方式觀測，當咖啡豆著色度接近樣品豆著色度或是稍淺一

點時，就可以拔掉機器插頭或關掉電源開關，使用隔熱手套將機器
整個拿起來，將裡面的咖啡豆倒到外面的冷卻籃中。

· 將冷卻籃放在抽風機正下方並同時攪拌咖啡豆，直到咖啡豆
冷卻到室溫。若想使用更快速的水霧冷卻法，您可以在本書第
221 ～ 222 頁中找到。

疑難雜症看過來

　　熱風式爆米花機的構造上，恰好可以在上面加裝一個指針式探
棒溫度計，便於監測烘焙室內部咖啡豆的溫度變化。由於達到某個
烘焙深度時，溫度剛好會落在某一個溫度點，因此對於喜好玩烘焙
的朋友來說，加裝溫度計、觀測溫度變化，可以讓各位增加一個判
斷何時停火下豆的依據。

　　加裝指針式探棒溫度計到熱風式爆米花機與 Whirley Pop 爐上
爆米花器上，其目的與方式有一些不同。裝在熱風式爆米花機上的
指針式探棒溫度計，是要測量咖啡豆的溫度變化，而不是烘焙室的
空氣溫度變化。

改裝工具需求：（見第 210 頁圖解內容）

· 最高測量溫度到華氏 400 ～ 550 度之間的指針式探棒溫度計皆

可。探棒必須是金屬材質，探棒的長度必須足夠伸入到烘焙室從最底部上方算起 2～3 英寸高的地方。筆者用過的所有溫度計中，以 Cooper 這個品牌的溫度計搭配度最高，適於加裝在各式爆米花機上。Taylor 牌的溫度計在探棒長度上比 Cooper 牌的長半英寸；Insta-Read 牌的探棒長度更長；UEI、Pelouze、Comark 550 型等溫度計的探棒部分只有 5 英寸長，對於某些款式的爆米花機來說太短。筆者建議各位在掏錢購買之前先量好探棒的長度，以免到時買到不合用的又得再多跑一趟。您可以在本書「相關資源」處找到關於溫度計品牌及類型的資訊。

‧1/4 英寸口徑的鑽頭與高速電鑽一把。

‧ 若有必要，準備合於溫度計探棒口徑的螺帽或墊片，將過長的溫度計探棒表頭下方加裝上足夠厚度的螺帽或墊片，讓探棒尖端的位置能控制在建議的地方（離烘焙室底部大約 2 英寸的地方）。

改裝步驟：（見第 210 頁圖解內容）

‧ 在爆米花機上蓋中央以 1/4 英寸鑽頭鑽一個孔，並仔細地清除乾淨鑽下來的塑膠屑。

‧ 拔下溫度計探棒上的固定夾，若有必要，此時可以將螺帽或墊片套上探棒靠近表頭的位置，讓探棒尖端最後落在離烘焙室底部 2 到 3 英寸的地方。

‧ 將溫度計由爆米花機上蓋外緣裝上。

‧ 將原本的固定夾由爆米花機上蓋內緣套回探棒上，如此便可將溫度計固定住，使用中就不易亂晃動。

如何使用加裝溫度計後的熱風式爆米花機烘焙？

‧ 先閱讀過本書第 80～81 頁的「烘焙深度參考指標」，先對每個烘焙深度所對應的咖啡豆溫度點先有初步的認識。

‧ 當溫度計指針指到某一個您目標烘焙深度所對應的溫度點時，就可以拔掉爆米花機插頭或是強制關閉電源，戴上隔熱手套，迅速將爆米花機上

圖為已加裝指針式探棒溫度計的熱風式爆米花機。溫度計量測點很接近咖啡豆，便於使用者觀察烘焙過程中的溫度變化，並能以溫度點來決定下豆時機。

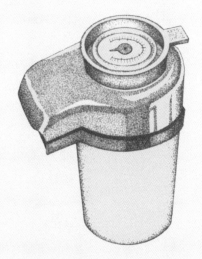

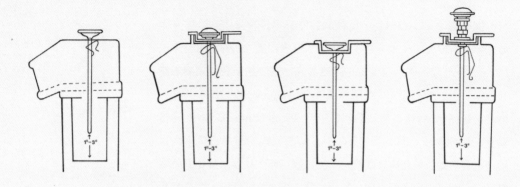

圖為加裝指針式探棒溫度計到熱風式爆米花機上的步驟。僅適用於筆者前面所建議的爆米花機類型（見第 206 頁）。加裝了溫度計，將便於使用者觀測烘焙室內部咖啡豆的溫度變化。圖示中的 (A) 表示溫度計表頭，(B) 為溫度計探棒固定夾，(C) 為探棒尖端，不管使用任何一種的溫度計，筆者建議探棒尖端都要離烘焙室底部 1～3 英寸高。在烘焙一開始的時候，也許探棒尖端不會直接接觸到咖啡生豆，但隨著烘焙過程加深，咖啡豆開始膨脹，此時探棒尖端就可以量測到咖啡豆目前的溫度為何。假使您手邊的溫度計探棒過長，請在探棒上加裝足夠厚度的螺帽或墊片，讓探棒尖端的位置固定在離烘焙室底部 1～3 英寸的地方。

蓋以及溫度計取下，將烘焙完成的咖啡豆倒入冷卻籃中。

· 您手邊的指針式探棒溫度計，最大測量範圍可能只有標示到華氏 400 度，不過仍然可以使用。因為一旦所要測量的目標溫度超過刻度標示的位置，指針會繞完一圈後，繼續跑到超出幅度的刻度位置上。比方說目標溫度是華氏 450 度，可是您的溫度計最大刻度只到華氏 400 度，此時指針會先繞完一圈華氏 400 度，再多跑 50 度的刻度距離，如此您就可以大概推敲約略的溫度數值了。

· 使用熱風式爆米花機烘焙咖啡豆，絕對不要烘到超過華氏 460 度／攝氏 240 度（一般來說，這個溫度點對應的烘焙深度，大概是深度烘焙的程度，也就是維也納式烘焙到普通 Espresso 用豆的深度）。

使用瓦斯火式烤箱烘焙操作要點

優點

· 烘焙室（烤箱）內部的溫度很容易控制，且火力的控制算是可重現的。

· 大多數的瓦斯火式烤箱都內建有良好的抽風裝置。

- 比起其他方式的烘焙法，烤箱式烘焙可以一次烘焙更大量的咖啡豆量。
- 對於以有系統式的方法來烘焙的朋友而言，使用烤箱烘焙仍然可以依咖啡生豆密度的不同來調整火力的配置，也可以稍微改變最終的風味與口感。

缺點

- 某些烤箱會有加熱不平均的問題（會有幾個特別熱的點），另外由於缺乏熱對流的輔助，烘焙出的咖啡豆會不太均勻。同一把豆子裡有些會太淺，有些太深，有些則介於兩者之間的烘焙深度。要解決這種困擾，除了有耐心、多實驗之外，別無他途。
- 要抓準停火下豆的時機很困難，因為烘出的咖啡豆著色度非常不一致，且咖啡豆在烤箱內不易直接目視，加上烤箱門隔絕了爆裂音，無法清楚聽到第一爆或第二爆的聲響。
- 要精準地達到某一種烘焙深度是非常有困難的，因為這種烘焙方式總是會烘出烘焙深度不均勻的咖啡豆。

口感概述

- 由於烘焙深度不均一，因此沖煮出來在杯中的表現，就是非常高的複雜度以及更多元的口感變化。總地來說，這種方式烘出的咖啡豆，杯中表現酸度及甜度可能不太明顯，黏稠度很高。使用瓦斯火式烤箱的最佳烘焙表現點，大約在中深度烘焙到一般的深度烘焙之間。若您想烘淺度烘焙或是極深焙的表現，那麼筆者建議最好不要使用這種方式。

烘焙必備要件

- 一般的瓦斯火式烤箱（此處的烘焙建議要點不適用於電熱板或是微波爐式烘豆法，而電熱式烤箱雖然也可以適用這一部分的操作方式，但一般來說總是會烘出不均勻的咖啡豆。在本書第165 ～ 167 頁可以找到關於電熱式旋風烤箱的操作建議）。

- 一個底部打孔的烤盤，周圍也必須加高。若是用來烤麵包或披薩用的那種烤盤最好，而用來蒸菜用的花瓣邊打孔盤也是可以用，不過要是考慮到取得的方便性，還是前者較妥。孔與孔之間的距離湊得越近越好，最好能在 1/8 英寸以內，且孔徑不要大過 3/16 英寸，以防止咖啡豆從孔中掉落到熱源上或是卡豆。烤盤的周圍要有加高的邊（請見右頁及第 214 頁的圖片，在「相關資源」處可以找到購買這種烤盤的資訊）。若您使用的是大型的烤箱，一次可以放進兩個以上的烤盤，那麼每批次的烘焙豆量就越大。

- 足夠的咖啡生豆，密密地鋪滿整個烤盤，但只能鋪一層。

- 比每批次烘焙豆量大兩倍以上的冷卻籃。

- 一雙隔熱手套。

- 手電筒。若您使用的烤箱不易目測到內部烘焙情形，才需要手電筒輔助。

- 額外條件：每次烘焙都要先烘一把對照用的樣品豆。

開始烘焙 123

- 請注意：理論上來說，使用烤箱烘焙應該可以烘出很穩定又滋味豐富的咖啡豆的。不過實際上來說，想得到一把成功的烤箱烘焙咖啡豆，您可能需要從不斷的耐心實驗中汲取無數次失敗的經驗，慢慢地才能掌握烤箱烘焙的要訣。若第一次嘗試烤箱烘焙得到的是不均勻的咖啡豆，千萬別在此時放棄！接下來將會有針對這種器材烘焙的「疑難雜症看過來」單元，指導您解決烘焙不均勻的問題。

- 依據您需要的烘焙深度不同，以華氏 500 ～ 540 度（攝氏 260 ～ 280 度）之間預熱烤箱。若烘焙的是當季新豆，預熱溫度就用華氏 540 度／攝氏 280 度；若烘焙的是過季豆或陳年、風漬豆，使用華氏 520 度／攝氏 270 度預熱；若是烘焙低因咖啡豆，則預熱溫度設定在華氏 500 ／攝氏 260 度。若想要得到一杯明亮度高、酸質較明亮的中度烘焙咖啡，或是較為辛口刺激的深焙咖啡，則設定較快的升溫幅度；若要低酸度、較不辛口、黏稠度更高的一杯咖啡，就把升溫幅度放緩些。若烘焙了超過 15 分鐘才達到中度烘焙，或是烘了

超過 20 分鐘才達到深度烘焙，此時得到的咖啡豆杯中表現通常是較平淡無味的，下一批次的烘焙請將起始溫度設定調高一些。

· 用張開的手掌將咖啡生豆在打孔烤盤之中平鋪成一層，盡量鋪滿整個烤盤，但不能堆疊成兩層。詳見 214 頁的圖示與說明。

· 將裝著咖啡生豆的烤盤放入已預熱過的烤箱中層。

· 若您想要控制咖啡豆的烘焙深度，請在一旁顯眼處放置一把供外觀顏色比對用的樣品烘焙豆。同時要確認冷卻籃以及隔熱手套是放在伸手可及的地方。若您想嘗試更快速的水霧冷卻法，請見本書第 221 ～ 222 頁，需要先準備好一個噴霧瓶。

· 開始烘焙後 7 到 10 分鐘之間，您將會聽見咖啡豆的第一爆聲響，並聞到咖啡豆的烘焙香氣。

· 第一爆開始後大約過了 2 分鐘（淺度烘焙者）到 3 分鐘（中深度到深度烘焙者）之間，用目測的方式觀察烤箱內的咖啡豆著色程度，若有必要可使用手電筒來輔助視線。若您的烤箱是不透明的，那麼就必須強制將烤箱門打開一下，迅速觀測咖啡豆著色度，看看是否已經達到您所想要的烘焙深度，若還沒達到，請盡快關上烤箱門繼續烘焙。

· 之後每隔 1 分鐘就觀察著色度一回，直到已經烘焙到比對用樣

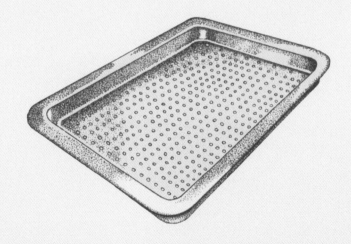

典型的瓦斯火式烤箱用打孔烤盤。

品豆的外觀顏色為止。完成所需的烘焙深度時，使用隔熱手套將烤盤快速端出，並將裡面的咖啡豆倒入冷卻籃中。

· 請在水槽上方或是戶外進行冷卻的工作，同時搖晃並攪拌冷卻籃裡的咖啡豆，直到咖啡豆冷卻到室溫、銀皮也脫落得差不多為止。若想嘗試更快速的水霧冷卻法，請參考第 221 ～ 222 頁的詳細說明；若想更有效率地處理銀皮問題，在第 222 頁也有更多相關資訊可供您參考。

疑難雜症看過來

　　烤箱上的溫度控制設定值可能會與實際的溫度有所出入，因此筆者建議各位在第一次開始使用烤箱烘焙咖啡豆前，使用一支烤箱用溫度計來約略推估一下兩者之間的誤差值。校準了烤箱溫度設定所對應的實際溫度值後，才能開始烘焙咖啡豆。

　　以烤箱烘出的咖啡豆均勻度總是不佳，但是有時候不均勻烘焙度的咖啡豆，在杯中風味表現可能會令人驚豔，所以您大可以喝喝看。不過若是您不喜歡這種「複雜度」，或是烘出的咖啡豆深淺差異實在太大，您可以嘗試以下的改善方法：

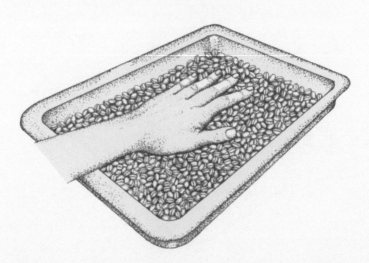

使用烤箱烘焙時，用張開的手掌把咖啡豆鋪平在打孔烤盤上，是個非常簡單的好方法。但請記得只能鋪一層咖啡豆的厚度。

．確認您是將咖啡豆緊密地鋪平一層在打孔烤盤上，但周圍要留下一點空隙，因為咖啡生豆經過烘焙，體積會膨脹起來。

．將烤盤先放在中層的架上。假使您放在這個位置烘出的咖啡豆不理想，嘗試放到最上層或最下層再實驗看看。

　．在烤箱最下層處多擺一個烤板，將「聚熱點」的影響減到最低，而裝盛咖啡豆的烤盤必須是放在烤板的上方。請注意：這個緩衝用的烤板位置必須位在烤盤的正下方。若是您烘出的咖啡豆前半部有點過深，那麼就得把下面的烤板往前挪一些；反之亦然。

．假使這招烤板緩衝法沒問題（通常都會沒問題），咖啡豆會比平常慢一些才進入熱解作用。若烘焙了超過 15 分鐘才達到中度烘焙，或是烘了超過 20 分鐘才達到深度烘焙，此時得到的咖啡豆杯中表現通常是較平淡無味的，下一批次烘焙請將起始溫度設定調高一些。

．如果您使用了兩個不同層的烤架來進行烘焙，層與層之間得到的烘焙均勻度不一致時，建議將所有的烤盤移到同一層烤架，通常位在中間的烤架得到的效果最好。

．假如使用緩衝烤板的策略失靈了，那麼就得用最後一招：每隔 3 分鐘要打開烤箱一次，把烤盤轉向。再不靈，就請您試試別的烘焙器材了。

　使用烤箱烘焙法可以控制升溫以及時間長段，當您選用了烤箱

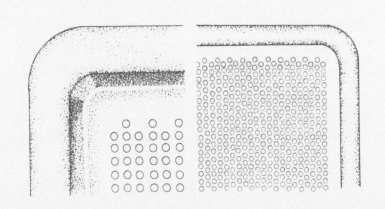

左圖為適於用在烤箱烘焙法的兩種打孔烤盤細部特徵。烤盤必須有足夠的孔洞，讓烤箱內的氣流能流竄其中。此外這些孔洞的孔徑，必須小到不會讓咖啡豆卡住或掉落。且烤盤還必須附有加高的側邊。

作為您的咖啡烘焙器材，請務必將各個階段的火力設定及烘焙時間記錄下來，每批次烘焙豆量盡量維持不變。假如某一次烘焙出的咖啡豆特別合您的味，下次就依照同樣的火力、時間配置來烘焙，但計時器就設定提早 2 分鐘左右，將比對咖啡豆著色度的時間縮到最短。最後您還是得依外觀著色度來判斷何時停止烘焙，因為在不同的大氣壓力以及室溫下，每一批次的烘焙情形都會不一樣。請見本書第 149 ～ 185 頁，可以找到進階的烘焙實驗方法及記錄表格。

電熱式旋風烤箱烘焙操作要點

注意：只有最大溫度設定值超過華氏 450 度／攝氏 230 度的旋風烤箱可以用來烘焙咖啡豆！烘焙咖啡豆之前，請先測試實際的烤箱溫度輸出值。測試時請在烤箱裡放一支烤箱專用溫度計，將火力設定開到最大值（通常是介於華氏 450 ～ 500 度／攝氏 230 ～ 260度之間），假使溫度計測得的溫度到達華氏 475 ～ 500 度／攝氏245 ～ 260 度之間，那麼這類烤箱烘焙咖啡豆的效果應該會不錯；假如低於這個溫度範圍，那麼可能無法有效地將咖啡豆烘熟，還是別用的好。

優點

- 烘焙室（烤箱）的溫度是可以輕易控制的，也具有重現性。
- 比起其他方式的烘焙器材，這種器材的批次烘焙豆量大很多。
- 相對於瓦斯火式烤箱來說，旋風烤箱的烘焙均勻度較高，穩定度也較好。
- 絕大多數的旋風烤箱都便於使用者目視烤箱內部，因此比起許多其他的烘焙器材，旋風烤箱的目測便利性較高。

缺點

- 大多數旋風烤箱的最高溫度設定值都偏低（詳見前段的注意文字），要烘熟咖啡豆有點困難。
- 只能以目測著色度的方式來判斷烘焙深度及下豆時機，因為第一爆或第二爆的聲響通常會被烤箱的風扇聲音蓋過。

口感概述

· 重要：大多數的旋風烤箱由於火力實在很弱，因此烘焙出的咖啡豆杯中表現偏向溫和、甘甜，但酸質與香氣都很薄弱。

烘焙必備要件

· 一台最高目標溫度至少達到華氏 450 度／攝氏 230 度以上的旋風烤箱（詳見本單元開頭的文字內容說明。千萬別買最大火力低於華氏 500 度／攝氏 260 度的旋風烤箱來烘焙咖啡豆，此外還必須提供良好的目測功能。

· 打孔烤盤（同瓦斯火式烤箱的需求），圖見第 215 頁。

· 足夠緊密地鋪滿一層打孔烤盤的咖啡生豆。

· 能容納兩倍以上批次烘焙豆量的冷卻用洗菜籃。

· 一雙隔熱手套。

· 額外條件：準備一把你喜愛的咖啡熟豆樣品供比對著色度用。

開始烘焙 123

· 首先確認烤箱內有一架高的層架，千萬不要將打孔烤盤直接放在烘焙室底部，一定要將打孔烤盤架高起來。若您的烤箱兼具微波爐的功能，千萬不要使用這個功能。

· 使用烤箱最高目標溫度預熱，但也不要高過華氏 530 度／攝氏 270 度。如果烤箱的風力設定是可以調整的，可以盡量實驗，找出最恰當的風量。找到適當的風力設定之後，將時間設定到 25 分鐘。烘焙咖啡豆所需的時間大約在 12 到 25 分鐘之間，依烤箱加熱效率、熱傳導效率以及目標烘焙深度而有所不同。

· 用張開的手掌將咖啡生豆在打孔烤盤之中緊密地平鋪成一層，盡量鋪滿整個烤盤，但不能堆疊成兩層。

· 將裝盛有咖啡生豆的打孔烤盤放進預熱好的烤箱中。

· 若您想要控制咖啡豆的烘焙深度，請在一旁顯眼處放置一把供外觀顏色比對用的樣品烘焙豆。同時要確認冷卻籃以及隔熱手套是

放在伸手可及的地方。若想嘗試更快速的水霧冷卻法，請見本書第221～222頁，需要先準備好一個噴霧瓶。

• 開始烘焙後大約過了10～15分鐘，您應該會聞到咖啡豆的烘焙香氣。假如您的烤箱具有抽風功能，那麼或許會聞不到這個香氣，就必須透過烤箱門目測咖啡豆著色度，來判斷現在的烘焙深度。經過多次的經驗累積，抓準了烘焙時間與火力配置之後，就可以更輕鬆地用烤箱烘焙咖啡豆了！

• 當您看見烤箱開始冒出烘焙的煙霧時，以每1到2分鐘的間隔觀察咖啡豆的著色度，將準備好的樣品豆拿來比對，直到達到接近的外觀時，停止烘焙，使用隔熱手套將烤盤取出，將烘焙完成的咖啡豆倒入冷卻籃中。

• 請在水槽上方或是戶外進行冷卻的工作，同時搖晃並攪拌冷卻籃裡的咖啡豆，直到咖啡豆冷卻到室溫、銀皮也脫得差不多為止。若想嘗試更快速的水霧冷卻法，請參考第221～222頁的詳細說明；若想更有效率地處理銀皮問題，在第222頁也有相關資訊可參考。

疑難雜症看過來

假設您每一批次的烘焙豆量都是固定的，並且每次都有做好烘焙記錄，久而久之您就可以預知每次烘焙所需要花費的時間長短，以及要烘多久才會達到您想要的烘焙深度。但是請將計時器設定提早2分鐘響，因為您最終還是得依外觀著色度來判斷何時停止烘焙，因為在不同的大氣壓力以及室溫底下，每一批次的烘焙情形都會不一樣。

某些旋風烤箱可能無法均勻地烘焙咖啡豆（比方說一些位在烤盤前端或後端的咖啡豆，烘焙深度相對另一端來說較深），有時候不均勻的烘焙深度，在杯中表現可能會比烘焙度均勻的還好。不過若是咖啡豆深淺程度差異過大，或是口感不喜歡，您該試試把烤盤的位置調整一下，視不均勻現象的位置而定，向前或向後調整。假使這個方法行不通，就要用最後一招：每3到4分鐘打開一次烤箱門，戴上隔熱手套，快速地將打孔烤盤轉向換位再繼續烘焙。這個

方法已經是沒有辦法中的辦法了，不過通常是不會走到這一步的。

兼具傳統電熱以及對流熱的電烤箱烘焙操作要點

某些最新穎的點烤箱允許使用者自由選擇要用傳統的電熱管或是只用對流熱風的烘烤功能，甚至還能同時啟動。假如您的烤箱有這樣的功能，試試同時啟動兩種加熱功能的模式來烘焙咖啡豆。

將烤箱預熱到華氏 450 度／攝氏 230 度。若您想烘出風味較明亮、酸質較清晰的咖啡豆，那麼火力就是調整到這個位置；如果您想要低酸度、黏稠度高的杯中表現，則烘焙火力要調低一些。請依第 210 ～ 217 頁的「瓦斯火式烤箱烘焙操作要點」之步驟與建議來操作。

如何控制烘焙深度？

在本書第 80 ～ 81 頁的圖表，可以協助您找出偏好的烘焙著色度或是烘焙深度。由於咖啡豆經過越久時間的烘焙，外觀的著色度就會越深，因此一開始玩烘焙的入門者，常會死板板地只靠烘焙時間來控制烘焙深度。要知道一件事：烘焙深度除了與時間有關以外，另外還跟許多其他的變因有密切的關聯，像是咖啡生豆的密度與含水率、烘焙時的室內溫度高低，另外就連電壓的起伏都有很大的影響。因此若真的想控制好烘焙，就必須知道在何時要增減烘焙時間，何時又該強制轉到冷卻。

本書第 170 ～ 173 頁內容，有針對如何利用目測、聽音以及聞味等方式來判別烘焙深度的介紹，其中又以聽音的方式最有幫助。總地來說：想要烘出香甜、清晰度高的中度烘焙咖啡豆，請在第一爆階段過後、第二爆階段之前伺機停止烘焙；假使您想得到一杯口感圓潤、甘甜的咖啡，那麼建議您將咖啡豆烘焙到第二爆階段開始時就停止；如果您想烘出更深一些的 Espresso 式用豆，那麼就讓咖啡豆烘焙到第二爆階段的劇烈期，此時還會冒出濃密的煙霧；前一個烘焙深度再稍微過個幾秒就到達非常深的法式重烘焙了。咖啡豆烘焙深度的發展，一旦過了第二爆的階段，速度就非常快，當您烘

焙達到了第二爆階段的密集爆裂期時，請不要分心了，否則這一批次的烘焙必定是焦炭一堆。

如何冷卻烘焙完成的咖啡豆？

冷卻的快慢是保留咖啡風味最重要的關鍵。一般而言，烘焙完成之後，必須在2到3分鐘之內冷卻到室溫，這樣是最理想的狀態。

所有專為咖啡烘焙設計的烘豆機都具有內建的冷卻設計，就是讓烘豆機加熱器停止加熱的同時，風扇仍繼續運轉，吹送室溫的冷空氣進到烘焙室，快速的冷卻咖啡豆。在烘焙室中直接進行冷卻的步驟，對於小型的家用烘豆機來說效果還算不錯，但是如果要用在較大一些烘焙豆量的機器，冷卻的步驟就必須是在機器外部進行，以免冷卻速度過慢，造成風味嚴重流失。

在所有目前市售的家用烘豆機中，只有 Hottop 滾筒式烘豆機（見第 192 ～ 196 頁）的冷卻步驟是在烘焙室外進行的，咖啡豆在冷卻盤中同時以室溫的冷空氣以及機械帶動的攪拌器冷卻。

而對於所有的克難式烘焙法來說，烘焙完成的咖啡豆必須快速倒出烘焙室，並在冷卻籃中以搖晃、攪拌的方式手動冷卻；另外也可以用更快速的水霧冷卻法，以細細的、短促的過濾水水霧噴灑在剛烘焙好的咖啡豆上，或是利用冰箱的冷凍庫來達到快速冷卻的目的，但只能放進冷凍庫一下下，不要讓咖啡豆結凍了。

千萬不要將剛烘好的咖啡豆直接裝到容器中讓它自然冷卻，如此會使得咖啡豆中的香氣以及動態感嚴重流失。

由於剛烘好的咖啡豆仍會也些許的銀皮夾雜其中，因此最好在水槽上或是戶外進行冷卻步驟，在搖晃、攪拌的過程當中，銀皮就會自篩孔掉落下來。

雖然小量烘焙時（4 ～ 6 盎司之間的批次烘焙豆量）使用冷卻籃就能有效地冷卻咖啡豆，但筆者強烈建議只要是克難式的烘焙法，只要夠小心、仔細，就盡量嘗試利用最快速的水霧冷卻法，尤其是一次就烘半磅豆量以上的烘焙器材，更應該好好學習水霧冷卻法。以往一些惡劣的商業化熟豆供應商為了增加熟豆的重量，過量

噴灑水霧，令水霧冷卻法從此背負著惡名；但筆者親身實驗過各種冷卻方式中，發現只要小心拿捏水霧的噴灑量，這種冷卻法是最棒、效率最高的冷卻方式，留住的咖啡風味也最多。

　　水霧冷卻法還有一項額外的優點：這種冷卻法會使得烘焙好的咖啡豆排出氣體的量變小。不過還有一點仍需要特別注意，就是這種冷卻法的使用時機必須是在烘焙完成後馬上進行，最好不要隔一段時間，並且要非常小心地噴灑水霧，噴灑量不需要太多，一噴上咖啡豆馬上可以被蒸發掉的程度就夠了，如果噴灑了過量的水霧，咖啡豆在隔天沖煮時，風味絕對會變得非常呆鈍。

水霧冷卻法必備要件
- 水霧粗細可調整的噴霧瓶。
- 兩個容量為批次烘焙豆量兩倍以上的冷卻用洗菜籃。

水霧冷卻步驟 123
- 噴霧瓶裝入蒸餾水或過濾好的水。
- 將水霧調整到最細的程度。
- 在開始烘焙之前，就必須準備好噴霧瓶以及冷卻籃，並放在隨

左圖為水霧冷卻法示意。準確拿捏噴灑水霧的細度及頻率，能夠保留住最多的咖啡風味；反之則會使得咖啡豆的風味變得呆鈍。

手可及之處。

· 烘焙一完成馬上將咖啡豆倒入冷卻籃中，並立即噴灑水霧。

· 噴霧瓶距離冷卻籃約6到10英寸的地方，只短短的噴灑一次（大約1秒），同時配合搖晃、攪拌冷卻籃，詳見第221頁的圖示說明。

· 噴灑完後等個1到2秒，觀察水霧的揮散情形，再噴灑一次水霧，持續搖晃並攪拌冷卻籃，再等個1到2秒，讓水霧揮發。重複這個步驟，但只能在咖啡豆熱度仍有辦法蒸發水霧的情況下才能噴灑，以烘焙豆量來計算，大約每1到2盎司的咖啡豆量，需要噴灑一次水霧，以此類推。

· 不要一直噴灑水霧噴到咖啡豆完全冷卻，噴灑水霧的目的只是為了先讓咖啡豆快速降溫而已，最後還是只能用搖晃、攪拌的方式來繼續冷卻咖啡豆到室溫。假如您無法確定該噴灑到什麼程度，筆者建議寧可少噴一、兩次，也不要噴過量。

· 將第一階段水霧冷卻過的咖啡豆，倒入另一個完全乾燥的冷卻籃中，繼續以搖晃、攪拌的方式將咖啡豆冷卻到室溫。在剛噴灑水霧的時候，咖啡豆表面可能會看到有一些水珠，但是如果噴灑的方式得當，那麼這些水珠會在咖啡豆冷掉之前及時被蒸發掉。

銀皮該如何去乾淨？

大部分的咖啡生豆外表，都會附著一層薄薄的銀皮，經過高溫烘焙之後，這層銀皮便會乾燥並鬆脫，最後便是我們所看到的皮屑狀物。低因處理過的咖啡豆烘焙時幾乎沒有銀皮，而其他一般的咖啡生豆烘焙後都會有銀皮脫落。這是因為前者在生豆處理的打磨階段時就清理得非常徹底，連銀皮都乾乾淨淨，而後者並未經過如此完全的清理步驟，因此或多或少都會留有銀皮黏在其上。

所有專為烘焙咖啡設計的烘豆機，通常都會設計有一個銀皮收集裝置，用來收集烘焙過程中產生的銀皮。每一批次的烘焙完成後，都必須將銀皮收集裝置清理乾淨一次。另外熱風式爆米花機用來烘焙咖啡豆時也會出現銀皮，此時就必須在正對出風口的地方放一個大缽或盆子，將飛出的銀皮收集起來。

使用克難式烘焙器材時的洗菜籃冷卻法，也可以將大多數的銀皮脫除。而其中又以大型、開口似槽縫般的洗菜籃脫除銀皮效率較高；較小型、開口為圓形的洗菜籃則較差。有時候以繞圓圈的方式搖晃洗菜籃，也有助於將銀皮脫除得更乾淨。

假使您使用的是水霧冷卻法，首先將焦點放在將咖啡豆冷卻，待將咖啡豆移到另一個乾的冷卻籃時，再處理銀皮問題。

有時候您會發現一些咖啡豆上有黏得較緊的銀皮，此時您可以將咖啡豆以兩個冷卻籃交替來回倒，邊倒邊搖晃，也可以吹吹風讓銀皮自然飛走。

千萬不要太為銀皮問題而傷透腦筋，其實您不需要將銀皮篩除到非常非常乾淨，剩下一些是無所謂的，不要為了清除銀皮而弄得上氣不接下氣，反而失去了享受一杯好咖啡的樂趣。銀皮對於咖啡杯中表現是有那麼一點點影響，但是那是在銀皮量非常多的情況下而言。如果銀皮的量沒有太多，其實對於咖啡杯中表現幾乎是沒有影響的，請各位放心。

假如您是單純地看到一點點銀皮也不自在，那麼筆者建議您只將那些銀皮較頑固的咖啡豆挑出，在風扇旁邊特別剔除即可。

讓咖啡豆「休息」

咖啡豆的風味在「休息」之後的第 12 到 24 小時之間是其最顛峰的賞味期，但您也必須試試看剛剛烘好時的風味。

依咖啡生豆種類不同而調整烘焙變因

並非用一種烘焙曲線就能行遍天下，不同的咖啡豆適合不同的烘焙曲線。若您以往一直慣於烘焙某一支咖啡生豆，也很習慣它的烘焙曲線，但是當您拿到了另一支完全不同的咖啡豆時，如果使用同一個烘焙曲線來烘焙，得到的結果不見得會是令人滿意的。另外陳年豆、過季豆等等，比起新豆、當季豆烘焙的速度要快一些。

對於在家烘焙咖啡豆的朋友們來說，要特別注意低因處理過及陳年或風漬處理過的咖啡生豆。低因處理過的咖啡生豆烘焙速度，

比起其他未經特殊處理的咖啡生豆快 15 ～ 25%，在烘焙低因處理過的咖啡豆時，在熱解作用開始之後就必須特別留意，一不小心將很容易過度烘焙而產生令人較不悅的味道。

另一個問題就是著色度。這三類咖啡生豆的起始顏色從風漬豆的淺黃色，到陳年豆及低因豆的咖啡色，這對於原先就把著色度列為主要觀察方式的烘焙者來說是最容易搞不清楚的，尤其要判斷何時該停止烘焙更是一大考驗。

如何烘焙已預先混合好的配方生豆？

一般來說，配方豆可分為烘焙前或烘焙後混合。無疑地，如果能把每一支各別的咖啡生豆分批烘焙後再混合，當然是最穩當的，因為即使是同一款咖啡生豆，採收的批號不同，其生豆密度、含水率、顆粒大小等等因素都會不一樣，在烘焙時都會造成些微的差異。

假如您的考量是便利性，而選擇在烘焙前先將各種咖啡生豆混合在一起，請在混合後讓這些咖啡生豆存放在一起數天，使其含水率能更接近，如此對於烘焙均勻度以及穩定度將會提升一些，口感也會稍微好一些。

另外，當您的配方裡頭用到低因處理過的咖啡生豆以及普通的咖啡生豆，就得將低因處理的生豆分開來烘焙，因為低因處理過的生豆烘焙發展速度，比起一般生豆還要快得多。

Chapter 6

後記

烘焙之後的調味及修飾

筆者在此提及的幾種精心製作的調味咖啡，您或許在某些咖啡館、雞尾酒吧中也曾見過：比方說法式香草口味、藍莓起士蛋糕口味、果汁蘭姆酒口味……。這些咖啡口味的調製，並不像在家烘焙咖啡豆一樣輕易就能做成功的。這些咖啡最主要得靠一種特殊的強力調味媒介物質——丙烯化二醇（Propylene glycol），在沖煮過程中與烘焙咖啡豆的味道互相結合而成。一般在家中使用的調味方式，主要是以水、酒精（乙醇，Alcohol）、甘油（丙三醇，Glycerin）等等物質當作媒介，但是這幾種物質在沖煮的過程裡就會消散殆盡。此外，即使我們這些在家玩咖啡的人買得到的含丙烯化二醇調味品，濃度也是稀薄得可憐，很難做出穩定的調味飲品。本書也無法提供相關的專業調味品廠商名單，因為這些廠商大多不提供零售給一般家庭使用者，筆者猜想大概是怕一般家庭裡，貪嘴的小孩子會把藍莓蛋糕口味的調味品過量食用吧！

假如您特別偏愛重度調味式咖啡，請在沖煮後直接加調味品在杯中即可，不要再把調味品添加到咖啡豆上。調味品的選擇，可以從超市中的香料區找尋一些多用途的萃取精華或是調味料，也可以找不甜的「調味伴侶牌」（Flavor-Mate）隨身包、小瓶裝調味品。或是義式軟性飲料專用的甜味糖漿，用在以義式濃縮咖啡為基底的花式咖啡中增添風味。也可以找很多粉狀的調味品替這些花式飲料稍加修飾一下賣相，您可以在本書後方「相關資源」處列出的書籍（包括筆者的其他著作）中找到調製這些咖啡飲品的食譜以及使用調味料的方法。

能直接添加到新鮮烘焙咖啡豆上的調味品，都必須是純天然的傳統調味品。因為有時候您可能只是為了將自己新鮮烘焙好的咖啡豆點綴一下，當作一份特別的禮物送給好友；或是您只是想要嘗試一下異國風情的感覺，那麼筆者在此提供一些建議，讓您可以

在家自己動手結合傳統素材以及新鮮烘焙咖啡豆。

調製前必須注意的事

首先必須了解的是本書中提供的咖啡調味品比例建議僅供參考，是讓各位在開始動手實驗的時候有個依據。因為單一種香料，也會因為裝瓶日期以及包裝方式的不同，風味強度參差不齊。再者，筆者在本書中給各位的香料用量也是以輕劑量為主，筆者認為使用調味品的目的只是要補強，而非壓制咖啡本身的味道。假使您喜愛的就是那種像義大利麵綠醬般的戲劇性強烈氣味，讓人在您家門口前廊就能清楚聞到，或是熱愛那種可以把溫馨的晚餐聚會變得像洗三溫暖一樣的重辣口味，也許該在一開始就把所有調味品的劑量、比例都增加若干。

在此章節對於特定調味品，與不同烘焙模式的咖啡豆之間如何搭配的建議，仍屬於試驗性質。筆者建議使用的香料，能夠增進不同烘焙模式下的咖啡豆風味，但是若能依照此處的建議劑量來調製這些飲品，便能更顯相得益彰。

筆者使用的調味品盡量避免粉狀的香料，因為這些傳統型的調味法，讓我們可以同時研磨香料以及咖啡豆，這是一大優勢，而且在沖煮前才研磨好香料以及咖啡豆，其風味油脂會逸散得較少。

選擇用來調味的咖啡生豆種類

在各位讀者讀完本書第四章，關於世界各地優質咖啡豆的忠實描述之後，大家可能會很好奇，香料要如何在這些有細微風味差異的咖啡豆上發揮作用。

事實上，除非您很謹慎地拿捏使用香料的劑量，否則在絕大多數的情況下，香料味都會遮蓋掉大部分這些優質咖啡的特殊風味。最適合拿來玩調味實驗的咖啡豆，必須是品質還不錯、風味乾淨無雜味的、低調性的拉丁美洲咖啡豆：像祕魯豆、墨西哥豆、巴西聖多斯咖啡豆等，另外印尼豆也可以與香料搭配得不錯。而像東非豆還有其他高海拔生長的拉丁美洲豆，其密集度高的美味酸質在使用

某些香料調配後，也仍可以清楚地感受出來。

注 6-1-1：在台灣，天然食品店也就是有機食品店。

關於研磨器具使用上的警告

　　若是要將咖啡豆與其他材料同時研磨，請盡量以螺旋刀片式的砍豆機（像食材攪拌機、打果汁機一樣的那種研磨器，工作原理就是施予內容物重擊，以致內容物碎裂），因為較專業的磨盤式磨豆機不太適合研磨除了咖啡豆以外的物質，這些物質有可能會卡住甚至毀掉昂貴的磨盤。

準備風乾橘皮

　　接下來介紹的調製食譜，大多是仰賴芬芳宜人的風乾橘皮香味來調味，廚師們大多稱之為「橘皮調味品」（Orange Zest）。風乾的檸檬皮若再加上其他材料，跟咖啡搭配起來也會有挺迷人的風味。

　　市面上的水果供應商常會在柑橘類水果的外皮抹上合成樹脂、蠟，或是其他無害卻又不太美味的物質，用以保持水果的鮮度。筆者建議您最好到附近的天然食品店（譯注 6-1-1）逛逛，購買有機栽種、未經特殊處理過的水果來製作風乾果皮，會有較好的效果。

圖為一些能為新鮮烘焙咖啡豆增添風味的香料以及風乾果皮：星形茴香子（俗稱八角）、香草豆莢、肉桂棒、風乾橘皮、未裹糖衣的鳳梨乾等等。

以下是製作風乾果皮的步驟：

1. 使用水果刀或是削皮刀去除外皮。若是橘子，可以削到白色的果皮層；若是檸檬，則最好使用削皮刀，盡量削取外層的果皮就好，不要削到白色果皮層（又稱襯皮），因為那會帶來太多苦味。

2. 將削下的新鮮果皮擺在烤餅鐵板上，放入預熱到華氏 200 度／攝氏 95 度的烤箱中靜置，過了一個半小時或是果皮完全乾燥呈皺皮狀時，就可以拿出烤箱。

3. 一般來說，一整粒的橘子可以製作大概 6 ～ 8 條風乾橘皮，檸檬一粒則可以製作 5 ～ 6 條風乾檸檬皮。

風乾橘皮味的調味咖啡

　　風乾橘皮與深度烘焙、甚至到極深度烘焙的咖啡豆，都能有著很好的搭配。

橘皮咖啡

每一液量盎司的烘焙咖啡豆需要用到以下材料：

1. 1/2 條風乾橘皮。

做法如下：

1. 將風乾橘皮弄成小碎片（用敲的或是用切的皆可），將橘皮碎片與新鮮烘焙咖啡豆混在一起。

2. 將材料放進螺旋刀片式砍豆機砍碎。

3. 將粉末拿來沖煮。

替用品：可以使用風乾檸檬皮來代替橘皮，也可以試試苦味較重的西班牙塞維爾種橘子皮（Seville oranges）。

香草橘子咖啡

　　香草可以增添飲料的密集口感並同時柔化橘皮的風味。

每一液量盎司的烘焙咖啡豆需要用到以下材料：

1. 1/2 條風乾橘皮。

2. 1/4 英寸長的新鮮香草豆莢。

做法如下：

1. 將風乾橘皮以及香草豆切成約 1/4 英寸的小碎片，將碎片與新鮮烘焙咖啡豆混在一起。
2. 將材料放進螺旋刀片式砍豆機砍碎。
3. 將粉末拿來沖煮。

橘子胡荽籽咖啡

每一液量盎司的烘焙咖啡豆需要用到以下材料：

1. 1/2 條風乾橘皮。
2. 1/4 茶匙的胡荽籽。

做法如下：

1. 將風乾橘皮切成約 1/4 英寸的小碎片，將碎片與胡荽籽、新鮮烘焙咖啡豆充分混合。
2. 將材料放進螺旋刀片式砍豆機砍碎。
3. 將粉末拿來沖煮。

薑味橘子咖啡

每一液量盎司的烘焙咖啡豆需要用到以下材料：

1. 1/2 條風乾橘皮。
2. 1/8 到 1/4 茶匙的乾薑切丁。

做法如下：

1. 將風乾橘皮弄成約 1/4 英寸的小碎片，將碎片與乾薑丁、新鮮烘焙咖啡豆充分混合。
2. 將材料放進螺旋刀片式砍豆機砍碎。
3. 將粉末拿來沖煮。

肉桂橘子咖啡

　　這一種組合製作出的花式咖啡有相當令人驚豔的風味表現，假如您不確定要先從這些食譜中挑哪一種玩，筆者建議可以先試這一款。

每一液量盎司的烘焙咖啡豆需要用到以下材料：

1. 1/2 條風乾橘皮。

2. 1/2 英寸長的肉桂棒。

3. 1/4 英寸長的新鮮香草豆莢。

做法如下：

1. 將風乾橘皮、肉桂棒、香草豆切成約 1/4 英寸的碎片，並將之與新鮮烘焙咖啡豆充分混合。

2. 將材料放進螺旋刀片式砍豆機砍碎。

3. 將粉末拿來沖煮。

肉桂味及其他香料味的調味咖啡

　　無論是單獨使用肉桂棒（Cinnamon），或以肉桂棒跟肉荳蔻（Nutmeg）一起當調味品，都是傳統型的做法，也是提升咖啡風味的出色組合，尤以搭配淺度到中深度烘焙模式下的咖啡豆最佳。您也可以參考前述以風乾橘皮加香料的組合方式調配。

　　茴香子（Anise，俗稱八角）以及許多種類的薄荷，都會與咖啡產生類似的共鳴味覺，搭配起來也頗具特色。

肉桂棒咖啡

每一液量盎司的烘焙咖啡豆需要用到以下材料：

1. 1 英寸長的肉桂棒。

做法如下：

1. 將肉桂棒打碎成小碎片，並將其與新鮮烘焙咖啡豆充分混合。

2. 將材料放進螺旋刀片式砍豆機砍碎。

3. 將粉末拿來沖煮。

肉桂香草咖啡

　　前一份食譜能突顯咖啡的味道，而本配方添加了香草豆，則可以將肉桂風味更加強調出來。

每一液量盎司的烘焙咖啡豆需要用到以下材料：

1. 1 英寸長的肉桂棒。

2. 1/4 英寸長的香草豆莢。

做法如下：

1. 將肉桂棒及香草豆切成約 1/4 英寸的碎片，並將其與新鮮烘焙咖啡豆充分混合。

2. 將材料放進螺旋刀片式砍豆機砍碎。

3. 將粉末拿來沖煮。

肉桂肉荳蔻咖啡

　　這道調味咖啡非常美味，但是要小心肉荳蔻超強烈的味道，份量一多便會喧賓奪主。

每一液量盎司的烘焙咖啡豆需要用到以下材料：

1. 3/4 英寸長的肉桂棒。

2. 大約 1/12 顆的肉荳蔻。

3. 1/4 英寸長的香草豆莢。

做法如下：

1. 將肉荳蔻輕輕碾碎成小碎屑，將肉桂棒及香草豆切碎成約 1/4 英寸的碎片，並將這些材料與新鮮烘焙咖啡豆充分混合。

2. 將材料放進螺旋刀片式砍豆機砍碎。

3. 將粉末拿來沖煮。

茴香子咖啡

　　星形茴香子（即八角粒）的香味能夠非常有效地為中深度烘焙到深度烘焙的咖啡豆增添風味，特別是烘焙到用於 Espresso 的深度。

每一液量盎司的烘焙咖啡豆需要用到以下材料：

1. 大約 1/2 顆的茴香子。

做法如下：

1. 將茴香子碾碎成小碎片，並將其與新鮮烘焙咖啡豆充分混合。

2. 將材料放進螺旋刀片式砍豆機砍碎。

3. 將粉末拿來沖煮。

薄荷咖啡

筆者特別喜歡這款調味咖啡中，溫潤的綠薄荷香融和在咖啡裡的味道。但是其實也可以嘗試使用其他種類的薄荷，有些人可能會比較喜愛味道較明亮、銳利的胡椒薄荷。這兩種薄荷特別適合搭配中深度烘焙到一般深度烘焙。

每一液量盎司的烘焙咖啡豆需要用到以下材料：

1. 3/4 茶匙的乾燥綠薄荷葉。

做法如下：

1. 如果薄荷是葉片狀的，將葉片碾碎，並將其與新鮮烘焙咖啡豆充分混合。
2. 將材料放進螺旋刀片式砍豆機砍碎。
3. 將粉末拿來沖煮。

替用品：可以用 1/2 茶匙的胡椒薄荷來代替綠薄荷，或者用 1/2 茶匙份量的兩種薄荷混合使用亦可。

檸香薄荷咖啡

每一液量盎司的烘焙咖啡豆需要用到以下材料：

1. 1/2 茶匙的乾燥綠薄荷葉。
2. 1/2 茶匙的香茅草。
3. 1/4 條風乾檸檬皮。

做法如下：

1. 先依照第 227 ～ 228 頁的方式，製作出風乾檸檬皮。
2. 將風乾檸檬皮切碎成約 1/4 英寸的碎片，將其與薄荷葉、香茅草一起與新鮮烘焙咖啡豆充分混合。
3. 將材料放進螺旋刀片式砍豆機砍碎。
4. 將粉末拿來沖煮。

香草味的調味咖啡

香草用於咖啡調味上是一種很神奇的原料，除了能替咖啡貢獻出香草本身的香味，還能潤飾並突顯許多其他的味道，這也是為什

麼香草會如此頻繁出現在這些調配食譜中的主因。此外，新鮮的香草豆是另一種可與中深度烘焙到深度烘焙咖啡豆完美搭配的素材。

香草氣息咖啡

　　只要將香草豆與新鮮烘焙咖啡豆一起存放在密閉的容器中，香草的氣味就會被咖啡豆所吸附，喜愛飲用黑咖啡的朋友們應該愛上這種甜甜、細緻的芳香氣味；假如您喜歡在咖啡中加糖、加奶，筆者建議可試試下一種製作法會較適合。

每一液量盎司的烘焙咖啡豆需要用到以下材料：

1. 1/2 英寸長的新鮮香草豆莢。

做法如下：

1. 將香草豆切碎成 1/2 英寸的碎片，將其與新鮮烘焙咖啡豆一同放進一個密封的塑膠袋中，靜置至少兩天。
2. 在取出的咖啡豆磨碎之前，將香草碎片與咖啡豆篩離，並將篩出的香草碎片倒回塑膠袋中，繼續與剩下的咖啡豆一起存放。
3. 將咖啡粉研磨後沖煮。

香草豆咖啡

每一液量盎司的烘焙咖啡豆需要用到以下材料：

1. 1/4 英寸長的香草豆莢。

做法如下：

1. 將香草豆切碎成約 1/4 英寸的碎片，並將其與新鮮烘焙咖啡豆充分混合。
2. 將材料放進螺旋刀片式砍豆機砍碎。
3. 將粉末拿來沖煮。

巧克力口味的調味咖啡

　　在美國，僅次於香草的最受歡迎調味品，就是在沖煮後才加入咖啡中的巧克力糖漿、巧克力粉，或是加熱過的巧克力。假使在沖煮前就加入巧克力，有很大一部分的巧克力是被浪費掉的，因為不論在研磨時、熱水沖煮時或是過濾時，都會有所減損。

但是接下來要帶給各位的美味咖啡調製食譜，也許喜愛喝黑咖啡的朋友們會特別欣賞喔！這個食譜中不添加任何砂糖，而是以狀似奶油般的烘焙用巧克力，加上新鮮香草豆莢來加工，便能製作出順口、香甜的杯中口感。調製出的咖啡豆由於覆著一層巧克力外衣，在外觀上也顯得非常可口。使用中深度烘焙到一般深度烘焙咖啡豆，最能與巧克力調調搭配。

巧克力外衣咖啡

每一液量盎司的烘焙咖啡豆需要用到以下材料：

1. 1/4 塊（或 1/4 盎司）的烘焙用巧克力。

2. 1 英寸的香草豆莢。

做法如下：

1. 將巧克力切成小塊。在較濕熱的天氣，切塊前可能需要先將巧克力冷藏一會兒。

2. 將半數的巧克力塊放進玻璃、金屬或是瓷碗中，在烘焙器材週邊依使用次序放置以下容器：裝著巧克力的碗、空碗、剩下的巧克力塊、攪拌匙。

3. 烘焙咖啡豆。將咖啡豆烘焙到您想要的烘焙程度，烘焙完成後直接將咖啡豆倒進裝有巧克力塊的碗中，並盡快地開始用攪拌匙攪拌熱呼呼的咖啡豆，同時緩慢地倒熱剩下的巧克力塊。

4. 持續地攪拌，直到咖啡豆冷卻得差不多了，並在其表面都覆蓋著一層巧克力外衣為止。

5. 將這些巧克力外衣咖啡豆倒入空碗中繼續攪拌到完全冷卻。

6. 放入冰箱中冷藏數分鐘，之後取出將結塊的部分打散。

7. 將香草豆切成約 1/4 英寸大小的碎片，輕輕地與巧克力外衣咖啡豆混合。

8. 將其放置於涼爽、乾燥的地方儲存。

9. 將材料放進螺旋刀片式砍豆機砍碎。

10. 將粉末拿來沖煮。

橘子巧克力咖啡

每一液量盎司的烘焙咖啡豆需要用到以下材料：

1. 1/4 塊（或 1/4 盎司）的烘焙用巧克力。

2. 1 條風乾橘皮（製作方法請見第 227 ～ 228 頁）。

3. 1 英寸長的香草豆莢。

做法如下：

1. 依照前一種食譜的第 1 ～ 6 點製作出巧克力外衣咖啡豆。

2. 將風乾橘皮及香草豆分別在不同容器中切成約 1/4 英寸的碎片，
   各自與巧克力外衣咖啡豆混合。

3. 將材料放進螺旋刀片式砍豆機砍碎。

4. 將粉末拿來沖煮。

水果乾類型的調味咖啡

　　任何一種夠乾燥的水果乾切片，都可以跟咖啡豆一起放到螺旋式砍豆機中砍碎，且都能夠順利地沖煮。不過大多數的水果乾都是為咖啡增添較高的濃稠感以及甜度，很少能增加其他明顯的風味。

　　在此必須注意的是：水果乾必須「夠乾燥」，但也不要太脆！市面上買得到的水果乾幾乎都太軟了，以至於難以砍碎，若強行要砍碎這些軟軟的水果乾，可能會讓砍豆機裡面黏糊糊的一團糟。在天然有機食品店裡賣的水果乾，通常都不會加糖，而且摸起來有點硬硬的，也許您可以嘗試用這種水果乾來搭配新鮮烘焙咖啡豆調製飲料，筆者在此提供一種可能的搭配方法供各位參考。

鳳梨甜味咖啡

　　請使用切成圓形薄片、未添加砂糖的鳳梨果乾，必須像皮革般穩定的乾燥程度。除了替咖啡增添了甜度以及一定的黏稠度之外，鳳梨乾還可以讓這杯咖啡增添一股隱隱約約的鳳梨味。

每一液量盎司的烘焙咖啡豆需要用到以下材料：

1. 1/2 片完全乾燥、不加糖的圓形切片鳳梨乾。

做法如下：

1. 將鳳梨乾切成小碎片，並將其與新鮮烘焙咖啡豆充分混合。

2. 如果不想要鳳梨味太明顯，可以使用一半的鳳梨乾咖啡豆，加上另一半純粹的新鮮烘焙咖啡豆沖煮。

3. 將材料放進螺旋刀片式砍豆機砍碎。

4. 將粉末拿來沖煮。

烘焙豆的保存以及解決方案

　　正因為「享受新鮮烘焙咖啡豆的香味」是我們選擇在家自己烘焙咖啡豆的主要原因，您更應該要仔細注意烘焙豆的保存以及處理。咖啡豆在未經烘焙前的生豆狀態是非常穩定的，不過一旦經過了烘焙這道手續，咖啡豆的風味就會開始進行快速、不可逆轉的衰敗旅程。烘焙豆的風味組成因子僅佔咖啡豆總成分的一小部分，但卻能將一杯酸酸的褐色水轉化成悅人的芳香飲料，而這些芳香因子的最大敵人，除了會摧毀芳香因子的高溫、高濕之外，氧化作用也會讓咖啡豆走味；前兩項的防範方法較簡單，只要將咖啡豆存放在涼爽、乾燥、無日照的環境下就可以了，但是要如何防範氧化作用的破壞呢？

　　風味油脂主要受到咖啡豆本身的兩項元素：咖啡豆本身的實體結構，以及烘焙過後自咖啡豆中釋放出來的副產品二氧化碳氣體，而得以短暫地保存完好。假如您在沖煮之前才研磨咖啡豆，那麼咖啡豆本身的實體結構就能夠發揮到它的功能；二氧化碳的功能則又是另一回事了，一開始會穩定地自咖啡豆中散發出來，之後隨著烘焙過程的結束而快速地噴發出來，最後又漸趨穩定。同時，無所不在的氧氣就像南美兀鷹一般悄然又快速地持續侵入，伺機滲透進咖啡豆中，開始破壞頗味的風味油脂。

　　咖啡豆從烘焙完成後的數小時到一天之間風味是最好的！烘焙過後的兩天，由於投機的氧氣已經開始侵襲，咖啡豆中有一大部分的芳香因子已經開始衰退；過了一週，嘗起來的味道尚可接受；過了兩週，芳香因子已經消散殆盡，嘗起來的味道就少了許多複雜度以及主體風味。

　　以下是幾種保存咖啡豆的方式，對於在家烘焙咖啡豆的各位來

說，這些方法應該可以讓芳香因子保存得最完善：

小量、多次烘焙咖啡豆

　　這個方法很顯然是最理想的，建議每三到四天就烘焙一次咖啡豆，這樣能夠確保您喝到的每一杯咖啡都是最新鮮的。

將烘焙豆存放於涼爽、乾燥、無直接日照的場所

　　烘焙後讓咖啡豆無密封排氣靜置一天後，就應該把咖啡豆放進密封的瓶罐中，而其中又以橡膠封蓋及金屬扣環的密封罐為最佳。特別注意：不要將未排氣超過半天的新鮮烘焙咖啡豆放進罐內完全密封，因為從新鮮烘焙咖啡豆中釋放出的二氧化碳氣體，會在密封罐中累積成一股頗大的罐內氣壓。

在沖煮之前才研磨咖啡豆

　　研磨的目的，是要將咖啡豆的萃取面積擴大，如此才能讓咖啡豆中的風味油脂順利地與熱水結合，我們的味覺也才能感受到這些味道。但很不幸地，將咖啡豆粉碎成咖啡粉的同時，氧化作用也在進行，並加速讓風味衰敗。因此，「研磨」這道程序是非常具有破壞力的，必須留到要沖煮的前一刻才進行。

避免存放在冰箱中，會有反效果！

　　千萬不要將咖啡豆存放在冰箱中！冰箱內部的濕度很高，而潮濕的環境正好會破會芳香因子及風味油脂。另外，在冰箱中還有許多其他的異味，都會被新鮮烘焙咖啡豆所吸收，因而產生令人厭惡的缺陷味。將烘焙豆冷藏似乎會使得風味變得暗沉，即使是放在密封容器中也一樣無可避免。

烘焙後無法立即消耗掉的烘焙豆再放進冷凍庫保存

　　姑且不論將未研磨的咖啡豆放進冷凍庫保存是不是個好主意，因為其實這種方法在咖啡世界裡，是一個弔詭、充滿爭議又懸而未決的話題。在美國的兩大專業烘焙技術領導者，在這方面就有著完

全對立的論調：其中一者認為冷凍庫是保存未研磨烘焙豆的最完美方式，而另一者則認為冷凍庫會破壞咖啡豆的實體結構完整性，因而讓風味因子難以保存。

筆者則認為將新鮮烘焙好的咖啡豆，放進冷凍庫這個動作是頗愚蠢的。但是在萬不得已的情況下，您被迫必須將烘焙豆放超過四天以上，那麼使用冷凍庫保存咖啡豆應該還是利多於弊的。可將烘焙豆放進完全密封的冷凍專用夾鍊袋裡，並把裡面的空氣盡可能地擠掉，然後封起來。每次只取用需要的豆量，然後馬上把袋子再密封起來，放回冷凍庫。在研磨前必須先讓咖啡豆解凍（譯注6-1-2）。

沖煮後立即開始享用您的咖啡

將新鮮烘焙、現磨、現煮的優質咖啡，倒進預熱過的杯子不是個好主意。因為不到十分鐘，咖啡裡的芳香因子都會因為高溫而揮發殆盡。萬不得已必須要保持咖啡的熱度時，可以將咖啡倒進預熱好的真空保溫瓶中，雖然無法保存香氣，但對於口腔中可以嘗到的風味來說，可以保存得挺好的。

前述的種種規則及建議，您當然可以將之視為強迫性精神官能症的各式症狀；但也許（假如您真的是一個咖啡愛好者），也可以試著將這些建議準則套用在忙碌的生活中，營造出一個可以細細品味、講究的空間。

若要得到更多關於咖啡沖煮的相關資訊，您可以參考筆者的其他兩本著作：《咖啡：採購、沖煮及享用指南》（*Coffee: A Guide to Buying, Brewing & Enjoying*）以及《Espresso 極品咖啡》（*Espresso: Ultimate Coffee*）。

在家中進行「杯測」

無庸置疑地，以長遠的角度來看，用您平常飲用咖啡的方式來評鑑咖啡是最可靠的方法，不過缺點就是太過費心。假使您對咖啡豆已有足夠的認識（像是複雜度以及咖啡樹種等等的認知），您可

能會希望學習一種更有系統的品嘗方式。

專業的「杯測」儀式發展已有一段很長的歷史，但是到了十九世紀中葉，近代杯測的程序才算完備。現今在咖啡生產地的種植者、各國農業主管機關、咖啡豆分級單位、進出口商、烘焙商以及調配綜合豆的商家，各自沿用著各式各樣同宗不同流的杯測法，用以評鑑咖啡豆的良莠，並藉此得知我們該對某款咖啡豆做何種烘焙處理。

說到傳統的杯測法，就會聯想起十九世紀時那種桃花心木調調的浪漫情懷。這個方法只有少數幾個人知道，但是卻還蠻有用的，而一些設備（像是咖啡豆樣品烘焙機、熱水壺、銀製湯匙、痰盂等等）雖然聽起來是具體的物品，可是在那時也只能算是虛構的設備，事實上那些東西也不過是從老舊船隻上或是鄉下雜貨店裡找來的配件罷了。

即使對於一個極度狂熱的人來說，將自己家裡某個角落改裝成永久性的杯測場所不是很實際的一種做法，不過也可以有替代方案：可以使用簡易的、可攜式的代用品，一樣可以進行專業的杯測。在家進行杯測，是一種可以有效率地比較相似類型咖啡豆的好方法，不論是以不同烘焙模式烘出的同一支咖啡豆，或是將不同咖啡豆烘焙到同一個烘焙模式。此外，對於混合豆的調配也特別有幫助。

杯測準備事項

在進行杯測之前，您可以先參考第66～69頁的專用品嘗術語，以及第80～81頁的烘焙模式參考指南圖表。

您可能會需要準備幾個一模一樣的，或是規格相當接近的陶瓷杯或耐熱玻璃杯，一款豆子就要準備一到數個杯子來測。另外將咖啡豆依您的計畫烘焙到某一種烘焙模式、調配成混合豆，再準備一支圓形金屬湯匙。使用的杯具最好是杯口開闊的型式。

使用的磨豆機最好是刀盤切割式磨豆機（Burr Grinder），研磨刻度粗細可以微調、固定，因此您可以確定每一款咖啡豆樣品的研

磨粗細是一致的，不過由於刀盤切割式磨豆機一般都較昂貴一些（大約都在 50 美元以上），因此有些人可能會被迫使用螺旋刀片式砍豆機。這種機器就像家裡用的果汁攪碎機一樣，將咖啡豆施以重擊粉碎，假如您是用這種器材當研磨工具，請留意好研磨時間，才不會讓每一把咖啡豆的研磨度差太遠。

另外還需要準備兩杯清水，其中一杯是用來漱口去除前一杯咖啡的餘味，另一杯則是在測試間清洗湯匙用；最後，您還需要一個碗或是馬克杯，用來裝咖啡渣以及口中測試過的咖啡湯汁。

隨手以紙、筆記錄下來，在本章最末處有一份杯測用圖表樣張，可能對您進行杯測程序會有所助益。

如果您打算一次測數款不同的咖啡豆，盡可能地將每一款咖啡豆烘焙到相同的著色度或是烘焙深度，且都以同樣的方式冷卻下來，要同一批進行杯測的豆子都必須在同一天烘焙好備用。

本圖轉繪自 1920 年代照片的專業的杯測儀式。由圖中看來，除了杯測師頂上的帽子，還有性別不再只由男性進行之外，今日的專業杯測儀式與早期並沒有多大差異。咖啡種植者、出口商、買主，以及烘焙商時常要進行杯測，以確認咖啡豆的品質程度。杯測用的樣品咖啡豆主要使用第 34 頁圖片中的小型咖啡豆樣品烘焙機來烘焙，烘到相同的深度後再以相同的研磨粗細度、相同的沖煮杯具處理，藉此降低人為造成的變因差異。杯測師首先測試每一款咖啡豆的濕香氣，之後反覆不斷地以大聲啜吸圓匙中咖啡湯汁的方式品嘗，讓湯汁在口腔、鼻腔中呈現霧狀分布，嘗過的咖啡湯汁將會被吐到一旁的痰盂裡。

杯測流程

　　將每一支要杯測的豆子都取出少量來研磨，研磨的粗細最好是能夠固定一致，最佳的研磨粗細是中度研磨。為了避免味道混淆，每研磨完一把咖啡豆，就該清理乾淨，不要有殘粉在磨豆機裡頭。有時候研磨好的咖啡粉會在磨豆機出粉口附近結塊，假如碰到這種情況，在研磨下一把咖啡豆之前，必須將結塊的咖啡粉敲乾淨。

　　在每一個杯中裝等量的咖啡粉，粉量的標準是用 6 盎司杯來算，使用兩大匙平匙或是咖啡標準量匙 1 匙的粉量。較仔細的專業杯測家則會使用 5 盎司（150 毫升）的熱水，搭配精準秤重 1/4 盎司（7 公克）的咖啡粉萃取，類似如此的精準度要求，在一般的杯測活動中並非絕對必要，但是這種做法的穩定度相對會較高。

　　當所有的樣品豆都準備妥當，先嗅聞其乾香氣（Fragrance，新鮮研磨、尚未沖煮之咖啡粉的氣味）：將鼻子靠近杯緣，搖一搖杯子使杯中的咖啡粉能夠上下換位，再嗅聞散出的味道。乾香氣的表現可以讓您概略了解整體的香味表現，甚至連在口腔中的味道表現都可以推測出來。

　　接下來，將適合萃取咖啡溫度的熱水（一般是以剛剛燒滾的熱開水，稍微放涼一會兒的程度）等量倒入每一個杯中，將水倒入杯中時必須確認裡面的咖啡粉都有浸在熱水中，水量到杯緣下方大約 1/2 英寸的高度即可，之後靜置 3 分鐘的時間，再進行正式的杯測程序。

杯測程序主要分為三大部分：

1. **敲開上層粉塊並嗅聞濕香氣**：在咖啡湯汁表面會浮著一層浸濕的咖啡粉，您可以彎下腰，將鼻子湊近粉層的附近，輕輕地用湯匙敲開這層粉塊，同時嗅聞裡面散出的氣味，必須深深地、重複不斷地嗅聞，並輕柔地在咖啡表面攪拌，將每一款咖啡豆濕香氣給您的印象記在腦海裡或是直接寫下來，特別是濕香氣的特徵以及強弱程度。您必須要很積極地、反覆不斷地嗅聞每一款樣品豆，每嗅聞一次之前，都要用湯匙在咖啡湯汁表面輕輕攪拌幾下，讓濕香氣能夠重新釋放。

2. **在咖啡湯汁還是熱的時候嘗味道**：將上層粉塊敲散並攪拌這兩個
動作，幾乎可以讓大部分的咖啡渣都沉到杯底，不過有一些較頑
強的咖啡渣形成的泡沫也許還留在湯汁表面（特別是使用螺旋刀
片式砍豆機時），這時您可能會需要用到湯匙將這些東西撈掉，
以便於開始進行口腔味道測試。

專業的杯測師會先盛起一湯匙的咖啡湯汁，然後快速、激烈
地大聲啜吸，使得咖啡湯汁在口腔、鼻腔中呈現霧狀分布，要確
實做好這個動作並不是件簡單的事，尤其是對於學習過餐桌禮儀
的我們來說更是難上加難。不過，筆者還是要建議各位嘗試看
看，這種方式的主要作用就是讓我們能夠在短時間內，得知最全
面的口味與香氣風貌。之後請將酸味、酸味的層次變化以及口腔
中感受到的味道一一記錄下來；假使您測的是一款較深度烘焙的
咖啡豆，那麼就將刺激性風味、甜味以及酸味的平衡程度記錄下
來。千萬不要用「吞嚥」的方式來測，而是要盡可能地讓咖啡湯
汁布滿所有味蕾，讓它在舌頭的每一吋間滑動，甚至咀嚼它、讓
您的舌頭在湯汁中跳舞……感受一下湯汁的重量感、黏稠程度、
風味的深度以及複雜度。仔細觀察在口中的咖啡湯汁風味是如何
發展的，有些咖啡會在喝入口中後風味變得越顯強勁，餘韻深遠；
有些則是風味達到最高峰之後便急速衰退。

接著，您又必須再一次違反餐桌禮儀了——把口中的咖啡湯
汁吐出來。專業杯測師們使用一個三英尺高的痰盂來吐掉口中的
咖啡湯汁。不過您在家裡並不需要特別用到痰盂，只需要一個大
碗或是一個馬克杯就可以了。

經過反覆不斷地嘗咖啡的味道，在換杯的間隔時須將湯匙放
進清水杯中稍作清洗，偶爾還必須要用另一杯水漱漱口讓味覺回
復，並在進行下一階段杯測程序前，記錄下這階段所能觀察到
的細節。

3. **將咖啡放到微溫時再嘗嘗看**：某些咖啡的風味特徵，是要等到微
溫甚至是室溫的情況下才會逐漸明顯，因此您必須讓咖啡冷卻幾
分鐘，然後再繼續杯測，藉以修正、確認前一步驟時的觀察紀錄。

杯測實驗

　　有時候您也可以從杯測中找到一些自得其樂的玩法，例如在杯測要項中增加幾點感官的參考分數，可以從以下方向來著手：

・用不同的烘焙模式來杯測：在本書第 241 ～ 242 頁的內容中，筆者已經提供非常詳盡的烘焙模式杯測要點，最重要的一點就是：要使用相同的咖啡生豆來進行這個實驗，一次烘出五種不同深度的烘焙模式，之後將它們排列好，進行杯測程序。照著這麼做，您就可以了解與不同烘焙模式相互對應的味道，也更能深入體會第 80 ～ 81 頁中圖表的意義了。

・杯測單品豆：這個方向的目的主要是讓各位能夠了解，某一款咖啡生豆經過烘焙後，會產生的一些獨特特徵，而不是僅著眼於不同烘焙模式下的味道修飾。因此，必須將不同的咖啡生豆烘焙到同樣的烘焙程度（一般是淺度到中度烘焙，俗稱「杯測烘焙度」）。當您要做味覺訓練的練習時，筆者建議一開始就使用特性截然不同的咖啡豆來練習，最好從第 117 ～ 120 頁中所提及的咖啡豆分類中各挑選一款出來測試。比方說：用一支蘇門答臘曼特寧咖啡豆、一支肯亞咖啡豆、一支巴西聖多斯咖啡豆，以及一支哥斯大黎加的咖啡豆同時進行練習。您就可以體會到蘇門答臘咖啡豆的飽滿黏稠度、低調性卻濃郁的酸度，以及時常可發現的古怪泥巴味、果香味混合體；在肯亞咖啡豆中可以感受到密集的酸度、水果乾味以及紅酒的質感；在巴西咖啡豆中則可以嘗到滑順的甜味、核果味以及水果乾的調調；在哥斯大黎加咖啡豆中，又可以見識到何謂明亮的酸度以及清澈的均衡感。

　　之後，或許可以再探索一下各個風味家族中不同成員的風味表現。您可以從衣索比亞哈拉爾咖啡豆、衣索比亞耶加雪菲咖啡豆，以及肯亞咖啡豆開始著手。仔細觀察一下，哈拉爾咖啡豆總是充滿了野性風味，時常會有過熟的水果味以及超級飽滿的黏稠度，如果幸運的話，還可以喝到像藍莓一般的滋味；在肯亞咖啡豆中，便可以發現乾澀感、清脆的水果酸味以及中等的黏稠度；在耶加雪菲咖啡豆中，可能又會發現一股非常獨特的前段檸檬香、花香，以及中

等到單薄的黏稠度表現。

專業杯測師們在決定採購一款咖啡生豆前，通常會將每一款咖啡豆樣品分成至少五杯來測試，藉以了解每一款咖啡豆的素質整齊與否。如果您想要試試看這個方法，可以拿一支素來以品質整齊聞名的哥斯大黎加咖啡豆當對照組，另一支則是時常帶來驚喜，但品質頗不穩定的蘇門答臘曼特寧當實驗組，各自分成五杯來測試，您就知道差異在哪了！有些自己烘焙咖啡豆的朋友，特別喜歡品質不穩定型咖啡豆帶給他們的「挖寶」樂趣，也有些人比較鍾愛品質可預期的穩定型咖啡豆。

‧ **杯測自己調配的混合豆**：顧名思義，這個方向就是讓您自己測試看看所調配出的混合豆味道如何。您可以試著用相同種類的幾款咖啡豆，依不同比例的方式來測試，也可以維持固定的比例，但是變換其中的一款咖啡豆種類，杯測看看味道的變化。

‧ **杯測表格樣張**：您可以使用右頁的第一份表格，來做同時進行不同種類咖啡豆的杯測，也可以套用在杯測混合豆配方。而第二份表格則是要用來比較單一種類咖啡豆（不論是單品豆或是單一種混合豆配方），在不同的烘焙模式下，會有怎樣的對應風味表現。第二份表格還可以拿來比較同樣烘到深度烘焙的不同種類咖啡豆以及混合豆配方。表格中的前面三大評價項目——濕香氣、酸度，以及黏稠度，是傳統的品嘗咖啡用主要評價項目，而其他項目在傳統的品嘗評鑑中則較少被提及。喜歡喝咖啡的人都有各自重視的評價項目，在表格中列舉的便是筆者較注重的項目。關於評價項目的定義，請見第 66 ～ 69 頁。

〈表格 1〉
比較不同咖啡豆種
以及淺度到中度烘焙的咖啡豆專用杯測表

杯測日期：		
咖啡豆名稱：	商標／莊園名：	
等級：	採收季：	
混合豆配方描述：		

品嘗評價項目	評價得分	備註事項
乾香氣 Fragrance		
濕香氣 Aroma		
黏稠度 Body ／口感 Mouthfeel		
酸度 Acidity		
複雜度 Complexity		
深度 Depth		
風味獨特性 Regional distinction		
甜度 Sweetness		
均衡度 Balance		

※ 評價得分標準說明：「5」= 特別突出 Extraordinary

「4」= 出色 Outstanding

「3」= 令人滿意的 Satisfactory

「2」= 微弱 Weak

「1」= 難以察覺的 Negligible

〈表格 2〉
比較不同烘焙模式下的同一種咖啡豆
以及深度烘焙的咖啡豆專用杯測表

杯測日期：		
咖啡豆名稱：	商標／莊園名：	
等級：	採收季：	
混合豆配方描述：		

品嘗評價項目	評價得分	備註事項
乾香氣 Fragrance		
濕香氣 Aroma		
黏稠度 Body ／口感 Mouthfeel		
酸度 Acidity		
複雜度 Complexity		
深度 Depth		
風味獨特性 Regional distinction		
甜度 Sweetness		
刺激性風味 Pungency		
均衡度 Balance		

※ 評價得分標準說明：「5」＝ 特別突出 Extraordinary
　　　　　　　　　　　「4」＝ 出色 Outstanding
　　　　　　　　　　　「3」＝ 令人滿意的 Satisfactory
　　　　　　　　　　　「2」＝ 微弱 Weak
　　　　　　　　　　　「1」＝ 難以察覺的 Negligible

附錄

相關資源

網際網路與在家烘焙咖啡豆的社群幾乎是同時開始發展的，假如缺少了網際網路這個工具，來連接距離如此遙遠的烘豆玩家們、傳達各種正在遠方嘗試的新奇事物，很難想像會有像今天這麼蓬勃發展的在家烘豆風潮。也由於網際網路的發達，使得一些從來不上網路的族群，漸漸發現自己有許多資訊落後別人一大截，像是要到哪裡購買咖啡生豆，以及在家烘焙咖啡豆的器材等等情報。

多虧了網際網路，許多人只需要有一台電腦、一張桌子，就可以在自己家裡經營無店舖生意。而且，當您擁有了來自全國甚至全世界的網路潛在客戶，那麼在搶街口店面經營自家烘焙咖啡館，僅供應咖啡豆給鄰近地區的有限咖啡愛好者這種事，看起來似乎不是多合理的盤算。

以網路文字及快遞服務構成的社群生態

於是乎，在家烘焙咖啡豆的社群，搖身一變成了一個數位電子化的社群，這個社群幾乎是由網路文字及快遞服務（如 FedEX 等國際快遞公司）所串連起來的，而不是實體的店面賣相以及人潮出沒地點。當然，對於數位化社群的優勢與缺點我們也都頗有體會了，在此再與各位分享一二。

數位化社群的優勢便在於，幾乎任何時間、任何地方都可以使用網路瀏覽器來採購咖啡生豆以及其他的設備；但它的缺點也還是有的，如下面兩種情況：

1. 在網路上倒店跟開店一樣容易，很有可能當您依照本書中的指引打上了某個網路商店的網址，但一按下連線，卻發現一片空白這等令人喪氣的畫面。
2. 網路上的各種資訊大多是未經過嚴謹編排程序的東西，任何一個人只需要敲敲鍵盤

將字打上螢幕，都可以在他所製作的網頁裡聲稱某個概念是真理，聲稱某個程序是最完善、最有用的；特別是自家烘焙咖啡豆這回事剛剛發跡時，筆者還曾經在網路上看過有位仁兄發表了一些大錯特錯的烘焙要訣，不但危險性高，烘出來的玩意兒嚐起來還糟糕到頗嚇人的。

但是，自從那時起情況也開始有漸趨好轉的跡象。外加上筆者在本書中提到的網站大多已經開業至少三至四年；此時大多數的在家烘豆族群也已經累積非常足夠的經驗，能夠輕易地判別出什麼才叫「烘焙」咖啡豆，而不是把咖啡豆拿來「烤乾」或是「燒焦」！

最後，筆者將在接下來的這個部分，提供給各位住在大城市中的自家烘焙者面對面的交易資訊。

親自購買咖啡生豆

您住家附近的小型咖啡烘焙商若是專門接單後才烘焙，便有機會可以買到咖啡生豆。只要一次的購買量可以達 5 ～ 10 磅，這些烘焙商通常都會願意賣生豆給您。在這些地方購買生豆，所需要的費用應該會比購買熟豆少 15% ～ 25%，不過也有店家會堅持生、熟豆同價的。

對於傳統的咖啡館來說，要賣生豆給客人是一項太過麻煩又不方便的事，因為這違背了他們店裡的常態。因此要在咖啡館中買生豆，您的選擇可能就非常有限，不太可能找到一些有異國風味的或是非常獨特有個性的豆子，除非您跟老闆或是經理的關係非比尋常。另外，您也應該有個心理準備，有些櫃台人員可能會用傲慢的、無法理解的態度對你說：「什麼？你要自己烘咖啡？」

另外一種購買生豆的方式，就是親自到盤商或是致電給盤商，一次訂購 100 ～ 150 磅的麻布袋裝生豆。假如您的居所離盤商很近，那麼也可以自己開車去盤商的倉庫載豆子，不但買豆子的單價低，連運費都省起來了。相關內容請見第 252 頁。

透過網路或電話訂購生豆

　　當前要取得各產地生豆的最簡單方式，便是透過網際網路（請見第249～251頁），唯一要考量的困難點只有咖啡豆的「新鮮度」問題。許多種類的咖啡生豆只要過了採收的那個年份，其風味便會快速地衰退；另外，若是儲存在太過潮濕的環境裡，久而久之生豆便會沾染上微微的霉味，同時也會有一點麻袋味。

　　假如您購買到的生豆是未經陳年處理、風漬處理、低咖啡因處理的，但是看起來卻是淺褐色，或像稻稈般的顏色，而且嘗起來又帶有點像繩索的味道還有霉味，那麼您買到的生豆肯定就是走味的或是帶麻袋味的儲存不良豆。您可以打電話向購買商家詢問，確認一下您買到的是「新豆」（New Crop）還是「當季豆」（Current Crop），假如商家給您的答覆為「不是！」或者語意含混支吾，筆者建議您可以考慮換一家生豆購買點了。本書第250～251頁列出的生豆供應商都經過長久以來的考驗，不過還是老話一句，網路上的生態瞬息萬變，下一刻會變得如何沒個準的。

　　除了必須買到當季豆以外，您應該也要時常評鑑各式不同咖啡豆的供應商，而不是一個只會賣東西的商人而已。同時也必須注意一下，通常購買越多量的單一豆種，都會有較多的折扣優惠，比如說您一次買個10磅、20磅，都應該比只買一磅時的單價便宜許多。

透過網際網路或是電話訂購器材設備

　　像是專用烘豆機、克難式烘豆器材，都可以在第250頁的「多元商品網路購物站」底下列出的連結中購得；不過，專用的咖啡烘焙機也可以在機器的製造商、代理商網站上購買。請見以各式烘焙方式為標題的連結單元（例如「家用熱風式烘豆機」以及「家用滾筒式烘豆機」等等）。

專賣生豆與器材設備的多元商品網路購物站

　　下方列出的可靠網路商家，都提供了咖啡生豆、烘焙器材紹設備以及相關資訊：

1. Sweet Maria's

http://www.sweetmarias.com/

電話：+1-888-876-5917，+1-510-601-6674

傳真：+1-888-876-5917，+1-510-601-6674

簡述：目前該站的地位，對於在家烘焙咖啡豆的社群來說，可以稱
得上是領導先驅。該站挑選的生豆大多有不錯的表現，都是
經過杯測並加以評分過的，有非常詳細的評鑑資料可供參
考。另外還有推廣在家烘焙的器材，像是加裝了指針式探棒
溫度計的 Whirley Pop 爐上烘豆器也有賣；此外還有相關的
各類資訊以及電子報。

2. Coffee Bean Corral

http://www.coffeebeancorral.com/

電話：+1-800-245-2569（夏威夷來電專線）

　　　+1-877-987-1233（其他地區來電專線）

傳真：+1-808-246-9065

簡述：該站挑選的咖啡生豆多有不錯的表現。器材設備部分像是
Fresh Roast 一代機、Fresh Roast Plus 二代機、小型烘豆機用
穩壓器、價位合理的桌面式一公斤級烘豆機（譯注 7-1-1）
皆有販售，此外還有相關的延伸資訊。該站在改版後，讀取
速度雖然變得慢些，但是比起以往的編排來得有系統多了。

3. The Coffee Project

http://www.coffeeproject.com/

電話：+1-800-779-7578

簡述：該站挑選的咖啡生豆多有不錯的表現。烘豆設備的機種非常
出色，另外還有關於咖啡種植方面的資訊，也有發行電子
報。站上所販售的烘豆器具中，更包括了一般市面很難找到
的 Aroma Pot 爐上烘豆器。

注 7-1-1：經查閱該站後
發現並無作者所言之一公
斤級烘豆機種，目前該站
內最接近的機種應該是
Hottop Bean Roaster。

4. Home Coffee Roasters

http://www.homeroasters.com/ *

電話：+1-800-803-7774

傳真：+1-678-494-3433

簡述：有許多種類的生豆選擇，包括有機咖啡豆、公平交易咖啡豆、
低因咖啡豆等等；亦有販售一些器材設備，站上也有咖啡相
關知識的提供。

5. Roast Your Own

http://www.roastyourown.com/ *

傳真：+1-866-892-2948

簡述：該站所選的生豆種類，皆以社會、環境訴求為目的。網站的
規劃非常有系統。站中也提供一些咖啡相關知識，另外也有
販售相關書籍和器材設備。

6. Coffee Wholesalers

http://www.coffeewholesalers.com/ *

電話：+1-541-431-1103

傳真：+1-541-431-1103

簡述：該站所選的生豆多有不錯的表現，業主們會以品質為訴求，
對架上生豆一一進行杯測。站上亦販售一些器材設備。

7. Macaw Import Export

http://www.macawcoffee.com/ *（本站為加拿大站）

電話：+1-888-810-0024

傳真：+1-613-567-8035

＊編注：原文提供網站連
結失效，請參考其他聯繫
資訊。

購買大批量的咖啡生豆

筆者此處指的「大批量」，指的就是真的很多的量，大約 100 磅到 150 磅左右的麻布袋裝。購買這麼大量的咖啡豆，每磅的單價就能節省許多，但是您可能需要透過特殊的管道，向較大型的烘焙商或是生豆盤商才能買得到，一般都可以透過電話訂購。假如您可以找到在當地的一家供貨商，自己開車去載生豆可以替您又省下一筆運費，也能省去安排出貨的時間。但要記得的是：您可以買到大批量生豆的這些地方，不像一般的百貨商場喜歡照單寄送貨物給您，他們的角色是批發型的盤商，如果客戶能夠自己安排好出貨、取貨的事宜，這是他們最樂於見到的（譯注 7-1-2）。

還有一個方式，就是先詢問當地較大型的烘焙商（指的是供應當地許多家咖啡館烘焙豆的商家），看看他們願不願意以特別優惠的價格賣您一整袋的咖啡生豆，或是問問到哪可以買到。所謂「特別優惠的價格」，指的就是要比平時零買一磅同一種生豆還便宜一半左右的單價。這時請記得，您在對話的人是烘焙商，而不是生豆盤商，假如他們不願意販售，也毋須強求或是感到不悅，因為這種要求本來就不在他們業務項目之中，而且會為他們帶來許多不便。

另外還有一個可能性較高的方式，就是直接向生豆盤商訂購一整麻袋的單一品項生豆，每磅單價將會更低、更划算。通常生豆盤商都會聚集在較大的港埠型都市，但也由於傳真以及電子郵件的發達，這些盤商的辦公室還有倉儲幾乎遍及全國，假如您居住在大都會地區，也許可以試著在工商黃頁電話簿中搜尋「咖啡仲介商」（Coffee Brokers）。我們常看到許多人將咖啡仲介商與生豆盤商混為一談，其實這是誤用的名稱。真正的咖啡仲介商，通常都是指中間人的角色，他們替買賣雙方安排生豆的交易，但是從來都不囤積任何生豆；而生豆盤商就是這三個角色當中的買方，透過中間人向賣方購得生豆後，存放在他們自己的倉儲中。因此事實上您要找的是生豆盤商，而非真的咖啡仲介商，只是在搜尋電話本時必須配合一下電話簿的偏頗分類方式罷了。

無論如何，您就照著搜尋到的電話號碼打打看就對了，問問看

注 7-1-2：在台灣，因為市場因素等等的影響，有些生豆盤商也會願意接受較小的訂單，直接配送到府，但數量至少是 5 公斤。

接聽電話者是否可以只買一袋生豆，其中有一些商家會樂意賣給您，也有些商家根本連想都不想就說不賣，因為裡面有一些是真正的「仲介商」，他們只對以「貨櫃」計算的購貨量有興趣。一旦您從中找到願意做交易的貨源，您就能買到售價為市售烘焙豆的 1/4 到 1/3（通常都不超過 1/2）單價的生豆。

再次強調，您必須要致電或發一封電子郵件給這些供貨商詢問。有些較大的供應商會在他們架設的網站裡放一份生豆供應清單，您可以認明一些「可立即出貨」（On Spot）的品項來選購，有這個標示的品項，就代表您所在的那個大都會地區倉儲中有庫存，可以隨時出貨。舉例來說，「Spot SF」代表的就是「在舊金山的倉儲有現貨可以供應」。不過，在美國大多數的生豆盤商是不太歡迎網路上的交易，他們大多還是有點像是俱樂部式的經營模式，必須透過人際關係的管道，才能很順利的跟他們進行交易。

用麻布袋存放咖啡豆

對於想要擁有「生豆收藏」的朋友們來說，要為生豆找適當的中等容量存放容器是蠻重要的一個課題。一般用來裝砂石用的麻布袋有著良好的排濕功能，在技術上來說是蠻適合的容器，一袋可以裝下 20 ～ 25 磅左右的生豆，而且用麻布袋裝生豆看起來還頗專業的，通常在袋口都會加裝上繩索束帶，目前這種袋子一個只需要不到 1 美元就可以買到。

在第 250 ～ 251 頁所列舉出的供應商中，至少有兩家（Sweet Maria's 以及 Coffee Bean Corral）有販售較小型的 5 磅裝棉布儲存袋，但是如果您想要找筆者提到的 20 ～ 25 磅裝麻布袋，您可能就需要搜尋一下當地的電話簿，找「袋子」（Bag）類的廠商詢問。筆者所在的區域，工商黃頁電話簿裡的分類還要更細一點，「袋子—麻布袋及棉布袋」（Bags-Burlap and Cotton）。在該分類底下，您應該會見到一些令人費解的當地的工業零件耗材店之類的店名，請切記「要買麻布袋，不是買塑膠袋！」有一些供貨商甚至會有各式各樣不同尺寸的麻布袋以及棉布袋讓您選擇。

家用熱風式烘豆機

Fresh Roast：

1. Fresh Roast Original：每批次烘焙量約為 2.7 盎司（75 克），市價 75 美元。

2. Fresh Roast Plus：每批次烘焙量約為 3.5 盎司（100 克），市價 80 美元。在第 250 ～ 251 頁列出的大部分供應商至少會販賣其中一款機型，有的甚至兩款都賣，算是價位算非常合理的小機器。

Hearthware Gourmet Coffee Roaster（Home Innovation Coffee Roaster）： 每批次烘焙量約為 3.5 盎司（100 克），市價約 100 美元，但通常都會賣得更便宜一些。

官方網站：http://www.hearthware.com/

電話：+1-800-566-3009，分機 109

在第 250 ～ 251 頁中列出的供應商中也有販售。Hearthware 公司聲稱將會推出一款高階功能的精密控制烘豆機種。

Brightway Caffe Rosto CR-120： 每批次烘焙量約為 4 盎司（120 克），市價約 150 美元，但通常都會賣得更便宜一些。

官方網站：http://www.brightway.com/

電話：+1-800-949-0072

在第 250 ～ 251 頁中列出的供應商中也有販售。

Zach & Dani's Gourmet Coffee Roaster

中度烘焙到普通深度烘焙的咖啡豆，每批次烘焙量約為 5 盎司（140 克），若要烘到再深一些的深度烘焙，則每批次烘焙量約為 3.5 盎司（100 克），市價大約 200 美元，附螺旋刀片式砍豆機、咖啡生豆及操作說明書。

官方網站：http://www.coffeeroasting.com/

電話：+1-877-470-0330

家用滾筒式烘豆機

Swissmar Alpenrost： 每批次烘焙量約為 8 盎司（225 克），市價

大約 280 美元。

官方網站：http://www.swissmar.com/

電話：+1-905-764-1121

在第 250 ～ 251 頁中列出的供應商中也有販售。

Hottop Bean Roaster：每批次烘焙量約為 9 盎司（250 克），市價大約 580 美元。

代理商網站：http://www.vineususa.com/ *

電話：+1-877-955-1229

Wave-Roast 微波爐用烘豆袋以及圓筒式烘豆袋

普通烘豆袋（Packets）：每個袋子中裝有 2 盎司（60 克）的咖啡生豆，有各式不同產區的生豆可供選購，每一袋售價依產區不同從 1 到 3 美元不等。烘豆袋的材質是可回收再生的，但不能加入新的生豆重複使用。

圓筒式烘豆袋（Cones）：新手上路專用烘豆組合中，包括 7 個圓筒式烘豆袋，每一袋中裝有 2 盎司（60 克）的咖啡生豆，加上一個電池可充式旋轉裝置可讓圓筒烘豆袋內的咖啡豆順利滾動，還有一台螺旋刀片式砍豆機，組合價大概是 40 美元。烘豆袋的材質是可回收再生的，但不能加入新的生豆重複使用。每一袋裝有生豆的圓筒烘豆袋售價依產區不同從 1.5 到 3.5 美元不等。

前述的兩項資料是依據該公司的生產計劃書內容而撰寫的，實際售價及規格也許會有所改變。

官方網站：http://www.mojocoffee.com/ *

Aroma Pot 半磅咖啡烘焙器

目前只提供套裝搭售，包括 Aroma Pot 烘豆器、冷卻設備、熟豆儲放罐、足夠量的咖啡生豆，以及相關操作手冊。套裝售價約 140 美元。

購物網站：http://coffeeproject.com/

電話：+1-800-779-7578

*編注：原文提供網站連結失效，請參考其他聯繫資訊。

Whirley Pop 爐上爆米花器

目前市面上可找到的是已修改來烘咖啡豆用的 Whirley Pop，使用容量 6 夸脫的型號，在其上增加溫度計測溫，在 Sweet Maria's 售價約 26 美元。

購物網站：http://www.sweetmarias.com/

電話：+1-888-876-5917

假如您想要購買完全未加裝溫度計的原裝 6 夸脫爆米花器，請上製造商網站購買，售價 25 美元左右，附送爆米花用玉米。

官方網站：http://www.whirleypop.125west.com/ *

電話：+1-888-921-9378

熱風式爆米花機

盡量只選用筆者所建議的機器類型才能烘焙咖啡豆（詳見第 206 頁），目前市面上大概只有兩個品牌的爆米花機，有適於烘焙咖啡豆的條件，兩者的市售價從 15 到 25 美元不等，假如您所在地區能找到與筆者建議之類型相近的其他品牌爆米花機，請選購加熱功率較高的機器，您可以在機器的底部標籤上看見這項資訊。

穩壓器

對於許多使用家用熱風式烘豆機、爆米花機的在家烘焙者來說，想要克服每次烘焙成果不穩定的缺點，就必須從會忽高忽低的家用電電壓下手。實際的家用電壓每分每秒都會變動，有時候您計時 6 分鐘要烘焙到維也納式烘焙度，但是卻會毫無預警地在 6 分鐘內就烘到了更深的 Espresso 烘焙度。

要解決這個問題，可以試試用一個變壓器來穩定維持所設定的電壓值。在 Coffee Bean Corral 網站上目前有販售兩種款式的變壓器，其中較好的一款叫作 Variac 2090，售價約 120 美元，對於較挑剔的人們來說，這個器材可以提供更好的操控性及烘焙穩定性。

購物網站：http://www.coffeebeancorral.com/

電話：+1-877-987-1233

＊編注：原文提供網站連結失效，請參考其他聯繫資訊。

指針式探棒溫度計

這類不貴的附金屬夾溫度計，原本是設計來方便製造糖果以及測量油炸溫度的，可以在一般的廚具百貨以及網路商店上買到。記得要買附金屬夾的款式，盡量不要買附玻璃夾的。由 Cooper、Taylor、Springfield 等廠製造的款式，溫度探棒的長度較為適中，可以量測到烘焙室中熱空氣溫度（如果是搭配 Theater II 爆米花器使用），或是咖啡豆堆的溫度（如果使用筆者建議的熱風式爆米花機）。

在一般五金超市賣的大多數 Cooper 牌以及 Taylor 牌指針式探棒溫度計，測溫上限只到華氏 400 度，若要烘焙咖啡豆，如此的測溫範圍太低，不敷使用。不過也不是全然不能用，要讀取的溫度值若是超過 500 度或更高，可以依照指針超出的幅度概略判斷溫度數值，詳見第 203 ～ 204 頁的說明。

另外有一類較小型的溫度計，測溫上限到華氏 550 度／攝氏 290 度，用途非常廣泛，在市面上可見到 Pelouze、Comark 以及 UEI 等品牌的溫度計都屬此種。但是其探棒部分的長度僅 5 英寸，對於大多數的熱風式爆米花機來說略短了些，不過若是搭配 Theater II 爐上爆米花器，則剛好可以準確地測量到烘焙室的熱空氣溫度。

在網路搜尋引擎上鍵入「指針式溫度計」（Candy Thermometers）就可以看到許多相關製造商網頁，售價從 12 到 15 美元不等。

Sweet Maria's 有販售其中兩種溫度計款式：

網站：http://www.sweetmarias.com/

電話：+1-888-876-5917

也可以上另一個廚具專賣網站。點選「計時器及溫度計」（Timer & Thermometers）的頁面即可。

Cook's Corner：http://www.cookscorner.com[*]

電話：+1-800-236-2433

烤箱用烘豆盤以及相關器材供應

使用適當尺寸、型式的打孔披薩烤盤以及烤箱專用烤盤，才能拿來烘焙咖啡豆，適合的品牌有 Wearever、AirBake 以及 Mirro，在貨色齊全的廚具百貨有時可以找到這些東西，不過在 Cook's Corner 網站上絕對有貨，可以使用網路購物，或是電話訂購。

網站：http://www.cookscorner.com/ *

電話：+1-800-236-2433

欲用網路購物者，直接點入以上網址，選取「烘烤器具（Bakeware）＞ AirBake 牌＞打孔披薩烤盤─大尺寸（Perforated Pizza Pan Large）」，打孔烤盤售價約 12 美元，前述品項貨號是 08353。

對流式旋風烤箱

使用這類器材烘焙出的咖啡豆，嘗起來的風味較為溫和宜人，不過也略嫌平淡無味，與其他烘豆器材相比，香氣的表現也略遜一籌，詳見第 165 ～ 168 頁的內容。假如您是為了烘焙咖啡豆而專門想買一台旋風烤箱，建議您如果有可能的話，先到別人家試用這種烤箱烘烘看，喝過成果再作決定。

旋風烤箱可以在較大的家電用品店或是百貨公司裡買到，價位從 70 到 250 美元都有。

專業級烘豆設備

咖啡豆樣品烘焙機（Sample Roasters）：批次烘焙量從 4 盎司到 1 磅之間的小型專業級咖啡豆樣品烘焙機，一般都是鼓式的設計居多，有美麗的外觀以及堅固耐用的構造，一台要價從 4,000 到 8,000 美元，甚至更高，這麼不平易近人的價格也使得這類機器較不受一般烘焙玩家青睞。不過，筆者對於這點並不能打包票，畢竟每個人對於烘焙咖啡豆的瘋狂程度以及品質要求都不同，烘焙玩家中購買這類昂貴的專業級烘豆機也是大有人在。

對於非常熱衷於烘焙的玩家們來說，Probat 出產的優雅造型

＊編注：原文提供網站連結失效，請參考其他聯繫資訊。

PRE-1 小圓筒樣品烘焙機，應該是一台能說服您想購買的專業級烘豆機。它的功能、構造與營業級的大型烘豆機完全一致，火力以及風門皆可獨立控制，只需要家用電壓即可運轉。在木製基座上，以霧面金屬藍色及黃銅打造的機身，看一眼就令人印象深刻，最大批次烘焙量為 4 盎司（100 克），售價約 5,400 美元。

訂購網站：http://equipmentforce.com/ *

電話：+1-650-259-7801

　另外有一家哥倫比亞的烘豆機製造商，生產一台仿 Probat 的樣品烘焙機，名為 Quantik，配備有電子數位溫度讀取裝置、達到目標溫度自動斷電的溫控系統，使用家用電壓即可驅動，最大批次烘焙量為 5 盎司（150 克左右），可透過 Roastery Development Group 的網站訂購。

網站：http://www.coffeetec.com/

電話：+1-650-556-1333

　雖然這台烘豆機的外觀不若 Probat PRE-1 那麼美觀，但售價約 4200 美元卻便宜了許多，還有電子數位溫度計的先進設備，比 PRE-1 配備的傳統型溫度計好多了。

　San Franciscan 的 SF1-LB 樣品烘焙機，也是以營業用大型烘豆機的構造縮小打造的，構造及功能與大機器並無兩樣，批次烘焙量從 4 盎司到 1 磅（100 ～ 450 克），可透過 Coffee / PER 的網站訂購。售價約 4,200 美元。

網站：http://www.coffeeper.com/

電話：+1-775-423-8857

　注意：有使用天然瓦斯火或用 220V 電熱管兩種不同型式。亦可選購升級配備：非常實用的電子式溫度計，可以量測到咖啡豆堆的溫度變化，售價需再加 850 美元。

桌面式烘豆機（Tabletop Roasters）：批次烘焙量介於 1 ～ 6 磅之間的一般小型專業烘豆機皆屬此類，售價從 2,000 到 10,000 美元不等。有使用 220V 電熱管的機種，或使用天然氣、桶裝瓦斯的機種。

目前氣流式烘豆機種的選擇較少，共有兩家較具規模的生產者，一家是 Sonofresco。製造批次烘焙量為 1 磅的全自動氣流式烘豆機，使用桶裝瓦斯為熱源，售價約為 4,000 美元。

網站：http://www.coffeekinetics.com/

電話：+1-360-757-2800

另一家是氣流式烘焙先驅的 Michael Sivetz。其設計的氣流式烘豆機售價從 2,000 美元起跳，使用 220V 的電壓。

網站：http://www.sivetzcoffee.com/

Sivetz 是美國氣流式烘豆法的創始先驅，他技術以及品質為前提，設計出的氣流式烘豆機，在操控精準度上是前者完全無法相比的，但是有個不幸的消息：Sivetz 出產的最小型 1.25 磅烘豆機並沒有銀皮收集器的設計，也就是說，您在每回烘豆過後，還要再用吸塵器打掃一番才行。

鼓式的桌面式烘豆機種選擇性就多了，有使用 220V 電熱管的機種，也有使用天然氣、桶裝瓦斯的機種。其中表現最佳者是以傳統結構設計改良的鼓式烘豆機種（詳見第 61 頁的圖說），結合了對流熱、輻射熱以及傳導熱的複合式熱源，烘焙者可以操控火力以及風門大小。此外也有更好的機種，配備電子式溫度計，可以測量到咖啡豆堆的溫度值（如第 203 及 210 頁），筆者較建議各位選購有這項配備的機種。有一些機種會為了降低成本及售價，將外置式冷卻槽省去，讓咖啡豆在烘焙室內部慢慢冷卻，筆者對於這種功能更陽春的機種的操作經驗尚不足，因此無法斷言說這種機種的缺失為何，但是對於任何一台烘焙量超過 1 磅的機器，我們都應該質疑在烘焙室內冷卻的效率。假如您想要買一台這樣的機器，請謹守一條法則：咖啡豆完成烘焙後，火源關閉開始算起，在三分鐘（最慢也不能超過四分鐘）之內必須冷卻到手可以觸摸的程度。

大部分規模較小些的鼓式烘豆機製造商，都有生產初學者用的桌面式烘豆機。您可以到以下製造商網站中參觀比較：

1. Roastery Development Group：http://www.coffeetec.com/

　電話：+1-650-556-1333。

2. Diedrich Coffee Roasters：http://www.diedrichroasters.com/

電話：+1-877-263-1276。

3. CoffeePER：http://www.coffeeper.com/

電話：+1-775-423-8857。

4. Primo Roasting Equipment：http://www.primoroasting.com/

電話：+1-800-675-0160。

5. Ambex Coffee Roasters：http://www.ambexroasters.com/ [*]

電話：+1-727-442-2727。

　　另外也有對流較緩和的鼓式機種如下：

1. RoastMaster 9002：批次烘焙量為 1 ～ 2.2 磅，售價約為 3,000 美元。

2. Caffe Rosto Pro 1500：批次烘焙量為 1 ～ 3.3 磅，售價約為 6,000 美元。

　　桌面式烘豆機的定位，其中一個考量因素就是要影響一些烘焙玩家，使他們轉變成小規模烘焙商的角色，其中對於各式烘焙科技以及機器種類的折衷考量因素越來越複雜，以至於非常難以一一探究；筆者僅在此提供一個思考方向：選購的重點可以只放在「烘焙科技」的種類就好。像在穩定性、可預測性以及口感清澈度的表現上，氣流式烘焙科技就比較容易達到這樣的需求。當然也有些鼓式烘豆機製造商，在操作以及自動化的方面下了非常大的工夫，將對流熱、輻射熱以及傳導熱結合起來，是一項非常複雜的工程，但是由於這方面的發展，讓烘焙者在烘焙中可以選擇多元化的操作方式，但是也是因為人為操作的關係，對於經驗較淺的初級烘焙師而言，就必須冒較多烘焙失敗的風險。對於有計畫想要購置一台標準規格鼓式烘豆機，做為將來經營小規模咖啡生意的人來說，可能需要先花下一定的時間學習烘焙理論，並配合時常練習烘焙操作，才能完全了解在烘豆機內部到底發生了哪些過程。若非經過這些步驟就開始使用鼓式烘豆設備來烘焙，則會非常容易烘出燒焦的、嘗起來有橡膠味的失敗之作。

＊編注：原文提供網站連結失效，請參考其他聯繫資訊。

專業杯測用設備

下列兩者有非常正式的專業杯測用設備（如杯具、湯匙、痰盂、電子秤等等）。

Roastery Development Group：

網站：http://www.coffeetec.com/

電話：+1-650-556-1333

美國精品咖啡協會資源中心（Specialty Coffee Association of America Resource Center）：販售較小型的杯測用具。

網站：http://www.scaa.org/

電話：+1-562-432-7222

調味品

專業用的無甜味咖啡豆調味品，如香草榛果（Hazelnut-Vanilla）、愛爾蘭鮮奶油（Irish Creme）及香蕉片冰淇淋（Banana Split）等口味，通常只對專業烘焙商販售，不對家庭使用者販售，很顯然地目前還沒有任何一家調味品製造商，願意冒險將自己的功能性產品賣給非專業的領域使用。在未來，這種情況也許會有所改變。一旦有這樣的一天，筆者相信您將可以在本書第 250 ～ 251 頁列舉的幾家網路商家購買到這些專業調味品。

此外，要購買完整的香料、無糖水果乾以及其他類似的傳統調味品，您可以到當地的有機天然食品店或是商品陳列較完整的超市去尋找看看。

其他關於在家烘焙咖啡豆的資訊

各位現在手邊拿著的這本書，已經算是當下最方便、最易取得的在家烘焙資訊來源了。本書也為各位提供各式烘焙器材的實用烘豆步驟建議，不論烘多或烘少都適用。對於家中有電腦、可以上網的朋友來說，除了看這本書之外，尚能夠到各大自家烘豆相關網站註冊、瀏覽，也可以訂閱相關的電子報。

除了第 250 ～ 251 頁列出的幾家自家烘豆推廣網路商店以外，

在下方的網站上也提供了非常詳盡的在家烘豆相關連結資源。其中有些連結的內容非常豐富、對於烘焙觀念的建立非常有用處；當然也有些內容較有限，不過針對某種主題的研究也頗深入的。

網站：http://www.homeroast.com/

另外，也可以訂閱由專業烘焙商及生豆商組成的 Roasters Guild 組織發行之「*The Flamekeeper*」電子報。

網站：http://www.roastersguild.org/

其他咖啡相關資訊

雖然在前幾頁已提供非常多的實用咖啡相關資訊，但是對於熱衷度更高的狂熱份子們來說，他們要的絕對不止這些。筆者特別為熱衷此道的同好朋友們推薦以下咖啡書籍、雜誌，以及精選網站。

咖啡相關網站

與咖啡相關的網站何其多，從咖啡烘焙商、咖啡莊園、咖啡雜誌，甚至任何一個熱愛咖啡的年輕人架設個人網站上的自我觀察與書寫，都算是與咖啡有關係。在此列出幾個不錯的連結供參考：

1. Coffee Review：是由筆者親自主持的定期、專題性參考資訊網站，站上的搜尋以及歷史資料，可供讀者搜尋到回溯大約六年前的許多相關文章，每個月都會有一篇主題性的文章發表，還有對應當月主題的簡明咖啡豆評鑑歷史資料。

   網站：http://www.coffeereview.com/

2. 美國精品咖啡協會（SCAA）：站內有越來越豐富的文獻資料以及相關連結。

   網站：http://www.scaa.org/

3. Coffee Research：時常會發表、更新具有權威性的相關資訊。

   網站：http://www.coffeeresearch.org/

4. CoffeeGeek：站內有非常活潑的各式咖啡機器評比、器材購買指南。對於 Espresso 有興趣者，該站內有非常豐富的參考資訊。

   網站：http://www.coffeegeek.com/

5. I Need Coffee：知名線上發行咖啡期刊。

網站：http://www.ineedcoffee.com/

6. Coffee Universe：知名線上發行咖啡期刊。

　網站：http://www.coffeeuniverse.com/ *

7. The Espresso Index：專門討論 Espresso 的網站。

　網站：http://www/espresso.com/ *

8. Espresso Vivace：David Schomer 的咖啡館網站。

　網站：http://www.espressovivace.com/

咖啡相關書籍

　　當筆者在 1975 年出版第一本與咖啡相關的書籍時，市面上只有另一本咖啡書存在。時至今日，咖啡相關書籍已經有數百本以上的著作了。筆者在此列舉出一些推薦書籍，您可以在 SCAA 網站（http://www.scaa.org/）或是 Bellissimo Coffee Info Group（http://www.espresso101.com/）購買。

實用的咖啡入門概論書籍：

1. *Coffee: A Guide to Buying, Brewing, & Enjoying*：是筆者的另一本著作，目前已發行第五版，內容已完全更新到與現今資訊一致，是當下介紹精品咖啡入門書籍中最詳盡的一本書。

2. *Coffee Basics*（咖啡業界名人 Kevin Knox 著）、*The Great Coffee Book*（咖啡業界名人 Timothy Castle & Joan Nielson 著）、*The Joy of Coffee*（美食作家 Corby Kummer 著）：這些書籍也都是入門用的概論型書籍，但是內容上稍嫌不足，不過每本書中都各有值得參考的觀點。

3. *The Book of Coffee: A Gourmet's Guide*（Riccardo & Francesco Illy 著）、*Adventure of Coffee*（Felipe Ferre 著）：兩本書對於咖啡價格、品質都有更進一步的圖說內容，但是在實用性以及購買咖啡豆方面的資訊就略顯不足，跟坊間的普通咖啡書、食譜沒兩樣。

4. *All About Coffee-2nd Edition*（William Ukers 著）：由出版日期在 1935 年看來，這本書有點過時的感覺，但是關於咖啡產業方面

的介紹方面，這本書可以說是經典之作。本書的重新發行版本可以在下方網站購得：

SCAA：http://www.scaa.org/

電話：+1-532-432-7222

技術類參考書籍：

　　這類書籍的價格相對較高，且純粹只針對某些特定的專門技術研討。這些書籍都不是很容易讀的，但是對於有心深入探究的熱衷玩家，以及想踏進專業領域的初學者來說，這些書籍中的資料是非常珍貴的，值得掏更多錢來吸收這些知識。您可以在 SCAA 的網站上購得這類書籍。

1. *The Coffees Produced Throughout the World*（Philippe Jobin 著）：尋找生豆貨源前必先閱讀的標準參考書籍。本書以表列的方式將非常豐富的細節囊括其中，是一本非常有價值的書籍，但是在開始閱讀這本書之前，必須先讀過其他較淺顯一點的入門書，對咖啡產區要有初步的了解，像您手中的這本書就是非常好的入門書了。

2. *Coffee Floats, Tea Sinks*（Ian Bersten 著）：針對烘焙以及烘焙科技演變為主題而寫的一本概論型書籍，在書中還有非常珍貴的、經過詳加考究的咖啡演進史。

3. *Coffee Technology*（Michael Sivetz & Norman Desrosier 著）：專門討論與咖啡相關的科技演進，無疑是一本最好的純技術性概論書籍，其中包含烘焙相關的科技發展史。該書作者認為在讀完這本書之後，也會對化學及工程有基本的認知。（譯注 7-1-3）

4. *Caffein*（Gene A Spiller 著）：這是一本技術性的選集，其中一章對於咖啡豆的組成化合物有相當精彩的說明。

5. *Coffee: An Exporter's Guide*（International Trade Center 發行）：對生豆交易細節以及複雜的商業咖啡豆以及分級程序，都有非常詳盡的解說。可以在下方連結中訂購。

網站：http://www.interacen.org/ publications*

注 7-1-3：對研究烘焙科技有特別偏愛的朋友們，也許都該注意到 Ian Bersten 及 Michael Sivetz 的兩本書中，對於烘焙科技的描述都有一個共同的結論：就是氣流式烘焙科技是最穩定的一種烘焙方式。不過也有另一派鑽研鼓式烘豆機的技術人員對這種說法感到不以為然。

6. *Coffee Futures: A Source Book of Some Critical Issues Confronting the Coffee Industry*（P. S. Baker 編輯）：本書對於當今世界咖啡相關產業有著簡明的、具權威性、但較不具技術性的摘要論述，並點出咖啡產業立即將面臨的一些課提。可以在 CABI Commodity 的網站中購得。

網站：http://www.cabicommodity.org/ [*]

咖啡歷史演進書籍：

在過去的幾年間，由於越來越人對多采多姿又曲折離奇的咖啡歷史演進有興趣，造就了好幾本可貴的咖啡歷史新書的出版，只不過這些書大多是賣得很貴的精裝本（從 35 到 100 美元不等）。

1. *All About Coffee*（William Ukers 著，1935 年發行）：本書對於咖啡歷史的演進有著精確卻又不失浪漫的詮釋。

2. *Coffee Floats, Tea Sinks*（Ian Bersten 著）：本書特別著重於咖啡相關的科技發展演進史。

3. *Uncommon Grounds: The History of Coffee and How It Transformed Into Our World*（Mark Pendergrast 著）：本書有非常完整、經過詳細考證的咖啡演進歷史，對於近代某些咖啡產國的政治、經濟背景也有所著墨，有助於解釋一些較為複雜的演進過程。相較於 Ukers 那本較過時的書，或是下一本介紹的 *"The Coffee Book: Anatomy of an Industry from Crop to Last Drop"* 兩本書，本書對於咖啡歷史的論述較詳細，也較公正客觀。

4. *The Coffee Book: Anatomy of an Industry from Crop to Last Drop*（Gregory Dicum & Nina Luttinger 著）：是一本完全反浪漫觀點的咖啡概史，內容較為艱澀，多在咖啡商品於全球流通所產生的負面效應著墨。本書中關於國際咖啡市場的運作情形描述得非常清楚、詳盡，但也許正因為這個緣故，雖然是一本平裝本的書，也賣得不便宜。

5. *Coffee Makers: 300 Years of Art and Design*（Edward & Joan Bramah 著）：這又是一本精彩絕倫、價格昂貴、圖解內容豐富的咖啡工

藝歷史書，主要著重在英國的咖啡工藝發展經驗上。

6. *Coffee and Coffee Houses*（Ulla Heise 著）：本書為大開本的樣式印刷，主要著墨於咖啡的社會及文化發展史。

7. *Coffee and Coffeehouse : The Origins of a Social Beverage in the Medieval Near East*（Ralph Hattox 著）：本書是由 Ralph Hattox 以學術形式詮釋咖啡早期在伊斯蘭文化內涵中的典故，文字優美，內容經詳細考證而極具參考價值，目前市面上可見到以平裝本販售的版本，價格不貴。

8. *Coffee, Sex & Health : A History of Anti-Coffee Crusaders and Sexual Hysteria*（Ian Bersten 著）：本書以充滿機智、詼諧的文字，從醫藥學的角度出發描寫為什麼要反對咖啡因以及咖啡，文字頗具說服力。Bersten 的研究中隱約透露著，在醫藥界長久以來對咖啡以及咖啡因有著非常根深蒂固的反對情節，戰火甚至延燒到今日尚未止息，原因在於咖啡及咖啡因有挑起人類無法控制之性刺激感的作用。

咖啡旅遊書籍：

1. *The Birth of Coffee*（Daniel & Linda Rice Lorenzetti 著）：本書是一本兼具技術性以及知識性的單色照片加註文字選集，書中對於一些世界最知名的咖啡產區有實地相片記錄，包括筆者最喜愛的、卻最鮮有人至的葉門。雖然本書的文字具有很高的參考價值，但無法全然代表咖啡發展史以及咖啡生產方式，只能算是一本非常出色的咖啡產地旅遊攝影圖冊，較適合對咖啡已有一定程度了解的人來閱讀。

2. *The Devil's Cup*（Stewart Lee Allen 著）：與前者相比較，前者的口吻較為平實、樸素，本書的口吻則較不拘謹，看似有點著了咖啡因的魔，像是一本專門循著咖啡浪漫史的足跡而寫的冒險家遊記。

杯測相關書籍：

1. *The Coffee Cupper's Handbook*（Ted R. Lingle 著）：專業杯測詞彙及程序參考文獻。

2. *The Basics of Cupping Coffee*（Ted R. Lingle 著）：前者的縮短版本，是一本小手冊。兩者都可在 SCAA 的網站上以合理的價格購得。

網站 http://www.scaa.org/

電話：+1-562-432-7222

Espresso 相關書籍：

1. *Espresso: Ultimate Coffee*（筆者的另一本著作）：本書是目前市面上專門針對咖啡狂們所寫的義式濃縮咖啡概論，內容也是最為詳盡的。

2. *Espresso Coffee: Professional Techniques*（David Schomer 著）：對於考慮將沖煮、銷售 Espresso 飲品當成事業來經營的狂熱份子來說，筆者非常推薦各位參考這本書的內容。

3. *Espresso Coffee: The Chemistry of Quality*（Andrea Illy, R. Viani, & Rinantonio Viani 著）：目前市面上針對 Espresso 技術面討論最為詳盡的一本書。

錄影帶、影音參考資料

在本書撰寫的同時，市面上並沒有任何關於咖啡烘焙（不論是在家烘焙或是專業烘焙方面）具權威性的錄影帶或是影音參考資料。

但是關於一般的介紹性影音資料，推薦由筆者親自撰寫、與 Bruce Milletto 共同製作的影帶「*The Passionate Harvest*」，由 Bellisimo Coffee Info Group 發行、銷售。

網站：http://www.espresso101.com/

電話：+1-800-655-3955

這支視訊影帶對於咖啡生產及製作過程有詳盡的探索，主要鎖定衣索比亞、瓜地馬拉、巴西、夏威夷可娜等產區進行實地拍攝，極具參考價值。Bellisimo 公司也出品另一支非常棒的、專門介紹咖啡飲品調製的影帶「*The Art of Coffee*」，這支影帶也是非常實用的 Espresso 從業人員及其他相關訓練用教材。除了「*The Art of Coffee*」這支影帶以外，Bellisimo 公司銷售的所有影帶定價都高得嚇人，主要是以商務客戶族群為出發點。「*Gourmet Coffee: Your Practical Guide to Selecting, Preparing and Enjoying the World's Most Delicious Coffees*」則是一支價格較能被一般消費者接受的咖啡相關導覽性影帶，內容是精品咖啡的概論，以較生動活潑又不失精準的方式呈現，只是內容較不深入，可以在 SCAA 的網站上購得。

雜誌及電子報

　　筆者在撰寫本書時，市面上並沒有任何針對咖啡狂等級的消費者而發行的咖啡雜誌或是電子報，只有少數幾個線上的期刊有照顧到這個族群，筆者主持的「Coffee Review」網站便是其中一例。

網站：http://www.coffeereview.com/

　　自從 1997 年開始，每月都會定期依不同主題來評鑑咖啡豆。另外像「Coffee Universe」網站（http://www.coffeeuniverse.com/）*及長青網站「CoffeeGeek」（http://www.coffeegeek.com/），都是不錯的好站。

　　但在印刷業的國度裡，則有幾本關於咖啡的好雜誌可以推薦：

1. *Tea and Coffee Trade Journal*：該雜誌是所有關於咖啡交易雜誌的始祖，讀者群中，主要閱度族群是傳統消費型態體系的讀者，另外也開闢一些專門探討新興的精品咖啡業的園地。亦有網路精簡版可供線上閱讀。

　　網站：http://www.teaandcoffee.net/

2. *Fresh Cup*：公司設立在波特蘭，公司體質完善，出版的雜誌也頗活躍。雜誌內容對於咖啡烘焙及精品咖啡零售業的部分較重視。

　　官方網站：http://www.freshcup.com/

　　電話：+1-503-236-2587

3. *Specialty Coffee Retailer*：該雜誌著重內容同 *Fresh Cup*。

　　官方網站：http://www.retailmerchandising.net/coffee/ *

4. *Cocoa & Coffee International*：公司設立在倫敦，該雜誌價格偏高，但內容頗具權威性，雜誌內容著重於咖啡生豆的文章，但是主要

＊編注：原文提供網站連結失效，請參考其他聯繫資訊。

還是從國際期貨交易的觀點來出發。

官方網站：http://www.siemex.biz/coffee/ *

5. *Coffee and Beverage Magazine*：讀者群鎖定加拿大的咖啡、飲料產業。

官方網站：http://www.coffeeandbeverage.com/ *

電話：+1-416-596-1480

6. *Specialty Coffee Chronicle*：由 SCAA 發行的定期出版品，必須加入該協會才能訂閱。

套裝產品以及海報

1. 焦糖化指數測定系統／SCAA 烘焙分類色碟系統（The Agtron / SCAA Roast Classification Color Disk System）：可在 SCAA 的網站上購得。

網站：http://www.scaa.org/

電話：+1-562-432-7222

SCAA 會員價 195 美元，非會員 295 美元。這套系統最主要鎖定小型專業烘焙商為購買客群，只有少數特別瘋狂於烘焙技術琢磨的自家烘焙咖啡者會有興趣購買這套系統。詳見第 65 頁的介紹。

2. 咖啡杯測套裝用具（Coffee-Cupping Kits）：SCAA 販售，套裝內含一張海報、一組能夠協助初入門者了解咖啡生豆分級系統的套裝資料，以及兩份口感訓練套裝工具（包含非常神奇又奧妙的 Nez du Cafe 香味瓶組，每個香味瓶中裝有完全不同的香氣成分，可以幫助初學杯測者學習辨認咖啡的主要香氣組成成分）。

研討會以及相關訓練課程

在筆者撰寫本書的同時，專門提供給在家烘焙者及咖啡愛好者參加的非營利烘焙及咖啡研討會，主要是由 SCAA 提供課程，欲參加相關課程必須已經是 SCAA 的網路會員（emember@scaa.org）。對於咖啡從業人員等等的專業烘焙師來說，還有更深入的烘

*編注：原文提供網站連結失效，請參考其他聯繫資訊。

焙及咖啡研討會可以參加，可以詢問 SCAA 以及其相關組織 Coffee Roasters Guild（http://www.roastersguild.org，只開放給咖啡從業人員申請會員）。

營利性質的研討會，可以詢問採消費者導向的 Coffee Fest 課程內容及時間，該公司開設許多有用的相關課程。

網站：http://www.coffeefest.com/

電話：+1-800-232-0083

另外也可以向北美精品咖啡及飲品零售商展覽會（NASCORE，North American Specialty Coffee and Beverage Retailers' Expo）詢問相關課程。

網站：http://www.nascore.net/ *

電話：+1-503-236-2587

在加拿大可以向加拿大咖啡與茶飲展覽會（The Canadian Coffee & Tea Expo）詢問相關課程。

網站：http://www.coffeeandbeverage.com *

電話：416-1480 分機 229

Agtron 公司也提供專業烘焙及相關方面的研討會，該公司是非常有名的創新咖啡實驗室設備製造商。另外知名的烘焙機製造商 Diedrich Coffee 也有提供類似的專業研討會課程。

網站：http://www.diedrichroasters.com/

電話：+1-877-263-1276

組織、機構

美國精品咖啡協會（SCAA，Specialty Coffee Association of America）：SCAA 是一個非常活躍又組織完善的機構，鼓勵咖啡從業者往更新的方向研究。

官方網站：http://www.scaa.org/

電話：+1-562-432-7222，

要成為 SCAA 會員，需繳年費 18 到 45 美元不等的會費，一般的咖啡狂等級消費者以及在家烘焙者都可以加入該組織的網路會

員，可以收到由 SCAA 每月定期發行的電子報及其他電子媒體資訊，另外在 SCAA 的資源中心購物也享有一定的折扣價，還有其他的優惠；欲知更多相關訊息，請發信至以下信箱：emember@scaa.org。另外，如果能夠去親身參與一次 SCAA 的年度大會以及展覽活動，可以獲得更多新資訊，同時開拓您的眼界。

烘焙者協會（The Roasters Guild）：目前該協會的會員申請資格，似乎排除了所有的非咖啡從業人員，只開放給現在是從業人員及受雇於 SCAA 會員者申請加入，也就是說，「烘焙咖啡豆」必須是您的工作內容其中一個項目；即便是如此，在家烘焙者以及咖啡狂等級的消費者也可以參考該協會的網站，有許多啟發性的觀念。
網站：http://www.roastersguild.org/

譯者的話 —— 謝博戎

　　自本書初版發行至今，已近 16 個寒暑，原先由本人整理的譯者附錄內容已有多處不合時宜，故委請積木文化出版社將舊的附錄內容全數刪除，讓接下來要再版的這本入門譯作能夠清爽簡潔些。

　　舊的附錄中，原先有提供一些自家烘焙咖啡館以及早年還存在的咖啡技術交流討論區，但時序推移至今，業界已有不小的變化，有些店無法繼續經營，也有許多新開的好店；討論風氣也從早年的幾個討論區模式，轉變為 Facebook 社團的經營模式，更因為網路使用習慣的改變，讓大家獲取咖啡新知、資訊的方式更為多元了。綜合以上因素，本書未來將不再提供這類的附錄內容，敬請知悉。

　　目前譯者謝博戎（Simon Hsieh）本人也已從玩家身份轉變為專業頂級咖啡生豆進口商的角色，於 2009 年開設了鳳展商行，專營各國最高等級的生豆進口，並輔導國內咖啡農友們製作並出口高品質的台灣本產咖啡生豆，經歷了近十年的自營商生涯，也已經從早期的「玩咖啡」轉變為「帶人認識好咖啡」階段。

歡迎時常關注以下粉絲專頁以獲得活動訊息：

🅵 安迪城堡 Chateau Andy

🅵 鳳展商行熟豆供應 4-Arts Zero Defect Coffees

🅵 鳳凰特選頂級生豆 Phoenix Special Green Coffees

鳳展商行官方網頁 http://simon-hsieh.com/

咖啡自家烘焙全書（暢銷修訂版）

HOME C☕FFEE ROASTING : ROMANCE AND REVIVAL

原著書名／Home Coffee Roasting: Romance & Revival
作　　者／肯尼斯・戴維茲 Kenneth Davids
譯　　者／謝博戎

總 編 輯／王秀婷
責任編輯／張倚禎
版　　權／徐昉驊
行銷業務／黃明雪、林佳穎

發 行 人／涂玉雲
出　　版／積木文化
　　　　　台北市 104 中山區民生東路二段 141 號 5 樓
　　　　　電話：(02)2500-7696　傳真：(02)2500-1953
　　　　　官方部落格：http://www.cubepress.com.tw
　　　　　讀者服務信箱：service_cube@hmg.com.tw
發　　行／英屬蓋曼群島商家庭傳媒股份有限公司城邦分公司
　　　　　台北市民生東路二段 141 號 11 樓
　　　　　讀者服務專線：(02)25007718-9　24 小時傳真專線：(02)25001990-1
　　　　　服務時間：週一至週五上午 09:30-12:00、下午 13:30-17:00
　　　　　郵撥：19863813　戶名：書虫股份有限公司
　　　　　網站：城邦讀書花園　網址：http://www.cite.com.tw
香港發行所／城邦（香港）出版集團有限公司
　　　　　香港灣仔駱克道 193 號東超商業中心 1 樓
　　　　　電話：+852-25086231　傳真：+852-25789337
　　　　　電子信箱：hkcite@biznetvigator.com
馬新發行所／城邦（馬新）出版集團 Cite (M) Sdn. Bhd.
　　　　　41, Jalan Radin Anum, Bandar Baru Sri Petaling,
　　　　　57000 Kuala Lumpur, Malaysia.
　　　　　電話：（603）90578822　傳真：（603）90576622
　　　　　電子信箱：cite@cite.com.my

封面設計／張倚禎
內頁排版／張倚禎
印　　刷／上晴彩色印刷製版有限公司

2005 年 8 月 25 日　初版 1 刷
2020 年 11 月 12 日　二版 2 刷
售價／NT$ 450
ISBN　978-986-459-183-1

Printed in Taiwan.

版權所有・翻印必究

國家圖書館出版品預行編目資料

咖啡自家烘焙全書（暢銷修訂版）/
肯尼斯・戴維茲 (Kenneth Davids)
；謝博戎譯. -- 二版. -- 臺北市：積
木文化出版：家庭傳媒城邦分公司
發行, 2019.05
　面；　公分
譯自：Home Coffee Roasting:
Romance & Revival
ISBN 978-986-459-183-1(平裝)

1. 咖啡

427.42　　　　　　　　　108007327